Cahiers de Logique et d'Épistémologie

Volume 26

Logique temporelle et épistémologie de la présence dans la philosophie illuminative de Suhrawardī

Volume 21
La sémantique dialogique. Notions fondamentales et éléments de metathéorie
Nicolas Clerbout

Volume 22
Soyons Logiques / Let's be Logical
Amirouche Moktefi, Alessio Moretti et Fabien Schang, directeurs de publication.

Volume 23
Croyances et significations. Jeux de questions et de réponses avec hypothèses
Adjoua Bernadette Dango

Volume 24
Un modèle formel de la syllogistique d'Aristote. Kurt Ebbinghaus, traduit par Clément Lion

Volume 25
Modèles scientifiques et objets théoriques. Essai d'épistémologie modale
Matthieu Gallais

Volume 26
Logique temporelle et épistémologie de la présence dans la philosophie illuminative de Suhrawardī
Alioune Seck

Cahiers de Logique et d'Épistémologie Series Editors
Dov Gabbay dov.gabbay@kcl.ac.uk
Shahid Rahman shahid.rahman@univ-lille3.fr

Assistance Technique
Juan Redmond juanredmond@yahoo.fr

Comité Scientifique: Daniel Andler (Paris – ENS); Diderik Baetens (Gent); Jean Paul van Bendegem (Vrije Universiteit Brussel); Johan van Benthem (Amsterdam/Stanford); Walter Carnielli (Campinas-Brésil); Pierre Cassou-Nogues (Lille 3 – UMR 8163-CNRS); Jacques Dubucs (Paris 1); Jean Gayon (Paris 1); François De Gandt (Lille 3 – UMR 8163-CNRS); Paul Gochet (Liège); Gerhard Heinzmann (Nancy 2); Andreas Herzig (Université de Toulouse – IRIT: UMR 5505-NRS); Bernard Joly (Lille 3 – UMR 8163-CNRS); Claudio Majolino (Lille 3 – UMR 8163-CNRS); David Makinson (London School of Economics); Tero Tulenheimo (Helsinki); Hassan Tahiri (Lille 3 – UMR 8163-CNRS).

Logique temporelle et épistémologie de la présence dans la philosophie illuminative de Suhrawardī

Alioune Seck

ISBN 978-1-84890-312-8

College Publications
Scientific Director: Dov Gabbay
Managing Director: Jane Spurr

http://www.collegepublications.co.uk

PRÉFACES

I'm delighted to write this appreciation of the work of Alioune Seck on the logic of Suhrawardī. I had my first opportunity to hear a report of his work in 2022 in Berkeley, when he and Professor Shahid Rahman presented a paper on Suhrawardī's logic. It was a breathtaking paper, the first time so far as I am aware that someone had made a serious and convincing attempt to pin down exactly how Suhrawardī's proposals for epistemology (knowledge-by-presence) and for definition theory might relate to his formal logic.

Let me say something at the outset about the state of the field when Seck began his work in 2020. Although Suhrawardī's texts were available in two editions, and there had been valuable preparatory work by Henry Corbin, Hossein Ziai and John Walbridge, no one had provided a convincing link between Suhrawardī's highly original knowledge-by-presence and his logical system. That system looked on the surface to be a radical departure from Avicenna's logic; indeed, Walbridge speculated about an interpretation for it in terms of iterated modalities. Ziai and Walbridge were convinced, along with other scholars like Frank Griffel, that Suhrawardī's innovative logic could not be explained as Corbin had explained it, in terms of mysticism, but beyond that, they could suggest no clear path ahead. Further, although all commonly speak of Suhrawardī as a Platonist, or pursuing a platonizing approach to philosophy, none had managed to cash out what that might mean in terms of Suhrawardī's approach to logic.

Seck's brilliant insight is to see that a proper understanding of Suhrawardī's adaptation of Avicenna's temporal modalities is only possible through understanding Suhrawardī's knowledge by presence. I focus my few comments on one aspect of how that insight plays out. After dismissing standard accounts of syllogistic from the post-war period, Seck goes on to characterise Suhrawardī's conception of knowing realities in terms of the perpetual presence of constitutive and concomitant properties, and in terms of the occasional actualization of those concomitant potentialities. This means that time has the major role in verifying attributed predicates: the perpetually actual verify the necessary predicates, the occasionally actual, the contingent predicates. Not only do we find Avicenna's temporal modalities more neatly integrated than in their original system, we also see that Suhrawardī implements a principle of plenitude that gives meaning to the claims of Platonism.

The further implications these insights have are too many for me to list in this letter. But it is clear to me that this is an exceptional piece of research that is an outstanding contribution not only to the study of the history of Arabic logic, but to the interpretation of Suhrawardī and his role in the development of post-Avicennan philosophy.

Prof. Tony Street
Faculty of Divinity, University Cambridge

Le livre d'Alioune Seck est important pour plusieurs raisons. On peut en indiquer ici trois. D'abord le livre porte sur Suhrawardī qui est en même temps reconnu comme étant l'un des auteurs majeurs de la tradition philosophique qui s'est développée en terre d'islam et paradoxalement un grand inconnu. La plupart des philosophes reconnaissent que Shihab al-Din Yahya ibn Habash Suhrawardī plus simplement connu comme Suhrawardī (parfois Sohrawardi chez les francophones) est un auteur majeur à l'égal d'Ibn Sina, d'Al Farabi ou d'Ibn Rushd. Peu savent exactement pourquoi il en est ainsi. Cette paradoxale ignorance est demeurée malgré le fait que Seck ne manque pas de le souligner de bonnes traductions de l'œuvre de Suhrawardī soient désormais disponibles. Une deuxième raison pour laquelle le travail de Seck est important, c'est qu'il ne se contente pas de nous introduire à Suhrawardī ce qui aurait déja été méritoire il contribue à faire avancer les études Suhrawardīennes en répondant à certaines questions qui se posent dans la littérature spécialisée. Une troisième raison pour laquelle ce livre est important, c'est que les travaux sur la logique de Suhrawardī qui s'y trouvent intéressent non seulement l'histoire de la pensée philosophique mais également pour la philosophie et la logique contemporaines dans la mesure où ils montrent une alternative viable à la sémantique des mondes possibles qui est actuellement la norme quand on traite des modalités.

À propos de la première partie de son livre, Seck avertit qu'il ne revendique aucune originalité, se référant à d'autres auteurs qui ont exposé la biographie de Suhrawardī. La vérité est que Seck est ici desservi par sa trop grande modestie. Depuis Henri Corbin, il y a eu très peu de travaux, en français, sur Suhrawardī et sa biographie n'est pas connue dans le monde francophone. La biographie philosophique de cet auteur est donc plus que bienvenue.

L'une des raisons pour lesquelles Suhrawardī est relativement inconnu est que même si c'est un penseur influent de la philosophie en terre d'islam, il ne fait pas partie de ceux qui ont été traduits quand le monde occidental est sorti de la grande nuit du Moyen Age. De ce fait, il n'a pas explicitement été intégré au canon philosophique dont nous avons hérité. Du moins, son nom n'y est longtemps pas apparu même si certaines de ses idées, notamment logiques, en étaient une composante. Cette absence est d'autant plus dommageable à l'histoire philosophique universelle que Suhrawardī fait partie de ces auteurs musulmans pour qui la philosophie est, non pas une création grecque venue se greffer à la Révélation mais la continuité d'une pratique universelle qui a pour point de départ Adam lui-même et intègre les sagesses orientales, y compris égyptiennes, tout autant que la Révélation. Dans une telle vision, la philosophie est une activité humaine universelle plutôt qu'un particularisme culturel. Cette position de Suhrawardī, en affaiblissant la stricte distinction entre philosophie et religion, mine les hiérarchies existantes et lui fait encourir l'ire à la fois des religieux et des autorités politiques. De manière intéressante, Seck soutient que la mise à mort de Suhrawardī a des motifs politiques autant que religieux et philosophiques.

Dans la deuxième partie de son travail, Seck plonge dans la philosophie de Suhrawardī et nous montre comment sa métaphysique, sa logique et son épistémologie sont imbriquées. Ce travail d'élucidation est important et original. Seck, en effet, identifie et propose une solution à un problème qui n'avait jusqu'ici pas été traité dans la littérature. Ce problème est celui de savoir comment la logique et l'épistémologie de Suhrawardī s'inscrivent dans un contexte de critique de l'essentialisme d'Ibn Sina. Ce faisant, Seck reconstruit la logique et l'épistémologie des présences de Suhrawardī. Ce dernier réussit le tour de force de développer une logique modale qui ne se fonde pas sur des abstractions mais interprète les modalités comme des relations à des propositions présentes soit de manière effective, soit de manière hypothétique. Un point important sur lequel Seck ne s'étend pas, se contentant simplement d'y faire brièvement allusion, est que la logique illuminative développée par Suhrawardī peut à bon droit être considérée comme précurseuse de l'intuitionnisme mathématique qui sera proposé par Brouwer au début du XXe siècle. En effet, souligne Seck, Suhrawardī avait, dans son analyse des modalités, explicitement insisté sur deux points essentiels à l'approche intuitionniste. D'abord qu'une modalité doit être comprise comme la manière dont un prédicat est relié à son sujet. Ensuite que prouver une relation revient toujours à montrer comment une présence, ou instance actualisée du sujet, est réliée soit à une instance du prédicat (cas de la relation nécessaire) ou à une capacité ou une potentialité (dans le cas de la relation contingente.) L'on a là une approche constructiviste qui préfigure celle de Brouwer.

L'une des preuves de la fécondité du travail de Seck, c'est que certaines avenues comme la relation à l'intuitionnisme qui auraient valablement pu être explorées par lui, ne l'ont pas été. Par exemple, dans sa troisième partie, il illustre la valeur de la logique de Suhrawardī en en développant les aspects déontiques. Il aurait tout aussi bien pu montrer comment cette logique peut servir à développer une nouvelle logique temporelle susceptible de compléter voire se substituer à celle d'Arthur Prior. En effet, par certains aspects, la logique temporelle de Suhrawardī est plus réaliste et pragmatique que la formalisation de Prior. La temporalité est construite dans la signification même de la modalité et n'est pas un index ou un opérateur. C'est la proposition elle-même qui est temporalisée. Seck montre comment cette temporalisation directe des propositions de la logique est le résultat de l'intégration chez Suhrawardī de sa logique avec son épistémologie de la présence.

Si l'on sait l'ubiquité de la logique temporelle non seulement dans l'informatique mais également dans l'industrie contemporaine que ce soit en robotique ou dans la modélisation du transport ferroviaire, l'on comprend à quel point le livre de Seck est important et sa modélisation potentiellement féconde.

De manière intéressante, Seck se focalise dans les usages déontiques que l'on peut faire de la logique de Suhrawardī. C'est là un choix compréhensible pour un philosophe. Seck y mobilise une érudition certaine et montre comment on peut développer une logique déontique qui ne fait pas usage des mondes possibles. L'on doit cependant garder à l'esprit que la logique que développe Seck est d'application générale et peut se déployer dans différents domaines. Ainsi, on peut y voir, comme le fait

Rahman, une modélisation possible de la théorie de la traduction de Souleymane Bachir Diagne. Elle peut également servir à rendre raison du paradigme de la pensée comme preuve développée dans le sillage de Curry Howard par des logiciens comme Per-Martin Lof et Alain Lecomte. Telle est la richesse de la pensée de Suhrawardī que, partant d'une philosophie d'inspiration religieuse, on en est à développer une logique susceptible de résoudre les problèmes informatiques les plus contemporains. Le livre de Seck nous aide à le comprendre.

Mouhamadou El Hady Ba
Université Cheikh Anta Diop de Dakar
Formateur à FASTEF

À en croire Christian Jambet, un jour arrivera et nous lirons Suhrawardī comme nous avons lu Hegel. Cela, dans la perspective d'un renouvellement de la pensée occidentale. Certes, les travaux d'Henry Corbin, de Christian Jambet, de Frank Griffel et de bien d'autres auteurs ont fait connaître la philosophie islamique, et notamment celle de Suhrawardī. Mais les perspectives ouvertes ici par Badara Seck inaugurent une nouvelle ère dans les études, en occident et ailleurs (en Afrique précisément), de la philosophie Illuminative de Suhrawardī.

Jean Brun dit d'Henry Corbin qu'il est un philosophe en quête de l'"Orient", car « il a dirigé, en effet, sa réflexion philosophique de l'"Occident", la région où le Soleil se couche, à l'"Orient", le pays où le Soleil se lève »[1]. La lecture de l'ouvrage de Badara Seck semble indiquer une démarche contraire qui rappelle le titre d'un livre connu de Jack Goody, *L'Orient en Occident* (Seuil, 1999, *The East in the West*, Cambridge University Press, 1996). Jack Goody y ambitionne de bouleverser les idées reçues sur les civilisations orientales et occidentales. Même si les perspectives et les moyens ne sont pas les mêmes que chez Jack Goody, on note chez Badara Seck une réappropriation originale de la philosophie de l'Illumination au travers de laquelle se laissent bien lire des éléments de reconfiguration ou de remise en question de la métaphysique, de l'épistémologie et de la logique de tradition occidentale, à partir d'une lumière orientale, celle de Suhrawardī. Et le maître-mot de cette reconfiguration : la présence.

On le sait, il y a une philosophie ou une pensée métaphysique de la présence chez Heidegger (Joël Balazut, 2013 ; Laurent Villevielle, 2022). *Das Anwesen* ou *Die Anwesenheit* chez Heidegger renvoie à la présence comme sens de l'être tel qu'il est conçu dans la pensée européo-occidentale depuis la Grèce Antique[2]. Toutefois, même si la philosophie Illuminative de Suhrawardī est tributaire de la philosophie antique grecque, la présence telle qu'elle y est conceptualisée propose une redécouverte du sens de l'être qui, bien avant Heidegger, rend compte différemment des raisons présupposés et finalités métaphysiques de la caractérisation de l'être comme présence. Henry Corbin, traducteur de Suhrawardī et de Heidegger, note bien cela quand il explique son passage de Heidegger à Suhrawardī en ces termes : « *ce que je cherchais chez Heidegger, ce que je compris grâce à Heidegger, c'est cela même que je cherchais et que je trouvais dans la métaphysique irano-islamique* ». « Dès lors, il n'y a plus qu'à serrer d'aussi près que possible cette notion de *Présence* »[3]. Il y a donc, chez Suhrawardī, une métaphysique de la présence qui diffère fondamentalement de celle que Heidegger a développée plus tard. Cette métaphysique invite, pourrait-on dire, à une ouverture ou à un dévoilement de l'horizon heideggérien du *Dasein* sur la présence illuminative de l'être, qui, chez Suhrawardī, est celle de la *Lumière pure*, « épiphanie primordiale de l'être », fondement

[1] J. Brun, « Un philosophe en quête de l'"Orient" », in C. Jambet (sous dir.), *Henry Corbin*, Les cahiers de L'Herne, Editions de L'Herne, Paris, 1981. p. 71.

[2] A. Schild, « Présence », in *Dictionnaire Martin Heidegger*, Editions du Cerf, Paris, 2013.

[3] H. Corbin, « De Heidegger à Sohravardî », in C. Jambet (sous dir.), *Henry Corbin*, Les cahiers de L'Herne, Editions de L'Herne, Paris, 1981.

de toute connaissance authentique. C'est ce qui justifie que pour Suhrawardī, le philosophe est un théosophe. Il n'y a pas de séparation entre la recherche philosophique et la réalisation spirituelle du philosophe : l'une s'accomplit dans l'autre, nécessairement. De même, il n'y a pas d'élévation spirituelle authentique qui ne soit point fondée sur un cheminement philosophique rigoureux. « Aussi le livre qui est le vade-mecum des philosophes "orientaux" (*le Kitâb Hikmat al-Ishrâq*) débute-t-il par une réforme de la Logique, pour s'achever sur une sorte de mémento d'extase »[4].

Badara Seck s'inscrit justement dans cette perspective, celle primordiale de la réforme de la Logique, tout en évitant, à la suite de Frank Griffel, de réduire la philosophie de Suhrawardī à un mysticisme pur. En étudiant la philosophie illuminative de Suhrawardī, il en propose une vision synoptique qui, en rappelant ses fondations théosophiques, manifeste ses déploiements noétiques sous les formes d'une épistémologie de la présence et d'une logique temporelle. Il y a là une position forte : par sa critique de l'essentialisme d'Ibn Sina, Suhrawardī développe une épistémologie et une logique qui, parce qu'elles sont ancrées dans sa métaphysique de la présence, justifient la formulation de lois générales de la nécessité et de la temporalité. L'intérêt de cette étude de Seck réside donc non seulement dans la revendication de cette position, mais bien plus dans le fait qu'il y développe une approche dialectique à partir de laquelle les lois générales de la nécessité et de la temporalité, constitutives de la logique modale à la Suhrawardī, sont exprimées dialogiquement, en considérant les rôles explicites des présences.

Comme cela est indiqué plus haut, la présence se comprend comme expérience fondamentale de la connaissance. La connaissance présentielle n'est pas une connaissance par représentation au travers d'une forme (théorie péripatéticienne de la connaissance). La connaissance présentielle est celle d'un sujet qui saisit, sans aucune médiation, sa présence comme présence à un objet. On pourrait penser ici à une sorte d'accointance à la Russell. Mais l'accointance russellienne ne considère pas la présence à soi, l'ipséité individuelle, comme inhérente à la connaissance présentielle. L'importance de cette ipséité individuelle permet alors à Badara Seck d'identifier un quadruple rôle à la connaissance présentielle : un rôle épistémique, un rôle théologique, un rôle logique et un rôle épistémologique. Et ces rôles sont tels qu'ils se réalisent dans l'unicité fondamentale de la connaissance présentielle.

Cette ingénieuse manière de comprendre la connaissance présentielle laisse voir qu'elle est en réalité un construit qui intègre le passé et l'avenir dans une coprésence *du hic et nunc*. Autrement dit, la connaissance présentielle d'après Suhrawardī, se réalise suivant des modalités nécessairement affectées par une sorte de coefficient de temporalité. Comme le note si bien Badara Seck, les modalités étant les différentes manières dont un prédicat se relie à son sujet, dans le cadre épistémologique fixé par Suhrawardī, les seules qui fournissent une connaissance certaines sont les universaux constitués par des relations nécessairement nécessaires et les universaux constitués par

[4] H. Corbin, *Histoire de la philosophie islamique*, Paris, Gallimard, 1986, p. 299.

des relations nécessairement contingentes. Et le coefficient de temporalité intervient justement dans l'analyse que Suhrawardī fait des contingences nécessaires suivant les deux grands principes aristotéliciens que l'on retrouve également chez Avicenne et les avicenniens : « *le temps est un présupposé logique du contingent [...] ; l'expérience du contingent est une présupposition épistémologique du temps* ».

Il faut ici retenir deux éléments importants pour la reconstruction dialectique, syllogistique de la connaissance présentielle : 1. Les modalités sont des relations et non des opérateurs monadiques propositionnels ; 2. La temporalité est partie intégrante du sens exprimé par la modalité. Dès lors, la sémantique des modalités et des constantes logiques se présente chez Suhrawardī sous la forme d'une explication dialectique de la signification. Et c'est à cette explication dialectique de la signification que Badara Seck va donner une structuration dialogique en prenant appui sur les travaux de S. Rahman et autres.

L'ouvrage s'achève par une partie innovante consacrée à « Suhrawardī en dehors de Suhrawardī ». Badara Seck y analyse les modalités déontiques dans et au-delà de la pensée islamique. La pertinence de cette partie réside dans le fait qu'elle répond bien au projet initial de Seck d'arriver à fournir une vision synoptique et systématique qui, au travers de la logique et de l'épistémologie de la présence, permette de reconstruire à partir d'éléments nouveaux, l'unité des sciences dans la tradition islamique. C'est donc dans cette perspective qu'il propose une nouvelle approche de la logique déontique qu'il fonde sur les postulats suivants : *elle ne requiert pas la sémantique des mondes possibles comme le fait la logique déontique standard (SDL) ; elle est compatible avec l'idée que les catégories déontiques dans les contextes éthiques et juridiques assument la responsabilité des choix que nous faisons ; elle présuppose que les qualifications déontiques telles que vertueux (mérite d'être récompensé) ou blâmable (mérite d'être sanctionné) ne qualifient pas un type d'action, mais l'accomplissement effectif d'un type d'action ; elle ne se limite pas à l'éthique et à la jurisprudence islamique, mais pourrait s'appliquer aux contextes éthiques et juridiques en général*.

Badara Seck termine son ouvrage par ce qu'on peut appeler un *en-dehors vertueux* de Suhrawardī. Relevant le fait que le cadre dialectique élaboré par Suhrawardī se présente comme celui des dialogues purement antagonistes, Badara Seck, pour être fidèle au rôle fondamental des dialogues qui est celui d'être une entreprise collective de construction de la signification du savoir et de la vérité, fait l'option des dialogues coopératifs, notamment dans le cas de l'argumentation juridique islamique. Et il se réfère, pour cela, à Walter Edward Young, mais aussi à Rahman et Iqbal qui ont étudié le dialogue coopératif dans le contexte des qiyās.

On peut cependant, comme le suggère d'ailleurs Seck lui-même, lire cet en-dehors vertueux du point de vue de Suhrawardī. Si l'on considère l'ancrage du cadre dialectique dans la métaphysique de la présence, on peut se demander si l'option des dialogues coopératifs est, à tout point de vue, un en-dehors de Suhrawardī. Car, toute connaissance présentielle étant, avant tout, une présence de l'« épiphanie primordiale de l'être », la reconstruction dialectique de la connaissance ne pourrait-elle pas laisser place à la conception des dialogues coopératifs ? La “conversion catégorielle” opérée par Suhrawardī de l’Aristote péripatéticien à l’Aristote de son rêve avec qui il a pu faire un dialogue coopératif ne suggère-t-elle pas une piste prometteuse en ce sens ?

Quoi qu’il en soit, Badara Seck offre, par cet ouvrage, une lecture innovante de la philosophie Illuminative de Suhrawardī, notamment en proposant une reconstruction dialogique de la logique de la présence. Et même si le travail est réalisé dans un contexte occidental, son impact pour la réflexion philosophique en Afrique sera significatif. Car, dans les traditions orales d’Afrique, la présence est une condition irréductible de la construction et de la transmission du sens et de la signification. Le jeu du savoir et de la signification s’y joue nécessairement dans un contexte dialogique qui intègre la dimension temporelle comme constitutive. Une intéressante piste de recherche que l’ouvrage de Badara permet d’explorer utilement.

Prof. Mawusse Kpakpo AKUE ADOTEVI
Professeur titulaire en Logique et Philosophie du langage,
Université de Lomé, Togo.

Je connais Alioune Seck depuis 2020, année pendant laquelle il a initié sa thèse de doctorat sur la logique de Shihāb al-Dīn Suhrawardī. Alioune Seck est arrivé à l'université de Lille avec une formation initiale en langue et littérature persanes. Il ne possédait donc pas de connaissance approfondie en logique. Mais, malgré cette difficulté initiale, il a démontré une capacité remarquable à acquérir les compétences en logique nécessaires et à enrichir ses connaissances en philosophie médiévale.

De plus, il a proposé une approche novatrice que nous avons pu développer ensemble, lui et moi.

De fait, l'arrivée de Seck et sa proposition ont coïncidé avec un événement heureux, mais fort curieux : la bibliothèque de notre laboratoire, dans le cadre d'une démarche de réorganisation de ses locaux en vue de disposer davantage d'espace, m'a gracieusement offert un ensemble substantiel de livres sur la philosophie arabe et l'histoire des sciences. Et il y avait, parmi ce lot d'ouvrages, l'excellente édition de Corbin d'*al Ishr Ḥikmat al-Ishrāq* de Suhrawardī, et une reproduction de la traduction anglaise de Walbridge et Ziai.

Or, je travaillais en ce moment sur la logique temporelle contemporaine avec une structure ramifiée dans le contexte du déterminisme. Plus précisément, je m'étais engagé dans une étude approfondie de la logique modale aristotélicienne, convaincu, comme Patterson et Malink, des divergences fondamentales qu'il y a entre les modalités inhérentes au syllogisme et l'approche syntaxique et sémantique de la logique modale contemporaine. Car, de telles approches, dans leur forme actuelle, dénaturent la notion ancienne des modalités, notamment dans leurs aspects fondamentalement logiques et métaphysiques, au lieu d'en faciliter la compréhension.

C'est dans cette perspective que l'approche de Suhrawardī devient intéressante, dans la mesure où, d'une part, elle est, comme l'a souligné Frank Griffel, l'une des philosophies islamiques les plus éminentes de l'ère post-Avicenne, et d'autre part, elle inaugure une philosophie de l'Illumination qui ne saurait être réduite ni à la théologie ni à un simple commentaire d'Aristote.

Aussi, lorsque j'ai pris connaissance de la proposition de Seck d'écrire une thèse sur les aspects logiques de la philosophie Illuminative de Suhrawardī, ai-je promptement accepté, avec plaisir, d'étudier cet auteur avec lui. Et mon engagement fut décisif après les échanges fructueux que j'ai eus avec mon ami et collègue de Cambridge, le professeur Street, qui, à l'époque, dirigeait également une thèse sur Suhrawardī.

La thèse de Seck, qui partage avec Griffel un certain scepticisme à l'égard de l'interprétation proposée par Corbin qui réduit la philosophie de Suhrawardī à un mysticisme, a été initialement motivée par deux avis contradictoires sur la logique de Suhrawardī :

D'une part, Walbridge et Ziai ont avancé l'idée que Suhrawardī était un adversaire acharné d'Avicenne et avait donc développé une logique qui s'opposait à celle d'Avicenne.

D'autre part, Street a démontré que, du point de vue de la validité, la logique de Suhrawardī était entièrement compatible avec celle d'Avicenne, suggérant ainsi qu'elle pouvait être considérée comme une variante innovante de la logique d'Avicenne.

Mais comment des interprétations aussi contradictoires sont-elles possibles ? La thèse de Seck étudie le processus par lequel cette contradiction est advenue, et aboutit, dans les sections finales de sa thèse, à une synthèse des deux approches dont les points forts sont les suivants :

- La notion de connaissance par la présence de Suhrawardī remet en cause l'idée de considérer ou de poser les définitions comme fondement de la connaissance.
- Cependant, la philosophie de l'illumination s'aligne sur l'interprétation temporelle des modalités selon Avicenne ; une interprétation guidée par la notion de connaissance en tant que présence. Cette notion de présence constitue, en effet, le fondement de la formulation des définitions, du genre, de la propriété et des accidents, ainsi que de la justification des affirmations qui relient du point de vue modale le prédicat et le sujet, par la nécessité ou par la contingence. La perspective philosophique de Suhrawardī suggère alors que les définitions et autres prédicables soient présentés comme des produits de constructions cognitives, dont les composants essentiels sont tirés de la conscience expérientielle des présences.

On peut donc le noter, la position de Seck est que la connexion entre ces deux approches n'est possible que par l'intermédiaire du concept de connaissance, telle qu'elle est définie par Suhrawardī, en tant qu'appréhension de la présence dans le processus de justification d'une affirmation relative à une loi universelle façonnée par des modalités, à la manière d'Avicenne. Cette loi universelle est affirmée d'une part sous la forme de l'attribution d'une propriété réelle nécessairement actualisée à toute présence du sujet (tous les humains sont des êtres rationnels), et d'autre part sous la forme de l'attribution d'une potentialité nécessaire actualisée ou non à toute présence du sujet (l'humain a, par nécessité, la capacité de lire).

Dans cette perspective, le temps joue un rôle régulateur dans la vérification des prédicats attribués. Et ce rôle se traduit par « toujours en acte » dans le cas des prédications par nécessité, et par « parfois oui et parfois non » dans le cas de la contingence. Ainsi, la sémantique des modalités se trouve subordonnée au principe de plénitude, qui requiert des actualisations ou des présences. Et Lovejoy suggère justement que le principe de plénitude pourrait trouver son origine dans le *Timée* de Platon et a été plus tard développé par les néo-platoniciens. Ce qui confirme la position, explicitement affirmée de Suhrawardī, selon laquelle sa philosophie de l'Illumination a des racines bien plus platoniciennes qu'aristotéliciennes.

D'un point de vue épistémologique, notamment en ce qui concerne la connaissance humaine, une analyse concise des arguments de Suhrawardī contre le pouvoir épistémique des définitions laisse comprendre que la philosophie de l'Illumination propose une sorte d'inversion épistémologique par rapport à la conception que Suhrawardī attribue à Ibn Sīnā et à ses partisans. Suhrawardī affirme en effet que la connaissance et, en particulier, la certitude sont acquises par des actes de présence qui, conceptualisés, peuvent être ensuite exprimés par des définitions ; elles ne se réalisent pas dans le sens inverse : nous acquérons d'abord une connaissance immédiate au travers d'une relation de présence, sans faire la distinction entre cette connaissance et ce que la relation de présence signifie ou représente.

En effet, d'après l'épistémologie de Suhrawardī, ce qui est perçu comme présent, ce sont des unités épistémiques, telles que *Zayd étant un être humain*, qui sont linguistiquement articulées par l'activité mentale dans le composite *Zayd est un être humain*. L'existence des êtres humains exprime le résultat mental des propositions articulées (telles que « Zayd est un être humain »). Il s'ensuit que la présence est le fondement primordial de l'existence. La notion d'existence, exprimée à travers des propositions articulées, ne saurait être considérée comme une propriété en soi, mais plutôt comme le résultat de la saisie de l'universel que cette présence représente, et du fait que l'universel est constitué par la présence. C'est pourquoi la logique des modalités de Suhrawardī, qui peut être rapprochée de la lecture essentialiste qu'Avicenne fait des modalités (dātī), ne nécessite pas l'utilisation d'un prédicat d'existence, contrairement à certaines reconstructions formelles modernes des modalités (dātī) d'Avicenne.

Ainsi, *Zayd ε Humain* exprime à la fois que Zayd existe, puisqu'il instancie *Humain*, et que les humains existent, puisque la présence de Zayd témoigne qu'Humain n'est pas une catégorie vide. En réalité, les présences et les catégories que ces présences instancient entretiennent des relations internes.

Dans le cadre de la logique, lors d'une interaction dialogique visant à établir une loi universelle, si une présence peut être substituée par toute autre instance de l'universel, les actualisations du prédicat par le sujet peuvent être universellement attribuées à celui-ci. Et s'il en est de même en commutant les termes de « sujet » et de « prédicat », alors les définitions sont établies.

Il est cependant évident, au regard de ce qui précède, qu'il y a d'importants défis méthodologiques à relever, en considérant l'objectif du travail entrepris pas Seck : reconstruire une logique qui permettrait d'intégrer les nouvelles perspectives philosophiques ouvertes par *al-Ishrāq* à la logique et à l'épistémologie de la présence de Suhrawardī. Car, il faut le rappeler, Suhrawardī affirme, de manière explicite, que l'assimilation de la philosophie Illuminative est la voie d'accès à la logique et à la connaissance. Par conséquent, il doit y avoir une logique spécifique à *al-Ishrāq*.

L'approche méthodologique initiale a consisté en l'utilisation du langage formel de la théorie des types, avec une quantification restreinte. Cette approche permet de saisir la structure sujet-prédicat sans recourir à la médiation des implications ou des conjonctions. Elle s'aligne sur les récents progrès réalisés dans la reconstruction de la logique ancienne et médiévale, où les prédicats sont définis sur un domaine explicite du discours constituant le sujet. Ainsi, l'affirmation « certains poètes sont bons » ne se comprend pas comme une conjonction signifiant que « certaines personnes sont bonnes et elles sont aussi des poètes ». En réalité, avec cet énoncé, nous affirmons que certains individus sont bons en tant que (*qua*) poètes. La reconstruction formelle de Lukasiewicz, qui considérait la logique aristotélicienne comme une logique propositionnelle, est ici écartée. Cette approche, soutenue par Lukasiewicz-Patzig, a été largement rejetée par la communauté des spécialistes, et à juste titre, car un syllogisme ne saurait être confondu ni avec une proposition ni avec une implication d'une logique propositionnelle qu'Aristote n'a pas su mettre au point.

Outre cette approche méthodologique initiale, cette étude nous a conduits à un autre défi méthodologique de taille. En effet, dans la logique traditionnelle, tant ancienne que médiévale, les modalités s'entendent comme des relations entre le sujet et le prédicat. Leur signification temporelle, loin d'être un simple artifice, implique leur actualisation possible dans un intervalle de temps donné.

Dans le cadre de l'analyse contemporaine des propositions temporelles, la formulation de ces dernières comme des fonctions propositionnelles dans le temps constitue l'approche standard. Cependant, cette approche s'avère incompatible avec le dicton aristotélicien stipulant que le temps n'est pas une substance. Autrement dit, les moments temporels ne sauraient être considérés comme le support d'événements, comme si lesdits événements étaient des propriétés que l'on peut prédiquer d'un moment donné. Cela n'a pas de sens de dire que 11 heures possède la propriété de pleuvoir à Lille.

La solution réside dans l'attention portée aux présences, désormais interprétées comme des actualisations de potentialités pouvant être inscrites dans un temps donné. D'un point de vue technique, inscrire un événement dans un temps donné peut être défini comme la fonction qui exprime la présence d'une action ou d'un événement à un moment donné. Cette approche correspond à la conception aristotélicienne du temps comme mesure des changements, notamment de la puissance à l'acte.

La thèse de Seck présente, par ailleurs, une découverte philosophique importante concernant la corrélation entre la logique et l'épistémologie de la présence d'une part, et les réflexions métaphysiques et théologiques de Suhrawardī d'autre part. La connaissance, selon Suhrawardī, consiste essentiellement dans la connexion entre un sujet connaissant et une présence. Et la certitude est obtenue lorsque cette connexion peut être généralisée à l'ensemble des présences, donnant ainsi lieu à une loi universelle. Cela suggère une solution à la question très délicate et controversée de la connaissance divine : d'une part Dieu connaît les particuliers en tant que tels comme des présences individuelles et non comme des instances de l'universel ; mais d'autre part, Dieu possède également une connaissance des hommes en tant que participants à l'universel dès lors qu'il les reconnaît comme sa propre création.

Une autre intersection importante entre la théologie et l'épistémologie est mise au jour par la notion de *conscience de la présence* et celle de *conscience du temps*. Selon une première perspective, le temps est considéré comme la conscience du présent – *le maintenant* ; selon une autre perspective, le *maintenant* est vécu comme *l'environnement de l'avant et de l'après*, comme l'a expliqué Suhrawardī. Cette notion de *maintenant* peut être analysée à la lumière de la phénoménologie qui la décrit comme un « présent spécieux », impliquant une conscience simultanée du passé et du futur, actualisée par des actes de présentification, déclinés en réactualisations et en attentes.

Comme le souligne Rayane Boussad dans ses travaux récents, cette dynamique donne naissance à un nouveau concept de plénitude, où le contingent est à la fois positivement et négativement actualisé dans le contexte d'un présent spécieux. Cette notion de plénitude s'inscrit dans la logique temporelle élaborée par Rahman et Seck dans leur article « Suhrawardī's Stance on Modalities and his Logic of Presence » (Dans A. Ahmed, R. Strobino & M. S. Zarepour (eds.), *Logic, Soul, and World : Essays in Arabic Philosophy* in Honor of Tony Street. Leiden : Brill. L'article est le fruit d'un exposé portant le même titre, qui a été prononcé lors de la Conférence sur la logique arabe en l'honneur de Tony Street à l'Université de Berkeley, les 23 et 24 avril 2022). Elle est également développée dans un article en cours de rédaction par Rahman et Boussad. Ces derniers soulignent comment un cadre interactif met en œuvre la dynamique du présent spécieux de manière à ce que les attentes soient rétroactivement justifiées lorsqu'elles sont satisfaites ou contestées lorsqu'elles ne le sont pas.

Lors d'un échange portant sur le présent ouvrage avec le professeur Marwan Rashed (Paris-Sorbonne, Centre Léon Robin), ce dernier a aimablement fourni son article récent intitulé « L'intuitionnisme d'al-Samaw'al : algèbre, arithmétique, géométrie, théologie, cosmologie » (*Philosophia Scientiæ*, vol. 29(2), 2025, pp. 5-42), qui a permis de mettre en lumière un point épistémologique crucial qui m'était jusqu'alors inconnu. En effet, il ressort de son étude que, à l'époque de Suhrawardī, des avancées notables en algèbre semblent avoir été influencées par des approches constructivistes et intuitionnistes, partageant des principes épistémologiques essentiels avec la logique de Suhrawardī. Les conclusions de Rashed invitent à l'exploration de plusieurs pistes de recherche. La principale d'entre elles est la question de savoir si d'autres développements scientifiques ont également adopté des principes proches de ceux de la philosophie de l'illumination de Suhrawardī, ou de ses disciples.

Une autre piste de recherche issue de la thèse de Seck est celle que suggèrent les travaux de Bachir Diagne. Selon ce dernier, la traduction s'apparente à l'ouverture d'une porte qui permet au texte original d'habiter un nouvel univers avec une perspective inédite. Cette ouverture permet au texte de s'insérer dans un nouveau contexte et d'explorer de nouvelles possibilités. Les formalisations peuvent être aussi considérées comme des traductions, accueillant des arguments logiques qui rendent les liens conceptuels explicites. En outre, elles offrent la possibilité de relier ces concepts à l'ensemble de l'architecture épistémologique dans laquelle ils sont intégrés. Ainsi, le chapitre de la thèse qui étend la logique de Suhrawardī au domaine juridique, ainsi que la question d'Aristote concernant la bataille navale du lendemain, qui, dans le contexte de la pensée islamique, était associée à la prévision et à la prédestination de Dieu, en sont en des exemples éloquents.

Dès lors, il est possible d'envisager le texte d'Alioune Seck comme la mise en œuvre de la perspective de Diagne sur la traduction. Cette perspective permet de mettre en lumière le fait que la philosophie de l'illumination engendre un nouveau champ de la connaissance. Ce champ est désigné par le terme *ḥikma* (sagesse) par Griffel, et qui, contrairement à une opinion largement répandue, ne saurait être réduit à la théologie rationnelle (*kalām*), mais correspond à un courant de pensée autonome ayant produit un nouveau cadre conceptuel et de nouvelles perspectives théoriques.

En somme, cette thèse ne se limite pas à l'étude de l'œuvre d'un des penseurs islamiques les plus éminents de la période postérieure à Avicenne ; elle propose également une interprétation radicalement novatrice. Celle-ci révèle que la philosophie de l'illumination de Suhrawardī éclaire de manière inédite des questions majeures en logique, en épistémologie et en métaphysique.

Shahid Rahman
shahid.rahman@univ-lille.fr
Université de Lille, UMR CNRS 8163 :
STL, ERC-Synergy **RevLog** 2024

DEDICACES

À mes défunts frères Talla Seck et Mamadou Seck – ce dernier porte le nom de mon fils aîné, dont la naissance a coïncidé avec la parution de ce livre.

REMERCIEMENTS

C'est avec une profonde émotion et un immense bonheur que je dédie cette thèse à mes chers parents, Mme Nogaye Fall et M. Gora Seck, ainsi qu'à mes regrettés frères, M. Mamadou Seck et M. Talla Seck. Leur soutien indéfectible, leur affection inépuisable et leurs prières constantes m'ont accompagné tout au long de ce parcours. Je saisis cette occasion pour rendre un hommage particulièrement émouvant à mes deux frères disparus : M. Talla Seck, qui nous a quittés trop tôt, et M. Mamadou Seck, décédé le 25 août 2020. Que le Tout-Puissant leur accorde Sa miséricorde.

Je tiens également à exprimer ma reconnaissance la plus sincère à mon directeur de thèse, le Professeur Shahid Rahman. Au-delà de son encadrement scientifique exemplaire – ses enseignements rigoureux, ses orientations précises et pertinentes –, il a su m'apporter un soutien humain inestimable, trouvant toujours les mots justes pour m'encourager. Il a été bien plus qu'un mentor académique : une figure paternelle, un guide. C'est à lui que je dois mon initiation à la logique, et tout ce que je sais dans ce domaine, je le lui dois. Malgré les nombreuses difficultés traversées, il ne m'a jamais perdu sa confiance en ma personne.

Ma gratitude va également au Professeur Khassim Diakhaté, qui m'a initié à l'étude de la pensée islamique, m'ouvrant ainsi les portes de la recherche scientifique, cette noble et luxueuse quête. Mes remerciements vont aussi au Professeur Cheikh Tidiani Diallo, pour son soutien constant et sa bienveillance.

Je remercie du fond du cœur mes frères et sœurs pour leur amour, leur soutien moral et leur présence précieuse. En particulier, ma sœur Mme Khoudia Seck, mon frère jumeau M. Ismaila Seck – affectueusement surnommé « Iz Bongo » –, ainsi que M. Assane Seck, M. Yatma Seck, Mme Nogaye Seck et Mme Fatou Kiné Seck. Grâce à eux, j'ai compris que la famille est l'une des valeurs les plus sacrées au monde.

Mes remerciements vont aussi aux membres du jury qui ont bien voulu examiner cette thèse, aboutissant à la publication de ce travail :

- **Farid Zidani**, Président du jury – Université Alger 2, Algérie
- **Souleymane Bachir Diagne**, Examinateur – Columbia University, New York
- **Shahid Rahman**, Directeur de thèse – Université de Lille, France
- **Cristina Barés Gomez**, Rapporteuse – Universidad de Sevilla, Espagne

- **Adjoua Bernadette Dango**, Examinatrice – Université Alassane Ouattara, Côte d'Ivoire
- **Louna Samia**, Examinatrice – École Normale Supérieure de Bouzaréah, Algérie

Je tiens à exprimer ma profonde gratitude aux éminents professeurs qui ont généreusement accepté de rédiger les préfaces de cet ouvrage. Leur bienveillance, leur disponibilité et la qualité de leurs écrits honorent profondément ce travail.

Mes sincères remerciements s'adressent à **Prof. Tony Street** (Faculty of Divinity, University of Cambridge) pour ses mots éclairants et sa reconnaissance intellectuelle ; à **M. Mouhamadou El Hady Ba** (Université Cheikh Anta Diop de Dakar, formateur à la FASTEF) pour son regard rigoureux et stimulant ; à **Prof. Mawusse Kpakpo Akue Adotevi** (Professeur titulaire en Logique et Philosophie du langage, Université de Lomé, Togo), pour ses appréciations pertinentes et sa lecture attentive ; et enfin **Prof. Shahid Rahman** (Université de Lille, UMR CNRS 8163 : STL, ERC-Synergy RevLog 2024), pour sa contribution toujours précieuse et son accompagnement constant, bien au-delà du cadre académique.

Leur engagement à accompagner ce travail par leurs préfaces constitue un honneur inestimable et un témoignage de confiance pour lequel je resterai profondément reconnaissant.

Ma plume ne saurait exprimer toute la gratitude et l'amour que je vous porte. Ce remerciement est une modeste tentative de vous rendre un peu de l'affection et du soutien que vous m'avez prodigués, surtout dans les moments les plus sombres de mon parcours.

Une pensée affectueuse va à mon épouse, Mme Fatou Seck, dont les prières et le soutien indéfectible m'ont accompagné à chaque étape.

Je n'oublie pas non plus mes frères et sœurs spirituels, les Moustarchidines et Moustarchidates – tout particulièrement ceux de la section de Lille – pour leur motivation et leur encouragement constants. Merci au Professeur Mamadou Sarr pour sa précieuse relecture et ses corrections.

Enfin, je rends un hommage respectueux à feu le Professeur Assane Mbengue de l'école Mouhamadou PSL de Diamaguène, qui fut non seulement notre maître à l'école primaire, mais également un mentor qui a marqué nos premières années de formation.

AVANT-PROPOS

La présente étude, centrée sur le *Ḥikmat al-Ishrāq* de Shihāb al-Dīn Suhrawardī (549/1155-587/1191 ou début 1192), développe quelques explorations préliminaires de sa remarquable épistémologie de la présence, en mettant particulièrement l'accent sur son postulat de la priorité de l'unité de l'expérience par la présence.

Notre objectif principal est de contribuer au développement d'une vision systématique de la pensée logique, épistémologique et métaphysique de Suhrawardī, compte tenu du postulat bien connu de l'unité des sciences dans la tradition islamique.

Cette étude devrait aussi ouvrir la voie à une réponse aux défis posés par Tony Street et d'autres sur la compatibilité de la critique de Suhrawardī à l'égard d'Ibn Sīnā et de ses continuateurs avec le développement d'un syllogisme temporel et modal qui, à première vue, semble assez proche de celui d'Ibn Sinā ou d'un sous-ensemble de la logique d'Ibn Sinā.

En suivant ces objectifs, nous avons articulé notre thèse en quatre parties principales et une conclusion.

La première partie (A) basée sur la littérature existante, fournit les principaux éléments biographiques et historiques pertinents pour notre étude.

Plus précisément, les sections de **A1** à **A.3.3** sont basées sur deux sources majeures qui contiennent assez d'informations sur la vie de Suhrawardī :

La première source chronologiquement plus récente est celui du livre de Frank Griffel : *the Formation of Post- Classical Philosophy in Islam*, paru en 2021 dans la presse universitaire d'Oxford. Il contient le compendium de la vie et de la production philosophique de Suhrawardī (2021, pp. 244.263). Pratiquement nous avons suivi dans cette première de notre travail, la ligne directrice de Frank Griffel sur sa présentation de Suhrawardī.

La deuxième source est principalement composée des livres d'Henry Corbin (*Le livre de la sagesse orientale*, paru en 1986, établi et publié par Christian Jambet chez Gallimard en France) et de John Walbridge (*The Leaven of the Ancients : Suhrawardī and the Heritage of the Greeks*, paru en l'an 2000 à New York).

Nous avons aussi utilisé aussi l'article de Roxanne D. Marcotte sur Suhrawardī dans la *Stanford Encyclopedia of Philosophy*.[5]

Nous ne revendiquons aucune originalité sur cette présentation. L'objectif est de fournir le contexte nécessaire au développement du cœur de notre thèse, à savoir

[5] Suhrawardī (Stanford Encyclopedia of Philosophy)

l'imbrication des aspects épistémique, épistémologique et métaphysique du temps dans la logique temporelle de Suhrawardī.

En revanche **A.3.4** annonce déjà les grandes lignes directrices qui devraient structurer notre propre contribution.

Les trois autres parties constituent le cœur de notre contribution.

Dans la deuxième partie (B), nous développons la première étude approfondie et complète de sa logique et de son épistémologie, en mettant particulièrement l'accent sur la manière dont il développe la logique sur la base d'une épistémologie de la présence. Nous pensons que cela confirme son affirmation selon laquelle, pour ceux qui suivent les principes de la philosophie de l'Illumination, la logique devient un instrument efficient et simple pour obtenir des connaissances dans des contextes épistémologiques.

La troisième partie (C) montre comment la logique et l'épistémologie de Suhrawardī peuvent être appliquées au-delà de ses propres objectifs en offrant un cadre pour les catégories déontiques dans la jurisprudence et l'éthique islamiques et aussi, plus généralement, pour le développement d'une nouvelle approche de la logique déontique qui peut également s'appliquer au-delà de la pensée islamique.

Résumons maintenant les principaux points de notre thèse.

Partie A : Notes Biographiques

Suhrawardī (1154-1191), de son vrai nom, Shahābad-Dīn Yahya Ibn Habash Suhrawardī Il est né à Suhraward, au nord-ouest de l'Iran, dans la province de Jabal, au voisinage de l'Azerbaïdjan. Jugé suspect par les autorités religieuses et les docteurs de la Loi d'Alep, il est poussé à la mort selon Majid Fakhry[6]. Selon Sharazuri, Il fut exécuté le 5 rajab 587(29 juillet 1191) à l'âge de 36 ans (38 ans selon l'hégire lunaire)[7].

Suhrawardī, a fait ses études à Maraghah avec Majd al-Din al-Jili. Il s'est ensuite rendu à Ispahan, où il a étudié avec le logicien Zahir al-Farisi avec qui il a lu un texte sur la logique écrit par Ibn Sahlan al-Sawi (décédé en 1170). Suhrawardī s'est alors lancé dans un voyage qui l'a conduit en Anatolie. Son biographe, Shams al-Din al-Shahrazuri (décédé en 1288) identifie cette période comme sa quête de conseils spirituels, une période où il aurait rencontré un certain nombre de maîtres soufis, comme Fakhr al-Din al-Maridini (décédé en 1198), et aurait cherché de support parmi les dirigeants locaux d'Anatolie.

[6]M. Fakhry (1989), p. 319.
[7] Nasr, S H (1921), "*Three Muslim Sages*", Cambridge: CUP, p. 18, 1. 6 ss.

La jeunesse de Suhrawardī se passe à Marâgheh, non loin de Tabrīz, en Azerbaijân. Comme on l'a mentionné, il est l'élève de Majdoddin al- Jīlī qui fut aussi le maître de Fakhroddīn al-Râzī[8]. C'est aussi en Ispahân, où il reprit contact avec la tradition d'Ibn Sīnā[9] en la personne de 'Omar Ibn Sahlân al-Sâwajī, qui avait commenté l'*Épitre de l'oiseau,* l'un des traités mystiques d'Ibn Sīnā[10]. On est frappé par la précocité de sa vie de voyage, où il connaît une solitude désirée, seulement rompue par la présence de petits cercles d'amis, pour qui il écrit. Shahrazurī, nous dit qu'à la suite de fréquenter les soufis, Suhrawardī parvint à la possession continuelle de l'autonomie souveraine dans l'usage de la pensée (*istiqlâl bi'-fikr)*[11]. Le dépouillement de l'âme, l'arrachement aux ténèbres est toujours pour Suhrawardī, une concentration en soi, « esseulement spirituel » : « anachorèse ». Le shaykh s'astreint aux exercices de l'ascèse, à la retraite et à la méditation jusqu'à toucher « aux termes des stations mystiques des sages et aux limites des dévoilements accordés aux Amis de Dieu »[12]

En 1183, Suhrawardī arriva à Alep, l'année où Saladin conquit cette ville et la remit à son fils al-Zahir (mort en 1216). Suhrawardī un shāfiᶜī sunnite, s'est fait un nom parmi les érudits religieux de la ville, comme Iftikhar al-Din. Il a finalement réussi à obtenir une audience au palais et à se lier d'amitié avec al-Zahir. En 1186, il acheva son œuvre la plus importante, *la Philosophie de l'illumination*, à l'âge de trente-trois ans. Malheureusement, il a également réussi à s'aliéner la puissante élite religieuse d'Alep dont dépendent les Ayyoubides pour la légitimité de leur domination sur la ville[13].

Une combinaison de facteurs religieux et politiques a conduit à la chute de Suhrawardī. D'une part, il était accusé de détenir des croyances hérétiques, une accusation vague facilement soutenue par les noms et symboles persans préislamiques que certaines de ses œuvres contiennent, sa prétention à une inspiration de type divin et son questionnement, à la lumière de l'omnipotence de Dieu, la finalité logique de la prophétie. D'autre part, ses relations antérieures et étroites avec les dirigeants des Artuqids récemment conquis du sud-ouest de l'Anatolie ou avec al-Zahir, le dirigeant ayyoubide, ont pu être interprétées comme une intrigue politique. En fin de compte, le sort de Suhrawardī a été scellé par des accusations d'hérésie (plutôt que de trahison). Les biographes et les historiens restent en désaccord sur les charges exactes et le cours des événements qui ont conduit à son exécution à la fin de 1191 (ou au début de 1192[14]), voir ci-dessous I.2.

---

[8] *En islam…*, t. II, p. 13, n. 6.
[9] *En islam…*, t. II, p. 13.
[10] Sahrazuri, Notice sur la vie de Suhrawardī., extraite du Nozbat al-arwâb, par Otto Spies et S. K. Khatak, (Three Treatises on Mysticism) et rééditée de façon plus critique par S. H. Nasr, dans son introduction en persan à Op. 3
[11] Sahrazuri, Spies-Khatak, p. 94, I. 13 ; Nasr, p. 16, I. 7.
[12] Sahrazuri, Spies-Khatak, p. 95, I. 1-2.
[13] Voir Suhrawardī. | Éditions Stanford 2023 (edustanford.com)
[14] Marcotte, (2001a).

Formé au péripatétisme d'Ibn Sīnā, Suhrawardī (1154-1191) est devenu l'éponyme d'une tradition philosophique (*isrāqi*). Comme aucune de ses œuvres n'a été traduite en latin, il est resté inconnu en Occident. Cependant, un certain nombre de cercles philosophiques de l'Orient islamique ont étudié ses œuvres à partir du 13ème. Vers le milieu des années du 20ème siècle, Henry Corbin a travaillé sans relâche pour éditer et publier les œuvres de Suhrawardī, des efforts qui ont suscité beaucoup d'intérêt pour son nouveau système philosophique, qu'une nouvelle génération d'érudits a ravivé dans les années 1990[15].

Suhrawardī fournit une critique originale du péripatétisme d'Ibn Sīnā dominant à cette époque dans les domaines de la logique, de la physique, de l'épistémologie, de la psychologie et de la métaphysique. Ainsi, il élabore ses propres notions, concepts et théories *isrāqi* épistémologiques (logique et psychologie) et métaphysiques (ontologie et cosmologie).

Partie B : Connaissance Comme Présence, Logique et Épistémologie dans *al-Ishrāq*

Bien que cela fasse plus de 40 ans que Henry Corbin et Hossein Ziai aient signalé que l'œuvre de Shihāb al-Dīn Suhrawardī n'avait pas encore fait l'objet d'une étude systématique, une recherche approfondie de son œuvre n'en est qu'à ses débuts. Ceci est surprenant dans la mesure où Suhrawardī fut l'un des penseurs les plus influents après Ibn Sīnā et aussi parce que nous disposons maintenant d'éditions et de traductions fiables des sources.

En fait, ce qui reste une tâche urgente est d'étudier ses vues sur la logique et l'épistémologie dans le contexte de sa critique de l'essentialisme d'Ibn Sīnā, qui a été largement négligé dans la littérature consacrée à son œuvre.

La clé de voûte de notre thèse est que la logique et l'épistémologie de Suhrawardī développent un cadre dans lequel l'expérience de la présence fonde les lois générales impliquant la nécessité et la temporalité. Ces lois générales qui, selon lui, sont les seules à fournir une certitude (scientifique), sont le résultat d'un processus qui commence par une expérience personnelle, et qui, par différentes étapes d'abstraction, fournit la définition, le concept, la contingence et la plénitude (le principe selon lequel chaque possibilité doit se réaliser une fois) - voir Tianyi Zhang (2018) et Kaukua (2013, p. 322).

[15] Marcotte R. (2019), " *Suhrawardī* ", Online : https://plato.stanford.edu/entries/Suhrawardī;

La tâche principale que nous accomplissons est d'articuler comment ce processus se développe en une nouvelle logique par laquelle la logique temporelle d'Ibn Sīnā est ancrée dans l'expérience des présences.

En effet, selon notre lecture, les présences ont un quadruple rôle dans sa philosophie de l'Illumination, à savoir :

Un rôle *épistémique*, puisque l'expérience d'une présence, en tant qu'expérience ***vécue***, constitue en même temps la source première de la connaissance et de la conscience de soi.

Un rôle *métaphysique théologique,* lorsque l'expérience d'une présence, en tant qu'instanciation, est conçue comme instanciant un concept ou une catégorie et finalement cela conduit à reconnaitre que nous sommes sa propre création.

Un rôle *logique*, puisque l'expérience d'une présence (directe ou indirecte), en tant que ***témoin***, justifie des assertions impliquant des quantificateurs et des modalités.

Un rôle *épistémologique,* puisque l'expérience d'une présence, en tant que ***vérificateur***, constitue la source de la certitude scientifique.

Dans cette nouvelle logique, que Suhrawardī appelle logique illuminative, une place particulière est accordée aux contingences nécessaires, c'est-à-dire aux potentialités ou capacités attribuées à chaque instance du sujet en raison de l'essence générique du sujet : il est en effet contingent que les humains aient la potentialité d'être des musiciens, mais cette potentialité est une capacité dont les humains jouissent parce qu'ils sont des êtres rationnels.

Pour autant que nous le sachions, les analyses logiques des modalités de Suhrawardī dans la littérature récente ne s'engagent pas dans deux points cruciaux qu'il fait explicitement concernant la signification des modalités, à savoir :

1. les modalités, doivent être comprises comme les différentes manières dont un prédicat *se relie* à son sujet (*al-Ishrāq* (1999, p. 16, p. 17) ;
2. alors que prouver une relation nécessaire exige de mettre en relation des *présences* ou des *instances actualisées* du sujet avec des instances du prédicat ; prouver une relation de contingence exige de mettre en relation des instances du sujet avec une capacité ou une potentialité (pas nécessairement actualisée à chaque instant pour chaque présence du sujet), exprimée par le prédicat - *al-Ishrāq* (1999, p. 38).

Plus précisément,

- une *relation nécessairement nécessaire* revient à attribuer des *instances actualisées*, c'est-à-dire des *présences/témoins/vérificateurs* du prédicat à toute présence du sujet et elle concerne soit :

par *définition*, s'il y a une réciprocité entre les présences du sujet et les présences du prédicat - comme lorsque les instances de l'*animal rationnel* sont liées aux instances de l'*humain*, ou encore

par *genre,* si une telle réciprocité n'existe pas - par exemple lorsque des instances d'*animal* sont liées à des instances d'*humain.*

De plus, il semble qu'une conséquence de sa critique de ce qu'il appelle la prise *péripatéticienne* des définitions (et du genre), est que ces universaux supposent déjà que leur processus sous-jacent de constitution du sens a été établi auparavant. En d'autres termes, les universaux exprimant la définition et le genre supposent la formulation de règles de formation de sens qui encodent des connaissances recueillies en saisissant la dépendance ou l'interdépendance des instances réelles des termes impliqués.

- une *relation nécessairement contingente* revient à attribuer des capacités ou des potentialités à toute présence du sujet.

Ces potentialités peuvent être regroupées comme suit :

(i) les potentialités qui, pour chaque instance du sujet, doivent parfois être actualisées et parfois ne pas l'être, comme le *rire* (qui est coextensif à l'*humain*)[16] et la *respiration* (qui n'est pas coextensive à l'*humain*) ;

(ii) les potentialités qui ne nécessitent pas d'être actualisées pour une instance particulière du sujet, bien que la potentialité puisse être actualisée pour une autre instance du sujet, comme l'*alphabétisation* ; ou, si elle ne s'actualise pour aucune instance du sujet, comme le célèbre exemple d'Ibn Sīnā d'une maison heptagonale, étant donné certaines conditions non-actuelles, elle peut être au moins affirmée comme une hypothèse concevable (c'est-à-dire l'hypothèse qu'une actualisation n'est pas contradictoire).

Alors que le premier groupe peut être considéré comme contenant des capacités "naturelles" ou *non acquises* (cette terminologie n'est pas celle de Suhrawardī), le second groupe de potentialités concerne des capacités *acquises*, qui nécessitent une certaine condition ou un apprentissage (l'*éducation, par* exemple dans le cas de l'alphabétisation ou du fait d'être musicien).

[16] Aristote appelle une telle capacité un idion (proprium).

En outre, selon notre reconstruction, les règles de Suhrawardī pour le syllogisme modal dans *al-Ishrāq* (1999, p. 16, p. 17) comme discuté dans les dernières sections de notre thèse, admettent à la fois une lecture plus faible et plus forte de la plénitude (le principe qui affirme que toute possibilité doit se réaliser au moins une fois), qui, ne conduisent pas à des ensembles différents d'inférences valides.

Les modalités de Suhrawardī ne nécessitent ni syntaxiquement ni sémantiquement un cadre avec des monde possibles. En effet, d'un point de vue syntaxique, les modalités de Suhrawardī sont des relations, plutôt que des connecteurs monadiques propositionnels ; et d'un point de vue sémantique, elles nécessitent soit la présence effective des propositions qu'elles *vérifient - comme a : A (a vérifie A), soit des présences hypothétiques – comme dans l'hypothèse ouverte x : A* (il existe potentiellement un vérificateur pour *A*), plutôt que des mondes possibles.

De plus, la sémantique des modalités et des constantes logiques est donnée par ce qu'on appelle, *des explications dialectiques de la signification* qu'il hérite de sa formation en jurisprudence Shafii[17].

L'explication dialectique de la signification d'une expression est définie par des règles prescrivant comment justifier une assertion impliquant cette assertion (voir Rahman et al., 2018, Chapitre 3) et (Crubellier et al. ,2019). Ces règles déterminent comment contester l'assertion et comment la défendre. C'est ici qu'il apparaît clairement à quel point l'approche logique de Suhrawardī a été influencée par la tradition dialectique des débats qu'il a connue et pratiquée.

C'est une « explication de la signification » puisque les règles expliquent *pourquoi* nous avons le droit d'affirmer ce qu'on affirme. Ainsi, il s'agit d'une « explication » puisque les règles de signification d'une expression donnent les raisons pour l'affirmer. Dans le cas de la signification d'une proposition élémentaire (c'est-à-dire le contenu exprimé par une formule atomique), l'explication revient à fournir une « présence », qui compte désormais comme raison pour la justifier.[18]

[17] Rappelons notre remarque sur l'expertise de Suhrawardī sur la théorie des débats des Shafiis. Observons aussi que, comme le soulignent Walbridge et Ziai (1999, introduction p. 15) dans cette section, au cœur de sa critique des doctrines péripatéticiennes, Suhrawardī examine les positions de ses adversaires sous la forme de disputes sur la philosophie naturelle et la métaphysique.

[18] **Note terminologique** : Dans le texte, nous utilisons les deux termes « explication dialogique de la signification » et « explication dialectique de la signification ». En fait, nous utilisons le premier lorsque nous souhaitons souligner ses liens avec le cadre la logique dialogique, qui trouve d'ailleurs son origine dans l'étude de Paul Lorenzen et Kuno Lorenz sur la dialectique chez Platon et Aristote. Nous utilisons le seconde lorsque nous souhaitons mettre en évidence les liens avec la théorie du débat islamique.

En d'autres termes, saisir le sens d'une proposition impliquée dans une assertion de **X** revient à savoir :

(a) quels sont les *droits de l'*antagoniste **Y** dans le contexte d'une interaction dialectique déclenchée par cette affirmation – c'est-à-dire quelles demandes ou défis a **Y :** le droit de poser ; et

(b) quels sont les *engagements pris* par l'affirmation, les *défenses* étant les moyens d'utiliser ces *engagements.*

Concernant les instants temporels survenant au cours de l'interaction dialectique qui suit la justification d'une assertion modale, ils mesurent le passage de l'état potentiel à son actualité, sa durée et, dans le contexte du syllogisme, ils donnent le moment où a eu lieu une présence qui vérifie ou réfute certaines propositions impliquées dans les prémisses.

Or, les instants temporels, formellement parlant, ne doivent pas être compris comme des sortes de constantes individuelles - cela contredit l'opinion (aristotélicienne et post-aristotélicienne) selon laquelle le temps n'est pas une substance.

Les instants temporels ne sont pas non plus des indices métalogiques permettant d'évaluer des propositions modifiées par des opérateurs temporels - comme dans la sémantique standard de la logique temporelle de Prior.

La temporalité est partie intégrante du sens qui sous-tend la notion de modalité de Suhrawardī, et n'est pas un opérateur. De plus, nous affirmons que ce sont les instances, plutôt que les propositions qu'elles vérifient, qui sont temporalisés ou, plus précisément, *chronométrés* : **cette action particulière** de ma part, mon propre acte de franchir le feu rouge[19], est ce qui est en fait chronométré, et non le type d'action (c'est-à-dire non la proposition) *Franchir le feu rouge.* Plus généralement, le temps (également en combinaison avec d'autres conditions) a pour rôle de façonner l'épistémologie de la présence de Suhrawardī, où la connaissance est comprise comme une connaissance par l'expérience du maintenant et de l'ici.

En d'autres termes :

- L'approche dialectique façonne sa notion de contingence, déployée dans une structure temporelle qui articule les deux dimensions du temps, à savoir les dimensions épistémologique et logique. La dimension épistémologique suppose que nous expérimentions le temps à travers l'expérience du changement, et la dimension

[19] Nous faisons allusion à l'action actualisée de franchir le feu rouge.

logique suppose un temps abstrait requis par notre expérience du changement dans le sens où l'ordre temporel (défini sur ce temps abstrait) est un présupposé logique pour expérimenter des faits incompatibles impliquant la même substance. Alors qu'Ibn Sinā, dans son approche révolutionnaire qui intègre explicitement la temporalité dans la logique, articule le temps abstrait. **L'épistémologie de la présence** de Suhrawardī articule les deux dimensions mentionnées ci-dessus, par lesquelles produire une présence (en fait, un témoin abstrait d'une telle présence) est partie intégrante des explications dialectiques de la signification qui façonnent la structure temporelle de ses modalités.

- La particularité de Suhrawardī par rapport à la définition d'Aristote selon qui « [Le temps] est le nombre [la grandeur] du mouvement selon l'avant et l'après » (Physique IV, cap. 11, 219b 1-2), résiderait que le maintenant est un moment de référence[20] entre les instants d'antériorité et de postériorité. Plus précisément, le temps est le résultat d'un processus mental abstrait, par lequel l'environnement entourant le moment présent est construit au moyen de souvenirs et d'attentes. Le processus dialectique de production d'une démonstration impliquant des potentialités nécessite la réactualisation du passé, vécu comme présent, et l'anticipation du futur, également vécu comme présent.

Partie C : Suhrawardī en dehors Suhrawardī. Les modalités déontiques dans et au-delà de la pensée Islamique

L'un des principaux objectifs de cette partie, est de proposer une nouvelle approche de la logique déontique qui :

1. ne fait pas appel à la sémantique des mondes possibles, comme le fait la logique déontique standard (SDL),
2. est en même temps compatible avec l'idée que les catégories déontiques dans les contextes éthiques et juridiques assument la responsabilité des choix que nous faisons,
3. les qualifications déontiques telles que vertueux (mérite d'être récompensé) ou blâmable (mérite d'être sanctionné) ne qualifient pas un type d'action, mais l'accomplissement effectif d'un type d'action,
4. la nouvelle approche devrait être appliquée aux contextes éthiques et juridiques en général, c'est-à-dire qu'elle ne devrait pas être limitée à l'éthique ou à la jurisprudence islamique.

Les deux premiers points ont été mis en œuvre par une analyse logique selon laquelle les normes éthiques et juridiques ont la forme d'une hypothétique dont l'antécédent est constitué par le choix d'accomplir ou non l'action prescrite par la norme.

---

[20] S. Rahman and A. Seck (2022), pp. 95- 102.

En outre, ces choix sont compris comme déterminant un cours d'action précis (ou histoire) dans une structure temporelle ramifiée (préfigurée par les options disponibles). Cette stratégie met l'accent sur la distinction entre la nécessité causale, à l'œuvre dans les approches déterministes de la nature, et la nécessité déontique, qui présuppose le non-déterminisme afin d'attribuer une responsabilité éthique et juridique. Cela permet d'éviter les paradoxes déontiques habituels dans SDL, qui résultent de l'utilisation de la sémantique des mondes possibles de type Kripke pour la notion de nécessité ontologique ou causale.

Le troisième point applique et généralise la logique de la présence de Suhrawardī aux actions. En effet, si dans le contexte de l'épistémologie, les présences constituent les vérificateurs effectifs des états de choses, dans le domaine déontique, les présences constituent l'actualisation des types d'actions. Ces actualisations, en fait des performances, qui accomplissent (ou non) les prescriptions de la norme.

En ce qui concerne le quatrième point, soulignons que si cette nouvelle approche doit être appliquée aux contextes éthiques et juridiques en général, c'est-à-dire sans se limiter à l'éthique ou à la jurisprudence islamique, la généralisation suivante peut être introduite en remplaçant les qualifications déontiques de Récompense (R(a)) et de Sanction (S(a)) comme suit :

- dans les contextes éthiques : *Vir(a)* - c'est-à-dire "l'exécution a du type d'action A_i est qualifiée de vertueuse" et *Blm(a)* - c'est-à-dire "l'exécution a du type d'action A_i est qualifiée de blâmable".

- dans les contextes juridiques : *RsL(a)* - c'est-à-dire "la performance a du type d'action A_i est qualifiée de conforme à la loi" et *CrL(a)* - c'est-à-dire "la performance a du type d'action A_i est qualifié d'être contraire à la loi".

- Si nous considérons que « Loi » concerne à la fois les lois éthiques et juridiques, la dernière formulation peut être considérée comme exprimant les formes les plus générales de qualifications déontiques pour l'exécution d'actions.

Pour en revenir au cadre de la signification des modalités déontiques, le rôle du Principe de Plénitude ((le principe, rappelons-nous, qui affirme que toute possibilité doit se réaliser au moins une fois) dans ce contexte est que chaque modalité déontique exige que l'un des deux choix impliqués, à savoir accomplir ou ne pas accomplir le type d'action en jeu, soit un choix concevable.

En outre, puisque cela implique que chaque être humain a le choix entre effectuer ou non l'action récompensable/recommandée, il semble que nous devions considérer la possibilité de choisir le mal ou de mal agir comme un attribut nécessaire mais contingent des êtres humains.

Ainsi, il semble que le fait de faire le mal ou, plus généralement, de mal agir, sous-tend le concept de libre arbitre supposé par les catégories déontiques de la punition et de la récompense.

Nous ne pourrions pas être sanctionnés ou récompensés si le libre arbitre présupposé par les actions humaines dans les contextes éthiques et juridiques ne permettait pas de choisir l'acte répréhensible. C'est en cela que consiste la nature de notre contingence en tant qu'êtres moraux.

Une caractéristique importante de l'utilisation du cadre dialectique par Suhrawardī est qu'il le déploie pour rendre la signification des connecteurs modaux et logiques. Cela a pour conséquence que le cadre dialectique est celui de dialogues purement antagonistes.

Cependant, il est important d'avoir des dialogues coopératifs, en particulier dans le cas de l'argumentation juridique islamique. En effet, l'utilisation des dialogues coopératifs semble être l'un des aspects saillants de l'argumentation juridique islamique :

Ultimately, and most importantly, a truly dialectical exchange – though drawing energy from a sober spirit of competition – must nevertheless be guided by a cooperative ethic wherein truth is paramount and forever trumps the emotional motivations of disputants to "win" the debate. This truth-seeking code demands sincere avoidance of fallacies; it views with abhorrence contrariness and self-contradiction. This alone distinguishes dialectic from sophistical or eristic argument, and, in conjunction with its dialogical format, from persuasive argument and rhetoric. And to repeat: dialectic is formal – it is an ordered enterprise, with norms and rules, and with a mutually-committed aim of advancing knowledge. Young (2017, p.1)

Les coups coopératifs peuvent être considérés comme des suggestions de l'enseignant pour corriger la thèse ou certaines faiblesses de l'étudiant. Rahman et Iqbal (2019, chapitre 2) ont étudié le dialogue coopératif dans le contexte des qiyās.

Dans un travail en préparation nous étendons les dialogues pour les modalités déontiques islamiques en ajoutant des coups où l'opposant peut suggérer une nouvelle thèse - par exemple, si le proposant affirme à tort que l'actualisation d'une action recommandée donnée ne doit être ni récompensée ni sanctionnée, l'opposant peut suggérer de changer la thèse, en produisant des arguments en faveur d'une révision de la thèse. Le dialogue reprend alors avec une nouvelle thèse. La même chose peut se produire si la thèse est correcte mais que le proposant ne fournit pas les meilleurs coups dialectiques disponibles pour la justifier.

Une telle approche permet de conférer aux dialogues leur rôle fondamental, à savoir celui d'une entreprise collective visant à atteindre : signification, savoir et vérité.

A travers cette thèse, nous avons pratiquement réussi à :

- l'intégration de son épistémologie de la présence dans la logique par le moyen dialectique. L'approche dialectique constitue en fait le fond ou l'arrière-plan que nous suivons pour la reconstruction de la logique et de la théorie du syllogisme de Suhrawardī. Cela explique comment la structure dialectique donne une double dimension temporelle aux propositions dans un syllogisme. On a **le temps de l'évènement** et **le temps de succession de coups** dans le dialogue. Quand dans un dialogue, une présence est temporalisée dans un coup *n* il peut être réactualisé dans un coup postérieur.

Cette réactualisation revient :

D'une part à faire l'expérience d'un événement passé comme étant un maintenant avec toute sa durée, mais en même temps le moment abstrait (mathématique) de l'énonciation nous rappelle qu'il s'agit d'une expérience du passé.

D'autre part, l'engagement à justifier une affirmation nécessite l'expérience de l'anticipation, qui requiert l'expérience du futur aussi dans le maintenant, qui, à nouveau, par un processus conceptuel abstrait, indexe l'événement sur un moment postérieur à celui dans lequel l'anticipation est vécue.

Outre ces résultats, nous avons essayé de répondre à des points essentiels soulevés dans la littérature consacrée à son œuvre.

Suhrawardī rejette-t-il l'approche des penseurs péripatéticiens de son époque qui réduisent le savoir à la connaissance par définition ? Oui, sans aucun doute.

La logique de Suhrawardī est-elle compatible avec l'essentialisme comme le prétend Street (2008) ? Oui, sans aucun doute.

Cependant, la logique de l'illumination présente des caractéristiques originales intéressantes qui lui sont propres, à savoir :

- L'Épistémologie de l'illumination présuppose que la source de tout connaissance, est l'expérience de la présence. L'expérience de la présence est l'expérience du maintenant.
- La Logique de l'illumination façonne la connaissance comme émergeant de l'expérience de la présence.
- La théorie de la signification qui sous-tend la logique de Suhrawardī rend explicite l'expérience de la présence en l'intégrant au langage objet. Mieux, elle est

façonnée par des règles qui prescrivent la manière de construire un contre-exemple. Nous les appelons règles d'explications *dialectiques de la signification*.

Nous concluons en suggérant que l'une des motivations les plus importantes pour le développement de l'épistémologie de la présence est peut-être la réponse à la question à savoir si Dieu a ou non connaissance des individus en tant que des particuliers.

Selon le point de vue de Suhrawardī, la présence d'un individu donne une connaissance de l'individu en tant que particulier. Cependant, Dieu[21] n'a pas seulement l'expérience de la présence, mais aussi cette présence est vécue comme étant Sa propre création. Ce vécu conduit à comprendre les individus comme des instanciations des universaux – cf. Kaukua (2013).

Pour revenir à nous-mêmes, nous acquérons une certitude lorsque nous faisons l'expérience de notre présence comme étant la nôtre. Dans cette expérience, nous avons le vécu que nous sommes Sa création.

A PREMIERE PARTIE

A BIOGRAPHIE SCIENTIFIQUE DE SUHRAWARDĪ ET LE CONTEXTE HISTORIQUE DE LA CONNAISSANCE COMME PRESENCE

Les sections suivantes d'A1 à **A.3.3** sont basées sur deux sources majeures qui contiennent assez d'informations sur la vie de Suhrawardī.

La première source chronologiquement plus récente est celui du livre de Frank Griffel : *the Formation of Post- Classical Philosophy in Islam*, paru en 2021 dans la presse universitaire d'Oxford. Il contient le compendium de la vie et de la production philosophique de Suhrawardī (2021, pp. 244.263). Pratiquement nous avons suivi dans cette première de notre travail, la ligne directrice de Frank Griffel sur sa présentation de Suhrawardī.

[21] Dieu détient non seulement la connaissance des particuliers et des universaux des individus, mais aussi de tout ce qui est dans l'Univers : Coran sourate 6, verset 59 :
وَعِندَهُۥ مَفَاتِحُ ٱلْغَيْبِ لَا يَعْلَمُهَآ إِلَّا هُوَ ۚ وَيَعْلَمُ مَا فِى ٱلْبَرِّ وَٱلْبَحْرِ ۚ وَمَا تَسْقُطُ مِن وَرَقَةٍ إِلَّا يَعْلَمُهَا وَلَا حَبَّةٍ فِى ظُلُمَٰتِ ٱلْأَرْضِ وَلَا رَطْبٍ وَلَا يَابِسٍ إِلَّا فِى كِتَٰبٍ مُّبِينٍ .
En plus, nous estimons que si quelqu'un a créé quelque chose, il doit avoir, au minimum une maîtrise de sa création. Puisque que Dieu nous dit explicitement dans le coran dans la sourate 55, verset 3 qu'Il a créé l'homme. Donc, pour nous, Dieu ne peut pas ignorer les particuliers de l'homme qui est Sa propre Création

La deuxième source est principalement composée des livres d'Henry Corbin (*Le livre de la sagesse orientale*, paru en 1986, établi et publié par Christian Jambet chez Gallimard en France) et de John Walbridge (*The Leaven of the Ancients : Suhrawardī and the Heritage of the Greeks*, paru en l'an 2000 à New York).

On a aussi utilisé aussi l'article de R. Marcotte sur Suhrawardī dans la Stanford Encyclopedia of Philosophy[22].

Nous ne revendiquons aucune originalité sur cette présentation. L'objectif est de fournir le contexte nécessaire au développement du cœur de notre thèse, à savoir l'imbrication des aspects épistémique, épistémologique et métaphysique du temps dans la logique temporelle de Suhrawardī.

En revanche **A.3.4** annonce déjà les grandes lignes directrices qui devraient structurer notre propre contribution.

N.B

Dans les chapitres suivants, nous citerons quelques références en arabe ou en persan qui ont été transcrites suivant les tableaux de transcriptions suivants :

Tableau de transcription de l'alphabet arabe

Lettres arabes	Transcription internationale
ء	'
ب	B
ت	T
ث	TH
ج	Ĝ
ح	Ḥ
خ	KH
د	D
ذ	Ḏ
ر	R

[22] Suhrawardī (Stanford Encyclopedia of Philosophy)

ز	Z
س	S
ش	Š
ص	Ṣ
ض	Ḍ
ط	Ṭ
ظ	Ẓ
ع	ʿ
غ	Ġ
ف	F
ق	Q
ک	K
ل	L
م	M
ن	N
و	W
ه	H
ی	Y

Voyelles

Lettres arabes	Transcription internationale
َ	A
ِ	I

ـُ	U
ا	Â
ـِی	Î
ـُو	Û
ـَی	Ay
ـَو	Aw
ة	-a

Tableau de transcription de l'alphabet persan

Alphabet	Transcription
ا	Alef
ب	B
پ	P
ت	T
ث	S
ج	Dj
چ	Th
ح	H
خ	Kh
د	D
ذ	Z
ر	R
ز	Z
ژ	J
س	S
ش	Ch
ص	S

ض	Z
ط	T
ظ	Z
ع	‘
غ	Gh
ف	F
ق	G
ک	K
گ	G
ل	L
م	M
ن	N
و	V
ه	H
ي	Y

Les voyelles courtes	Les voyelles longues
ـَـ = a	آ = à
ـِـ = é	و = u
ـُـ = o	ی = i

A I Biographie

A I.1 La vie de Suhrawardī[23]

Shihāb al- Dīn Abū l- Futūḥ Yaḥyā ibn Ḥabash al- Suhrawardī est né vers 549/1154 à Suhraward, une ville peu importante de l'ouest de l'Iran située sur la route entre Qazwin et Zanjan[24]. L'un de ses détracteurs ultérieurs relate que son père était

---

[23] Griffel (2021), pp. 244.263.

[24] Il n'existe pas à ce jour de traitement complet de la vie d'al- Suhrawardī qui tiendrait compte de l'ensemble des sources de manière critique. L'étude la plus complète est celle de Marcotte, "Suhrawardī al- Maqtūl" 397- 401, 409- 19. Les ouvrages secondaires importants sur la vie de Suhrawardī sont l'art. de Hossein Ziai in EI2, 9:782- 84, et sa contribution dans History of Islamic Philosophy, 2:434- 64 ; l'art de Cécile Bonmariage dans l'Encyclopédie de la philosophie médiévale, 2:1226- 29 ; Walbridge, (1999), 13-17, 201-10 ; Marcotte, art. "Suhrawardī", dans Stanford Encyclopédie de la philosophie ; Corbin, Histoire de la philosophie islamique, 285- 90 ; trad. anglaise. 205- 8 ; idem, En islam iranien, 2:12- 17 ; Seyyid Hossein Nasr, art. in A History of Muslim Philosophy, 1:372- 98 ; Abū Rayyān, Uṣūl al- falsafa al- ishrāqiyya, 9- 33.

gardien ou superviseur (*qayyim)* d'une *madrasa* dans cette ville[25]. Au début du septième/treizième siècle, environ soixante-dix ans après la naissance de Suhrawardī, les envahisseurs mongols ont détruit la ville, sans laisser de traces[26]. L'année de sa naissance peut être calculée sur la base des informations contenues dans ses biographies concernant son âge au moment de son exécution à la citadelle d'Alep[27]. Ibn Khallikān (d. 681/1282) nous informe qu'au moment de sa mort, Suhrawardī avait "environ trente-six" ou trente-huit ans[28]. Al- Shahrazūrī est l'historien qui a fourni la biographie la plus détaillée de Suhrawardī, a écrit peu après Ibn Khallikān et connaissait les informations qui s'y trouvaient. Al- Shahrazūrī mentionne que lorsque Suhrawardī est mort, il avait soit "environ trente-six", soit trente-huit, soit cinquante[29]. Le dernier chiffre semble exagéré, car il serait difficile d'expliquer plusieurs événements de sa vie, notamment son lien avec le Majd al- Dīn al- Jīlī à Maragha. La date d'anniversaire ne peut cependant être calculée que si l'on dispose d'une date de décès fiable. Ibn Khallikān, qui n'a inclus dans son dictionnaire biographique que des articles sur des personnes dont la date de décès est connue, s'est efforcé néanmoins à déterminer la date de la mort de Suhrawardī. Ibn Khallikān a vécu à Alep trente à quarante ans après cet événement mémorable. Cela lui a permis d'interroger des personnes qui l'ont vécu et s'en souviennent. Cependant, sa réponse n'est pas décisive et, après avoir examiné plusieurs rapports contradictoires, Ibn

[25] Baghdādī, (1988), Arab. 35, allemand 108.

[26] Jackson, The Mongols and the Islamic World : From Conquest to Conversion. New Haven, CT : Yale University Press, 201, 174.

[27] Khallikān, (1968), 6 :268- 74 ; Shahrazūrī (1993), 2:119- 43/ 600- 622. D'autres sources importantes sur la vie d'al- Suhrawardī sont Naysābūrī (1431), 157a ; l'anonyme al- Bustān al-jāmiʿ, 442- 43 ; Yāqūt, Muʿjam al- udabāʾ, 6:2806- 9 ; Ibn Shaddād, al- Nawādir al- sulṭāniyya, 10 ; Ibn al- Qifṭī, Taʾrīkh al- ḥukamāʾ, 290.11 ; Uṣaybiʿa, Aḥmad ibn al- Qāsim (1882), 2:167-71 ; al- Qazwīnī, Athār al- bilād, 364 ; Nāṣir al- Dīn ibn Muntajab al- Dīn (fl. 730/ 1330) dans al-Bayhaqī, Durrat al- akhbār, 115- 16 ; Ibn Faḍlallāh al- ʿUmarī, Masālik al- abṣār, 9:163- 74 ; al-Dhahabī, Taʾrīkh al- Islām, vol. 581- 590 (#41), 283- 88 ; idem, Siyar aʿlām al- nubalāʾ, 21:207-11 ; al- Yāfiʿī, Mirʾāt aljanān,
3:329- 21. On oublie souvent la tarjama, quelque peu déplacée mais néanmoins importante, dans al- Ṣafadī, al- Wāfī, 2:318- 23, qui comprend à la fin une longue prière philosophique (khuṭba).

[28] Khallikān, (1968), 6:269.10 ; 283.11- 13. L'expression "environ trente-six" remonte à Ibn Abī Uṣaybiʿa, Uṣaybiʿa (1882), 2:167.21- 22.

[29] Shahrazūrī (1993), 2:126.7/ 607.7- 8. Seule la dernière recension (éd. Alexandrie) comprend "environ trente-six". La recension ancienne (éd. Hyderabad) ne mentionne que les deux options trente-huit ou cinquante. Le tarjama d'al- Shahrazūrī de Suhrawardī est également édité par O. Spies et S. K. Khatak dans al- Suhrawardī, Trois traités sur le mysticisme, 90- 121. Cette édition est réimprimée dans le troisième volume d'al- Suhrawardī, *œuvres philosophiques et mystique*, 13- 21. Ce dernier texte comporte des éléments de la première et de la dernière recension. C'est cette édition mixte de deux recensions que W. M. Thackston traduit (partiellement) en anglais (dans al- Suhrawardī, Philosophical Allegories, ix- xiii). Al- Suhrawardī, *œuvres philosophiques et mystique*, 3 : 21- 30, inclut également la traduction persane de cette tarjama de Maqsūd ʿAlī Tabrīzī (fl. 1013/ 1605).

Khallikān a décidé que le 5 Rajab 587/ 29 juillet 1191 ou une demi-année plus tard, peu avant le 29 Dhū l- Ḥijja 587/ 17 janvier 1192, sont les dates les plus probables de l'exécution de Suhrawardī[30] .

Bien entendu, nous ne savons pas si l'âge du philosophe au moment de sa mort - trente-six ou trente-huit ans - a été calculé selon le calendrier lunaire islamique ou le calendrier solaire persan[31]. Curieusement, trente-huit années lunaires correspondent à trente-six années solaires. Si nous suivons Henry Corbin et d'autres, nous attribuons l'écart entre trente-six et trente-huit ans à l'utilisation de deux calendriers différents[32], alors la naissance de Suhrawardī tomberait en l'an 549/1154 ou à peu près[33].

Et bien que trente-six ou même trente-huit ans semblent jeunes pour un érudit qui a écrit autant d'ouvrages, d'autres sources le décrivent à sa mort comme un « jeune homme », de sorte qu'Ibn Khallikān avait probablement raison sur ce point[34].

Le stage de Suhrawardī auprès de Majd al-Dīn al-Jīlī est l'information la plus ancienne dont nous disposons à son sujet. Après Maragha, il se rendit à Ispahan, où il étudia avec un certain Ẓahīr al- Dīn al- Fārisī, qui ne nous est malheureusement pas connu. Al- Shahrazūrī a entendu dire que ce professeur avait fait connaître à Suhrawardī le manuel de logique d'Ibn ahlān al Sāwī, Le livre des intuitions de Naṣīr al Dīn (al-Baṣā᾽ir al Naṣīriyya), affirmation qu'al- Shahrazūrī trouve justifiée par le fait que les "œuvres de Suhrawardī montrent en effet qu'il a beaucoup réfléchi sur le Livre des intuitions[35]." Cette remarque a déclenché une recherche de liens philosophiques entre Ibn Sahlān et Suhrawardī qui n'a pas donné de résultats concrets[36]. Suhrawardī se réfère cependant assez souvent au livre d'al-Sāwī, qui est manifestement un ouvrage de

---

[30]Khallikān, (1968), 6 :2 73.3- 4, et 273.11- 13. Cela ne correspond pas à Aḥmad ibn al- Qāsim (1882), 2 :1 67.21, qui dit qu'il a été emprisonné et est mort de faim "à la fin de 586/1190". La chronique anonyme al- Bustān al- jāmiʿ situe l'événement deux ans plus tard, en 588/ 1192- 93. Shahrazūrī (1993), 2 : 126.10/ 607.10- 11, écarte implicitement les recherches d'Ibn Khallikān et dit qu'il est mort soit à la fin de 586/ 1190 (suivant Ibn Abī Uṣaybiʿa), soit en 588/ 1192- 93 (suivantal- Bustān al- jāmiʿ). Ibn Khallikān accordait cependant une attention particulière à la date de décès des personnages historiques. Voir aussi la discussion ci-dessus, p. 140.

[31] Les deux sont possibles ; voir mes remarques dans la Théologie philosophique d'Al-Ghazālī, 24.

[32] Corbin (1999), 285- 86 ; trad. Anglaise 205.

[33] Corbin (1971), 2:12, de nombreux historiens modernes écrivent qu'il est né "en 549/1154". Ce choix de mots ne reflète cependant pas l'incertitude qui subsiste dans les sources.

[34] Griffel (2021), pp. 143-44.

[35] Shahrazūrī (1993), 2 :123.2- 3/ 603.paenult.

[36] Ziai, Knowledge and Illumination : A Study of Suhrawardī's Ḥikmat al- Ishraq, 17.

référence et l'a marqué[37]. C'est à Ispahan que Suhrawardī commença à composer des livres[38]. D'Ispahan, il se tourna vers l'ouest en direction de la haute Mésopotamie et de l'Anatolie orientale. Al-Shahrazūrī mentionne Diyārbakir, la Syrie (al- Shām) et l'Anatolie (bilād al- Rūm)[39]. Diyārbakir désigne ici la région du Haut-Euphrate plutôt que la ville moderne portant ce nom, qui était alors connue sous le nom de Āmid. D'autres historiens ajoutent la ville de Mayyāfāriqīn (aujourd'hui Silvan en Turquie) et Damas[40]. C'est également à cette époque que Suhrawardī commence à devenir ascète et s'engage dans le mode de vie soufi. "Il s'attacha aux soufis, écrit al-Shahrazūrī, et prit quelque chose d'eux. Pour lui-même, il acquit une attitude de pensée indépendante et d'isolement[41]." Il pratiqua des "exercices spirituels" (riyāḍāt رياضات) et des "retraites" (khalawāt : خلوات) et suivit l'exemple d'Abū Yazīd al- Bisṭāmī et d'al- Ḥallāj, de sorte qu'il atteignit les "plus hauts sommets de perspicacité, accordés [seulement] aux intimes de Dieu[42]." Il rejoignit un groupe que lui et ses disciples appelèrent "les frères de l'isolement" (ikhwān al- tajrīd إخوان التجريد) et atteignit le stade le plus élevé parmi eux. Al- Shahrazūrī poursuit : « En ce qui concerne la philosophie pratique, il avait dans ce domaine l'apparence du Christ parmi les anciens ancêtres, [mais] il ressemblait davantage à un Qalandar-soufi [contemporain]… Si l'on examine les générations de philosophes, il est difficile de trouver un philosophe plus ascétique et plus vertueux que lui[43]». À Mardin, il s'attache à Fakhr al-Dīn al-Māridīnī (d. 594/1198), médecin et professeur de médecine très respecté et grand expert de son temps dans les sciences philosophiques", domaine dans lequel il avait "une connaissance profonde et une familiarité avec ses détails et ses secrets et dans lequel il a composé des livres[44]. Aucun d'entre eux n'a été retrouvé. Il avait étudié la médecine avec Ibn al- Tilmīdh à Bagdad, l'adversaire d'Abū l- Barakāt al- Baghdādī, et resta plus tard son ami. Son professeur de philosophie était Najm al- Dīn Ibn al- Ṣalāḥ (aussi : Ibn al- Sarī, d. 548/ 1154) de Hamadan, que nous avons rencontré en tant que celui qui a redécouvert la quatrième figure du syllogisme. Ibn al- Ṣalāḥ était un médecin connu pour ses travaux sur la logique

---

[37] Otto Spies. Stuttgart: W. Kohlhammer, (1934), 146.1 ; al- Mashāriʿ wa- l- muṭāraḥāt, 278.6, 352.10.

[38] Corbin (1971), 13-14.

[39] Shahrazūrī (1993), 2 :125.4- 5/ 605.11- 12.

[40] Uṣaybiʿa (1882), 2 : 169.9, 168.3. Plus précisément al- Qābūn, aujourd'hui un faubourg de Damas.

[41] Shahrazūrī (1993), 2 :213.3- 4/ 604.1- 2.

[42] Griffel (2021), p. 246.

[43] Ibidem.

[44]Uṣaybiʿa (1882), 1 :263.3- 4.

et sur l'astronomie ; il a écrit un livre sur la position des étoiles, corrigeant la théorie de Ptolémée sur la position des étoiles Almagest[45]. Il s'installa à Bagdad, puis à Mardin et à Damas, où il mourut. Ibn al- Ṣalāḥ a laissé un certain nombre d'œuvres, qui sont conservées dans un manuscrit d'Istanbul[46]. Son élève al- Māridīnī appréciait Suhrawardī et était attiré par lui, et bien qu'il soit de plus d'une génération de son aîné, les deux se sont liés d'amitié. Dans le cercle des étudiants d'al- Māridīnī se trouvait Sadīd al- Dīn Ibn Raqīqa (d. 635/ 1237- 38), qui devint l'un des compagnons de Suhrawardī et peut être aussi son disciple. Des années après l'exécution de Suhrawardī, il entra avec son professeur al- Māridīnī au service d'al- Malik al- Ẓāhir Ghāzī. Quelques années plus tard, lorsqu'Ibn Raqīqa se rendit à Damas, il fournit une grande partie des informations que nous trouvons, par exemple, chez Ibn Abī Uṣaybiʿa. Ce dernier interrogea Ibn Raqīqa sur sa connaissance personnelle de Suhrawardī et peut-être sur les documents de la cour ayyoubide d'Alep auxquels il avait accès[47] - Al-Māridīnī était impressionné par Suhrawardī pour sa sagacité et son éloquence, mais il voyait aussi que ses grands talents s'accompagnaient d'une certaine témérité ou audace et d'un manque de retenue qui allait causer sa perte[48].

La famille d'Al-Māridīnī était depuis longtemps attachée aux Artuqides, qu'il a servi lorsque Suhrawardī étudiait avec lui. L'étudiant a également bénéficié du patronage des Artuqides. L'un des premiers partisans de Suhrawardī était ʿImād al- Dīn Abū Bakr ibn Qara Arslan (m. 600/1204), qui devint en 581/1185 le souverain artukide de la ville

---

[45] Griffel (2021), p. 247.

[46]Dans MS Istanbul, Süleymaniye Yazma Eser Kütüphanesi, Ayasofya 4830, foll. 122b- 160b. Son nom complet est Najm al- Dīn Abū l- Futūḥ Aḥmad ibn Muḥammad Ibn al- Sarī Ibn al- Ṣalāḥ ; voir Aḥmad ibn al- Qāsim (1882), 1 :299- 300, 2:164- 67, qui comprend un qaṣīda philosophique intéressant. Il y est décrit comme faylasūf (2 :164.27). Voir également Ibn al-Qifṭī, Taʾrīkh al-ḥukamāʾ, 428. Sur lui, voir Rescher, "*Ibn al- Ṣalāḥ on Aristotle on Causation*" ; idem, Galen and the Syllogism, 49- 87 ; Sabra, "A Twelfth- Century Defence".

[47] Sadīd al- Dīn Abū l- Thanāʾ Maḥmūd ibn ʿUmar Ibn Raqīqa. Il est né en 564/1168-69 dans la ville de Ḥīnī (également : Ḥānī ; voir Yāqūt, Muʿjam al- buldān, 2 :188, 382) en Haute Mésopotamie et, comme al- Māridinī, il était également au service des Artuqides (et plus tard des Ayyubides). Voir la longue entrée dans Aḥmad ibn al- Qāsim (1882), 2 :219- 30 ; abrégé dans Ibn Faḍlallāh al- ʿUmarī, Masālik al- abṣār, 9 :522- 24. Il est également mentionné dans Aḥmad ibn al- Qāsim (1882), 1:253.13, 263.2- 3, 267.30, 290.paenult, 291.19, 300.3, 2:167.6- 23, 169.7-12, 190.16. La recension tardive d'al- Shahrazūrī, Nuzhat al- arwāh, 604.8- 12 (éd. Alexandrie), qui reprend des éléments d'Ibn Abī Uṣaybiʿa, comporte une anecdote rapportée par Ibn Raqīqa. Sur Ibn Raqīqa, voir également Walbridge, (1999), 211, 234n10.

[48] Yāqūt, Muʿjam al- udabāʾ, 6 :2807.3- 4 ; Ibn Abī Uṣaybiʿa, Aḥmad ibn al- Qāsim (1882), 2 :167.8- 9, 167.22- 23 ; al- Dhahabī, Taʿrīkh al- Islām, vol. 581- 590 (#41), 284.1- 2 ; idem, Siyār aʿlām al- nubalāʾ, 21:208.2- 3.

arménienne de Khartpert (Harput, aujourd'hui la ville turque moderne d'Elazığ), dans la région du Haut-Euphrate. Avant 579/1183, Suhrawardī rédige les Tablettes pour ʿImād al- Dīn (al- Alwāḥ al-ʿImādiyya), alors que son commanditaire est probablement encore à la cour de son frère Nūr al- Dīn Muḥammad (mort en 581/1185) à Ḥiṣn Kayfā (Hasankeyf) sur le Haut-Tigre[49] du Patronage. Les Artuqides pourraient avoir été une source de revenus pour Suhrawardī pendant ses années d' « errance » vers 575/1180 dans ce qui est aujourd'hui le sud-est de la Turquie. Au moment où Suhrawardī atteignait sa trentième année - soit en année lunaire vers 579/1183-84, soit en année solaire un an plus tard - il avait déjà écrit plusieurs ouvrages majeurs, dont le Livre des carrefours et des répliques (*al-Mashāriʿ wa-lmuṭāriḥāt*). Il devait également disposer d'une version avancée de son ouvrage le plus programmatique, *la philosophie de l'illumination* (*Ḥikmat al- ishrāq* **حكمة الإشراق**), étant donné qu'il est mentionné à plusieurs reprises dans le Livre des carrefours et des répliques avec une idée claire de son contenu[50]. À la fin de ce dernier livre, il écrit, qu'il a consacré toutes ou presque trente années de sa vie aux livres, à l'étude et à la poursuite de recherches académiques, mais qu'il n'a toujours pas trouvé quelqu'un qui soit bien informé sur les domaines de la connaissance qui sont vraiment nobles. Il exhorte ici ses disciples à se concentrer sur Dieu et à persister dans leur isolement de ce monde[51].

C'est à peu près à cette époque, en 579/1183-84, que Suhrawardī apparaît à Alep, où il loge dans la prestigieuse madrasa[52] Ḥallāwiyya, la principale institution kanafite de la ville, qui se dresse encore aujourd'hui en face de la porte occidentale de la grande mosquée omeyyade[53]. Il est peu probable que Suhrawardī soit devenu un enseignant régulier à la madrasa. À Alep, il acheva l'ouvrage qui allait devenir son legs le plus important, le *Ḥikmat al- ishrāq*. Ce livre, qui fut l'un des ouvrages de philosophie les plus étudiés de la période postclassique de l'Islam, fut achevé le 29 Jumāda II 582/ 16 septembre 1186, le jour de la grande conjonction[54].

À la madrasa Ḥallāwiyya, Suhrawardī se rapproche du juriste Iftikhār al- Dīn al-Hāshimī (m. 616/ 1219), un compatriote persan originaire de Balkh, récemment arrivé à Alep et qui allait bientôt devenir le chef de ses Ḥanafites[55] Ibn Abī Uṣaybiʿa raconte une

---

[49] Pūrjavādī, "Shaykh- i ishrāq ve taʾlīf- i Alwāḥ- i ʿImādī."

[50] al- Suhrawardī, al- Mashāriʿ wa- l- muṭāraḥāt : al- Ilāhiyyāt, 194.7, 194.12, 361.8, 401.12, 483.15, 484.2, 505.12.

[51] Ibid, 505.9- 11 ; répété dans Shahrazūrī (1993), 2 :124- 25/ 605.7- 9.

[52] École

[53] Yāqūt, Muʿjam al- udabāʾ, 6 :2807.4- 9 ; Ibn Abī Uṣaybiʿa, Aḥmad ibn al- Qāsim (1882), 2:168.13- 15. Sur cette madrasa, voir Morray, An Ayyubid Notable, 41- 42, et Eddé, La principauté Ayyoubide d'Alep, index.

[54] al- Suhrawardī, Ḥikmat al- ishrāq, 162.10- 11.

[55] Son nom complet est Iftikhār al- Dīn Abū Hāshim ʿAbd al- Muṭallib al- Hāshimī ; voir Eddé, La principauté Ayyoubide d'Alep, 374 et index.

histoire révélatrice de la première impression que Suhrawardī fit sur Iftikhār al Dīn, le peuple d'Alep et son dirigeant. Impressionné par sa conduite mais pris de pitié pour les haillons ou chiffons qu'il portait, Iftikhār al- Dīn envoya à Suhrawardī un ensemble de nouveaux vêtements coûteux qu'il devrait porter pendant ses études. Lorsque le fils d'Iftikhār al Dīn livra les vêtements, Suhrawardī sortit une pierre précieuse de la taille d'un œuf et demanda au garçon de s'enquérir de son prix sur le marché. Les joailliers d'Alep proposèrent vingt-cinq mille dirhams, mais lorsque la pierre fut portée à la citadelle, le jeune souverain ayyoubide al- Malik al- Ẓāhir Ghāzī surenchérit en proposant trente mille dirhams. Cependant, Suhrawardī n'était pas intéressé par la vente, et lorsque le fils d'Iftikhār al Dīn revint avec l'objet, il le brisa et renvoya le garçon et son cadeau à son père, montrant ainsi à tout le monde qu'il pouvait facilement produire des richesses si seulement il le voulait. La légende explique également comment Suhrawardī a rencontré al- Malik al- Ẓāhir Ghāzī. Après le refus de l'offre du souverain, il se présenta à la madrasa Ḥallāwiyya et on lui dit que la pierre appartenait à un pauvre garçon. Il réfléchit un moment et dit : "Si ma supposition est correcte, il s'agit de Shihāb al- Dīn al- Suhrawardī." Il rencontra alors le philosophe et qui le conduisit à la citadelle[56].

La raison pour laquelle, en tant que Shāfiʿite, Suhrawardī a choisi une madrasa :مدرسة Ḥanafite et des associés Ḥanafites est peut-être liée à des relations personnelles, car la Ḥallāwiyya était connue pour avoir eu de nombreux enseignants iraniens[57]. Les sources nous apprennent que de nombreux érudits de la ville détestaient Suhrawardī, un sentiment qui s'est encore renforcé lorsque al-Malik al-Ẓāhir Ghāzī a commencé à inviter Suhrawardī à sa cour dans la citadelle. Un des disciples de Suhrawardī révèle que le sultan convoqua les chefs des madrasas, des fuqahāʾ et des mutakallimūn pour débattre avec Shihāb al- Dīn. Les succès qu'il remporta ces débats lui valurent les faveurs du sultan, mais augmentèrent la répulsion des érudits[58]. L'une des raisons pour lesquelles Iftikhār al-Dīn offrit à Suhrawardī de nouveaux vêtements était d'éviter de s'aliéner davantage les savants. L'éclat intellectuel de Suhrawardī s'accompagnait d'une certaine insouciance et d'une certaine suffisance à l'égard de l'établissement des savants d'Alep. Sayf al- Dīn al-Āmidī (m. 631/1233), qui l'a rencontré à Alep, relie à propos de cette rencontre : Suhrawardī m'a dit : « Sans aucun doute, je deviendrai le maître de la terre ». J'ai répondu : « Qu'est-ce qui te fait penser que tu es le maître de la terre ? Il m'a répondu : j'ai vu en rêve comment je buvais l'eau de la mer ». J'ai dit : « Peut-être que cela signifie que tu deviendras célèbre pour tes connaissances ou quelque chose comme ça. Lorsque je l'ai vu, il ne pouvait se détourner de ce qui se passait dans son âme. J'ai vu un homme avec

---

[56] Ibn Abī Uṣaybiʿa, Aḥmad ibn al- Qāsim (1882), 2 :168.13- 169.4.
[57] Ibid. 424 ; Marcotte, "Suhrawardī al- Maqtūl", 400, 406.

[58] Ibn Abī Uṣaybiʿa, Aḥmad ibn al- Qāsim (1882), 2:167.12- 15.

beaucoup de connaissances mais peu de compréhension[59] ». Le commentaire disant que Suhrawardī manquait pas de savoirs (علوم), cependant il manquait de compréhension ou peut-être de bon sens (ʿaql). Il apparaît déjà dans l'une de nos plus anciennes sources sur lui : al- Bustān aljāmiʿ, ainsi que dans Ibn Abī Uṣaybiʿa et ce commentaire est répété par de nombreux biographes[60]. Elle s'accompagne d'assurances concernant son « intelligence abondante, son grand talent et son éloquence[61]».

Les événements qui ont conduit à l'exécution de Suhrawardī sont analysés ailleurs dans le livre de Griffel[62]. Ibn Abī Uṣaybiʿa relie que l'établissement religieux d'Alep a produit un document (sur l'incroyance (kufr : كفر) de Suhrawardī[63]. Il pourrait bien s'agir du produit de la séance décrite dans la chronique anonyme al- Bustān al-jāmiʿ, qui constitue l'une des preuves les plus importantes à l'appui de la suggestion selon laquelle Suhrawardī a été accusé de revendiquer la prophétie pour lui-même. Le disciple de Suhrawardī, Ibn Raqīqa, présente les choses différemment. Il nous relie ce que les savants ont écrit dans leur lettre à Saladin, à savoir que si Suhrawardī reste auprès du sultan, il corrompra ses convictions religieuses et, à travers lui, celles de tout le pays. Cela semble vague et ne dit rien de l'accusation beaucoup plus grave de prétendre à une prophétie. On peut toutefois y faire allusion lorsqu'Ibn Raqīqa relie également que les savants « ont ajouté de nombreuses choses de ce genre aux accusations[64]».

Il semble évident que même les proches disciples de Suhrawardī - parmi les sources écrites Muʿīn al- Dīn al Naysābūrī et al- Shahrazūrī - étaient bien conscients qu'on l'accusait de prétendre être un prophète. Lorsqu'ils nient ces accusations, ils le font en sachant qu'il existe des différences très subtiles entre les facultés psychologiques d'un prophète et celles d'autres personnes que l'on appelle généralement les "intimes de Dieu" (awliyāʾ Allāh). Ceux qui connaissent les enseignements de Suhrawardī sur la prophétie, fortement influencés par Ibn Sīnā, savent que les diverses facultés de l'âme humaine qui constituent la prophétie varient en force et créent une échelle continue, où l'ignorant se trouve au bas de l'échelle et le prophète Muḥammad PSL au sommet. Les disciples

---

[59] Khallikān, (1968), 6:272.15- 19 ; également traduit dans Walbridge, Leaven of the Anciens, 205.

[60] al- Bustān al- jāmiʿ, 443.paenult ; Aḥmad ibn al- Qāsim (1882), 2 : 167.5- 6. Voir, par exemple, al- Dhahabī, Taʿrīkh al- Islām, vol. 581-90 (#41), 287.3- 6 ; idem, Siyār aʿlām al- nubalāʾ, 21 : 211.10- 13.

[61] mufraṭ al- dhakāʾ jayyid al- fiṭra faṣīḥ al- ʿibāra ; Aḥmad ibn al- Qāsim (1882), 2 : 167.4- 5.

[62] F. Griffel (2021). The Formation of Post- Classical Philosophy in Islam, p. 138-52.

[63] Aḥmad ibn al- Qāsim (1882), 2 :167.14- 15 ; al- Dhahabī, Taʿrīkh al- Islām, vol. 581- 90 (#41), 284.5- 6 ; idem, Siyār aʿlām al- nubalāʾ, 21 : 207.6.

[64] Aḥmad ibn al- Qāsim (1882), 2 :167.16- 17. Shams- i Tabrīzī, Maqālāt, 1 :297.6, dit qu'un certain "Asad, les mutakallim, l'ont vilipendé".

éclairés de Suhrawardī – et que Griffel entend par là des penseurs tels qu'Al-Naysābūrī et Al-Shahrazūrī - pensaient probablement qu'il se situait à un niveau élevé sur cette échelle, mais pas assez élevé pour être appelé prophète. C'est pourquoi ils ont écrit qu'il était innocent de l'accusation de prophétie[65]. Les adversaires de Suhrawardī parmi les fuqahā d'Alep n'ont pas fait de distinctions aussi subtiles et ont eu l'impression qu'il se considérait comme un prophète. Les œuvres de Suhrawardī ont beaucoup voyagé de son vivant. ʿAbd al- Laṭīf al-Baghdādī (m. 629/1231) raconte qu'à son arrivée à Mossoul en 585/1189, les savants de la ville ne tarissaient pas d'éloges sur les œuvres de Suhrawardī ; par exemple deux ans avant son exécution, le célèbre mathématicien et philosophe Kamāl al- Dīn Ibn Yūnus (m. 639/ 1242), l'un des professeurs de ʿAbd al-Laṭīf, se procura facilement trois livres de Suhrawardī, le lut et trouva que ses propres ouvrages étaient supérieurs « aux propos de cet imbécile[66] » . Autre exemple, la disponibilité de son œuvre à cette époque, Muʿīn al- Dīn al- Naysābūrī, qui travaillait loin à Ghazna, a écrit une courte biographie quelques années seulement après la mort de Suhrawardī et mentionne néanmoins quinze de ses œuvres, dont tous ses livres majeurs[67]. Qu'en est -il des circonstances du décès de Suhrawardī ?

A I.2 Le désaccord sur le motif de l'exécution de Suhrawardī[68].

L'exécution de Suhrawardī a toujours été considérée comme un événement important pour l'histoire de la philosophie en Islam. La découverte occidentale de Suhrawardī tombe au milieu du 19 ème siècle, dans un contexte colonialiste où les traditions philosophiques non européennes étaient considérées comme marginales. Von Kremer (1828-89), dans son livre de 1868 *Geschichte der herrschenden Ideen des Islams (Histoire des idées dominantes de l'islam*) perçoit Suhrawardī comme un penseur (*anti-islamique*), terme positif désignant un intellectuel qui résiste au dogmatisme perçu de l'orthodoxie islamique. Suhrawardī était pour Von Kremer un « *martyr pour ses convictions* », dont les ennemis disposaient de moyens plus efficaces pour supprimer les ouvrages hérétiques que de les mettre à l'Index[69]. « *Exprimer des opinions qui étaient en opposition avec la religion* dominante », écrit von Kremer, « *conduisait à un danger*

---

[65] Naysābūrī (1431), 156b.

[66] kalām hādhā l- anwak; Aḥmad ibn al- Qāsim (1882), 2:204.15- 20 ; trad. anglaise dans Martini Bonadeo, ʿAbd al- Laṭīf's Philosophical Journey, 123- 25. Pour la datation, voir Toorawa, "Travel in the Medieval Islamic World", 64. Les trois livres étaient al- Talwīḥāt, al- Lamaḥāt fī l- ḥaqāʾiq, et al- Maʿārij, qui n'existe peut-être plus. Un Risālat al- Miʿrāj est mentionné dans la liste de travail d'al- Shahrazūrī dans Nuzhat al- arwāh, 2 :128.11/ 608, no. 22.

[67] Naysābūrī (1431), 156b.

[68] Voir Griffel (2021, pp. 244-263).
[69] Von Kremer, Geschichte der herrschenden Ideen des Islams, 89.

mortel[70] ». Von Kremer décrit la mort de Suhrawardī comme le résultat de l'influence significative qu'il avait sur le jeune dirigeant d'Alep, al- Malik al- Ẓāhir Ghāzī (m. d.) 613/ 1216), le troisième fils de Saladin (Ṣalāḥ al- Dīn, d. 589/ 1193). « *Le parti orthodoxe obtint de Suhrawardī sa condamnation à mort, que Malik Ẓāhir exécuta en 587 h. (1191 c.e.)*[71] ». Cette phrase, écrite il y a 150 ans, ne peut guère être complétée par les faits historiques. Même après avoir passé en revue toutes les sources arabes et persanes dont nous disposons aujourd'hui, nous ne savons toujours pas ce qui a exactement déclenché la condamnation à mort de Suhrawardī. Les sources s'accordent à dire que les spécialistes du *fiqh* d'Alep écrivirent au sultan ayyoubide Saladin qui, à cette époque, menait une campagne en Palestine contre les forces de la troisième croisade nouvellement arrivées[72]. Les *fuqahā*'[73] d'Alep lui demandent de condamner Suhrawardī à mort. Ils écrivirent plus d'une lettre, soulignant les dangers posés par les activités de Suhrawardī. Saladin écrit également à plusieurs reprises à son fils al-Malik al-Ẓāhir Ghāzī, âgé de dix-huit ans, qu'il a nommé gouverneur d'Alep en 582/1186. Dans ses lettres, il ordonne à son fils de mettre à mort Suhrawardī. Dans un premier temps, les relations étroites entre al-Malik al- Ẓāhir et Suhrawardī semblent rendre un tel événement improbable. Mais les messages de plus en plus forts de Saladin finirent par inciter al- Malik al- Ẓāhir à obtempérer, et Suhrawardī fut tué. Après avoir effectué des recherches approfondies à Alep, Ibn Khallikān (d. 681/1282) a établi que Suhrawardī avait été tué le 5 Rajab 587 / 29 juillet 1191. En bon historien qu'il était, Ibn Khallikān cite également une autre source selon laquelle le cadavre de Suhrawardī a été transporté hors de la citadelle d'Alep le vendredi 29 Dhū l- Ḥijja 587/17 janvier 1192[74]. Ces deux informations ne peuvent être vraies l'une et l'autre. Bien que la plupart des historiens modernes s'accordent à dire que Suhrawardī a été tué en 587/1191, il existe également de bonnes raisons qui plaident en faveur du dernier mois de 587/1192[75].

Von Kremer et de nombreux érudits occidentaux après lui ont interprété la mort de Suhrawardī comme le résultat d'une persécution religieuse forte et violente. Von Kremer place la mort de Suhrawardī dans le contexte de la *fatwā* d'al-Ghazālī à la fin de

---

70 Ibid.

71 Ibid, 90.

72 Eddé, "Hérésie et pouvoir politique en Syrie", 238, 242. Möhring, Saladin und der dritte Kreuzzug, 163- 71, reconstitue les activités et les déplacements de Saladin entre 585/1189 et la fin de l'été de l'année 587/1191.

73 Experts de la jurisprudence islamique.

74 Khallikān, (1968), 6 :273.3- 4, 273.11- 13.

75 Uṣaybiʿa (1882), 2 :167.20- 21, relie que Suhrawardī est mort de faim, probablement pour éviter de verser son sang (ce qui serait problématique au regard de la sharīʿa). La demi-année entre juillet 1191 et janvier 1192 pourrait correspondre à la période de son emprisonnement, qui s'est achevée par sa mort.

son *Tahāfut al- falāsifa*[76] . En effet, Suhrawardī est coupable d'au moins un et probablement aussi d'un second de ces trois chefs d'accusation. Il enseigne, par exemple, que les sphères existent depuis l'éternité, qu'elles ne sont pas sujettes à la génération et à la corruption, et qu'elles se déplacent selon un coup circulaire éternel. Dans son œuvre la plus programmatique, *La philosophie de l'illumination (Ḥikmat al- ishrāq)*, il présente l'argument selon lequel tout coup dans ce monde est causé par un autre coup, une chaîne causale qui doit afin d'éviter la circularité et la régression à l'infini - se termine par un coup unique, perpétuel et circulaire qui se renouvelle constamment dans le temps (ḥādith mutadjadid: حاد ث المتجد د)[77].

Dans son livre de la philosophie de l'illumination, Suhrawardī enseigne la pré-éternité du monde sans trop d'obscurité[78]. La résurrection corporelle est également impossible pour lui[79]. Ce n'est qu'en ce qui concerne la connaissance des individus par Dieu qu'il échappe à la condamnation d'al- Ghazālī. Sa discussion sur la connaissance de Dieu dans *La philosophie de l'illumination* évite la conclusion que Dieu est ignorant des particularités. Le chapitre mène directement au cœur de son originalité philosophique. Il y applique son épistémologie très créative de la "connaissance par la présence", conçue pour contrer la conception aristotélicienne d'Ibn Sīnā de la connaissance comme l'identité du connaisseur avec l'objet de la connaissance[80]. La position d'Ibn Sīnā implique qu'une divinité immuable dotée d'un savoir immuable doit ignorer les individus changeants. Suhrawardī propose un concept de connaissance totalement différent - à savoir la connaissance par la présence - qui semble être conçu

---

[76] Von Kremer, Geschichte der herrschenden Ideen des Islams, 99.

[77] Suhrawardī, Ḥikmat al- ishrāq, 116.6– 14.

[78]Ibid, 116-17. Voir Ziai, Knowledge and Illumination, 162 ; Corbin, En islam iranien, 2:119- 22. Dans son apologétique "Risāla fī iʿtiqād al- ḥukamāʾ", 263, Suhrawardī utilise un langage obscur mais argumente toujours en faveur de la pré-éternité du monde. Il écrit ici que les "philosophes divinement inspirés" (al- ḥukamāʾ al- mutaʾalliha) enseignent que le monde est contingent (mumkin al- wujūd) et qu'il est "créé (muḥdath) dans la mesure où son existence dépend de quelque chose d'autre." "Le pré-éternel (al- qadīm) n'est que ce qui ne dépend pas pour son existence de quelque chose d'autre que lui et c'est l'Existence nécessaire (wājib al- wujūd)." Plus loin (265), il écrit cependant que la priorité de Dieu sur la création est seulement "en essence" (bi- l- dhāt), et non "dans le temps" (bi- l- zamān), et soutient qu'il est parfaitement légitime de dire que "le monde est éternel (dāʾim) en ce sens qu'il n'y a entre lui et son initiateur (mubdiʿ) aucun délai temporel et spatial (taʾakhkhur), ni de rang ou de nature". Cette façon de l'exprimer est incontestable tant que l'intention (maqṣad) est une. En revanche, si quelqu'un dit : " le monde est éternel (dāʾim) en ce sens qu'il n'y a pas d'initiateur ni de Créateur (ṣāniʿ) ", c'est de la mécréance et de la zandaqa. " Suhrawardī soutient donc - comme il le fait au début de l'épître (262.7- 8) - que les positions des ḥukamāʾ al- mutaʾalliha sont distinctes de celles des dahriyya et que seules les positions des dahrī doivent être considérées comme de la mécréance.
[79] Van Lit, Word of image, 62.
[80] Suhrawardī, Ḥikmat al- ishrāq, 104-6.

pour éviter la conséquence d'un Dieu ignorant des choses qui changent dans le temps. Malgré ce dernier point, il n'est pas nécessaire de chercher longtemps dans les œuvres de Suhrawardī pour se rendre compte qu'il viole clairement la *fatwā* d'al- Ghazālī. Cependant pour Griffel cela n'est pas pertinent pour ses sources, qui font à peine ce lien et ne mentionnent jamais al- Ghazālī ou ses *fatwā*.

Si nous revenons sur les circonstances de sa mort, des études récentes de Hossein Ziai et John Walbridge proposent un autre type d'explication pour la mort de Suhrawardī. Comme Omid Safi dans le cas de ʿAyn al- Quḍāt, ils soulignent l'importance du contexte politique. Ziai et Walbridge soutiennent que ce sont des raisons politiques plutôt que religieuses qui ont poussé Saladin à ordonner la mort du philosophe : « L'exécution de Suhrawardī était directement liée à son implication dans la politique par laquelle il cherchait à mettre en œuvre la "doctrine politique illuministe" qu'il avait enseignée[81] ». Sa position sur la priorité d'une politique de l'éducation et de la formation des jeunes filles a été soulignée par les auteurs. L'autorité des philosophes - ou plutôt des rois philosophes - sur l'autorité des chefs militaires ainsi que certains penchants chiites font craindre à Saladin l'influence de Suhrawardī sur son fils[82].

Comme dans le cas de ʿAyn al- Quḍāt, Griffel n'émet pas d'objection à cette interprétation, mais pense qu'elle distingue trop nettement le politique du religieux. Elle doit être complétée par un regard sur l'autorité religieuse et les préoccupations relatives à la loi religieuse. Dans les deux cas, c'est-à-dire ceux de ʿAyn al- Quḍāt et de Suhrawardī, le pouvoir des savants religieux a dû se joindre au pouvoir politique et militaire pour qu'une peine de mort puisse être prononcée. Même si Saladin avait des raisons politiques, les *fuqahāʾ* d'Alep auraient eu besoin de bons arguments religieux et ensuite juridiques pour exiger l'exécution de quelqu'un qui prétendait lui-même être une autorité religieuse, un Shāfiʿite *faqīh de* surcroît, c'est-à-dire de leur rang.

Walbridge et Ziai ont développé leurs positions sur la base d'une interprétation antérieure de Corbin, qui se concentre davantage sur les préoccupations des *fuqahāʾ* d'Alep que sur Saladin. Corbin affirme que Suhrawardī a été accusé de « chiisme ou crypto-chiisme ». Sa forte évocation de la vision des « amis de Dieu » (*awliyāʾ*) a rappelé

[81] H. Ziai dans son article "Suhrawardī", dans EI2, 9 : 782- 84, à 782.

[82] Ziai, "The Source and Nature of Authority", 336-44 ; Walbridge, The Leaven of Ancients, 201- 10. Talmon-Heller, Islamic Piety in Medieval Syria, 234, objecte à ce point de vue qu'"aucun des biographes médiévaux n'accuse explicitement Suhrawardī d'avoir planifié une usurpation de pouvoir".

aux juristes les prétentions à une connaissance supérieure de leurs imāms par les chiites ismāʿīlites, toujours l'ennemi d'État par excellence[83].

Au VIe/XIIe siècle, Alep était encore une ville composée essentiellement de chiites. Les *fuqahāʾ* sunnites craignaient alors que Suhrawardī promette une cause chiite, et ils n'ont guère laissé d'autre choix à Saladin que d'acquiescer à leur demande[84]. Les inquiétudes concernant l'*Ismāʿīlisme* sont bien sûr un motif possible, mais elles ne sont pas du tout mentionnées dans ses sources. Celles-ci n'établissent tout simplement pas de lien entre les opinions de Suhrawardī sur l'autorité politique et le chiisme ou l'ismāʿīlisme. Un examen des sources sur la mort de Suhrawardī révèle également qu'aucune d'entre elles ne mentionne al-Ghazālī et que seules une ou deux mettent la mort du philosophe en relation avec les *fatwā*, et si elles le font, cette relation reste très implicite. La plupart des biographes de Suhrawardī comprenaient clairement que ses enseignements violaient les limites de l'islam qu'al-Ghazālī avait fixées lorsqu'il avait déclaré trois positions de la *falāsifa* comme étant de l'incroyance. Les sources qui lui sont le plus favorables qualifient Suhrawardī de *faylasūf* et adoptent ce terme comme marqueur de sa pensée indépendante (*al- istiqlāl bi- l- fikr* الاستقلال بالفكر)[85] . Les historiens arabes, en revanche, évitent le mot *faylasūf* et s'efforcent de ne pas juger son cas. Sibṭ ibn al- Jawzī donne un exemple extrême de cet effort de neutralité dans sa nécrologie de Saladin, il écrit : « Lorsqu'il entendit parler de Suhrawardī, Saladin ordonna à son fils al- Malik al- Ẓāhir de le tuer[86] ». Il n'y a manifestement aucun lien avec al- Ghazālī ici. Ibn Khallikān, cependant, présente les choses différemment. Il est l'une des deux sources qui relient la mort de Suhrawardī à une accusation d'hérésie doctrinale : « Il fut accusé de dissoudre le credo, de nier les attributs divins et de souscrire aux enseignements des anciens philosophes. Il était bien connu pour cela. Lorsqu'il est arrivé à Alep, ses savants ont émis une *fatwā* autorisant son exécution en raison de ses convictions et de ce qu'ils avaient découvert sur ses mauvais enseignements[87] ». Par *enseignements des anciens philosophes* (*madhhab al- ḥukāmāʾ al- mutaqaddimīn*), Ibn Khallikān entend la pré-éternité du monde et d'autres positions, condamnées par al- Ghazālī. Il était donc bien connu que Suhrawardī enseignait l'éternité du monde, qu'il croyait en un Dieu qui n'avait pas d'attributs positifs et qui ne pouvait, lorsqu'il créait, exercer aucun choix entre des alternatives. Ce fut - pour Ibn Khallikān au moins - une cause de la chute de Suhrawardī.

---

83 Corbin (1971), 16-17. L'argument de Corbin est développé dans Landolt, "Suhrawardī's 'Tales of Initiation'", 482 ; par Christian Jambet dans son introduction à la traduction française du Ḥikmat al- ishrāq de Suhrawardī, 53 ; et par Eddé, "Hérésie et pouvoir politique en Syrie", 239-44.

84 Marcotte, "Suhrawardī al- maqtūl," 403- 4, 408.

85 Naysābūrī (1431), 156b ; Shahrazūrī (1993), 2 : 119.1 / 600. peanult. Pour "al- istiqlāl bi- l-fikr", voir. 2 :122.4/ 604.2.

86 Sibṭ ibn al- Jawzī, Mirʾāt al- zamān, 427.17.

87 Khallikān, (1968), 6 :272.11- 13.

Une deuxième source est encore plus explicite. Ibn Shaddād (d. 632/1235) était le biographe officiel de Saladin, qui travaillait comme *qāḍī* dans son armée et qui était son confident le plus proche. Il était également un juriste shāfiʿite qui, au début de sa carrière, avait enseigné à la *madrasa* Niẓāmiyya de Bagdad, un foyer d'influence ghazalienne[88]. Dans sa biographie élogieuse de Saladin, composée à Alep une dizaine d'années seulement après l'exécution de Suhrawardī, Ibn Shaddād écrit sur le grand sultan ayyoubide : Il - Dieu lui fasse miséricorde - était très soucieux du culte de la religion (*shaʿāʾir al- dīn*) et soutenait la résurrection des corps et leur rassemblement, la rétribution des bienfaiteurs par le paradis et des malfaiteurs par le feu, croyant en tout ce que disent les révélations (*al- sharāʾiʿ*) [à ce sujet] et ouvrant sa poitrine à cet effet. Il détestait les *falāsifa*, ceux qui nient les attributs de Dieu (*muʿaṭṭila*), ceux qui croient que le monde n'a pas de créateur (*dahriyya*), ainsi que ceux qui désobéissent à la loi religieuse (*al- sharīʿa*). Il ordonna à son fils, le souverain d'Alep al- Malik al- Ẓāhir - que Dieu renforce ses troupes -, de tuer un jeune homme par les armes du nom de Suhrawardī. On dit qu'il désobéit aux lois religieuses et traite de fausses ces lois. Lorsque les nouvelles de son père lui parviennent, le fils de Saladin s'empara de Suhrawardī et en informa son père. Celui-ci ordonna alors sa mise à mort et [al- Malik al- Ẓāhir] le crucifia un jour et le tua[89]. La manière dont Suhrawardī est mort est un sujet de controverse entre nos sources et n'a pas été résolu[90]. Ce qui est important dans le rapport d'Ibn Shaddād, c'est le lien entre la résurrection corporelle et l'obéissance généralisée à la loi religieuse - exactement comme al- Ghazālī l'a vu. Les gens du peuple doivent croire en la résurrection corporelle pour renforcer leur obéissance aux lois de Dieu[91]. Nous avons ici une interprétation clairement ghazalienne de la mort de Suhrawardī, impliquant que Suhrawardī est mort parce qu'il était un *faylasūf* qui avait violé la *fatwā* d'al-Ghazālī à l'époque de sa mort.

A la fin de son *Tahāfut al- falāsifa*, même si le nom d'al- Ghazālī ou le titre de ce livre n'a pas été mentionné nulle part, Ibn Khallikān et Ibn Shaddād sont cependant les deux seuls à présenter les choses de cette manière. Aucun des autres historiens ne mentionne la résurrection corporelle, l'éternité du monde ou la connaissance des particularités par Dieu, alors que Suhrawardī semble avoir été bien connu pour certains de ces enseignements. Ils l'accusent plutôt d'un autre délit, à savoir d'avoir prétendu implicitement ou explicitement à la prophétie. Dès 1978, Hermann Landolt a suggéré que les *fuqahāʾ* d'Alep étaient rebutés par ses enseignements sur la prophétie et la walāya – « amitié ou "intimité » dans le sens d'une proximité avec Dieu qu'ont les maîtres soufis. Cet état apporte des connaissances supérieures à celles des non soufis. Landolt affirme que les *fuqahāʾ* ont accusé Suhrawardī « d'avoir l'intention de fonder une nouvelle

[88] Sur la vie d'Ibn Shaddād, voir l'article de G. el- Shayyal dans EI2, 3 :933- 34.

[89] Ibn Shaddād, al- Nawādir al- sulṭāniyya, 10.

[90] Déjà al- Shahrazūrī, Shahrazūrī (1993), 2 :125- 26/ 606.4- 6, discute les différents rapports et reste indécis.

[91] Griffel, (2021), p. 376.

religion prophétique[92] ». Les sources confirment en effet ce point de vue. L'un des premiers commentaires sur la mort de Suhrawardī provient de la lointaine Ghazna, dans l'actuel Afghanistan. Mu'īn al- Dīn al- Naysābūrī (d. c. 490/ 1193) est l'auteur de *L'achèvement de la continuation du cabinet de sagesse* (*Itmām Tatimmat Ṣiwān al-ḥikma*) (إتمام التتمات سوان الحكمة), une anthologie de la poésie arabe écrite par des philosophes. Al- Naysābūrī a écrit son anthologie peu après la mort de Suhrawardī, dans la dernière décennie du sixième/ douzième siècle, probablement même avant la biographie de Saladin par Ibn Shaddād. Mu'īn al- Dīn al- Naysābūrī était un admirateur de Suhrawardī et a écrit à propos de sa mort : « Al- Malik al- Ẓāhir, fils de Saladin, le sultan de Syrie, l'a tué dans la citadelle d'Alep à la suite de certaines fabrications à son sujet par les juristes *(fuqahā')* déclenchées par la jalousie. Ils ont dit qu'il avait des prétentions de prophétie, mais il était innocent de cela - Dieu fera le compte entre lui et l'envieux[93]». Le motif de la prétention de prophétie peut également être trouvé dans une autre source, également écrite très peu de temps après l'exécution. L'un des premiers historiens à parler de la mort de Suhrawardī est l'auteur anonyme du *Jardin des affaires contemporaines* (*al-Bustān al-jāmi' li-jamī' tawārīkh ahl al- zamān*), une chronique des événements survenus à Alep dans la seconde moitié du VIe/XIIe siècle. Cette chronique s'interrompt en 593/1196/97 et nous supposons qu'elle a été rédigée à cette époque ou peu après. Pour l'année 588 (1192), la chronique indique : Cette année-là, le *faqīh* Shihāb al-Din Suhrawardī fut tué avec son élève Shams al-Dīn dans la citadelle d'Alep. Quelques jours plus tard, [son cadavre ?] fut brûlé. Les *fuqahā'* d'Alep travaillèrent avec zèle contre lui, à l'exception de deux juristes, deux frères du nom d'Ibn Jahbal. Ceux-ci soutenaient qu'il était un *faqīh* et que les débats avec lui sur la citadelle ne sont pas équitables, alors il devrait descendre à la Grande Mosquée où tous les *fuqahā'* devraient se rassembler et où ils devraient tenir un *majlis* pour lui…Il était un Shāfi'ite mais, la *falsafa* et le *'ilm al- kalām*[94] علم الكلا م ont eu raison de lui.

Lorsque certains des *fuqahā'* discutèrent avec lui à la citadelle, ils ne pouvaient pas apporter des arguments qui l'emporteraient [sur ceux de Suhrawardī]. Sur la

[92] 171 Landolt, "Two Types of Mystical Thought", 190. Voir également idem, "Suhrawardī's 'Tales of
Initiation", 481 : "Ce qui a vraiment alarmé les orthodoxes, c'est la prétendue négation de la finalité de la Révélation islamique par Suhrawardī la prétendue négation par Suhrawardī de la finalité de la Révélation islamique. . . . Suhrawardī était un concurrent sérieux de leur propre autorité (wilāyah) et pouvait être accusé de prendre la place du Prophète lui-même."

[93] Naysābūrī (1431),156b.

[94] Pour plus de détails sur le terme kalām, voir Seck (2018), p. 24. Le mot arabe kalām veut dire parole, discours. Le mot mutakalim désigne celui qui parle, l'orateur[94]. L'expression arabe kalām ('ilm al-kalâm), dans l'islam, signifie la science de la parole, une notion qui peut désigner aussi la science des bases de la religion ('ilm uṣûl ad-dîn), ou la jurisprudence majeure qui s'oppose à la jurisprudence mineure signifiant respectivement en arabe (al-fiqh al-akbar et al-fiqh al-aš'ar). La somme de ces trois expressions, désigne la théologie scolastique musulmane.

théologie (*ʿilm aluṣūl*), ils ne savaient que lui dire et lui dirent : « Vous avez mentionné dans vos livres que Dieu est capable de créer un prophète, or c'est impossible ». Il leur dit alors : « Quelle est votre définition de la capacité ? N'est-il pas vrai que celui qui désire quelque chose et qui n'en est pas empêché est capable ? » Ils répondirent : « Oui, en effet ». Il ajouta : Dieu [lui-même] dit : « Dieu est capable de tout ». Ils dirent : « Mais pas de créer un prophète. C'est impossible ». Il dit : « Est-ce impossible dans un sens absolu (*muṭlaqan*) ou non » ? Ils dirent : « Tu viens de devenir mécréant (*qad kafarta*) » ! Ils lui ont inventé des raisons parce qu'en général il y avait un manque de compréhension de sa part et non un manque de connaissance (*kānā ʿindahū naqḍ ʿaqlin lā ʿilmin*).

L'une des choses qui s'est produite, c'est que les gens ont dit : « Son âme est assistée par le royaume céleste (*rūḥuhū al- muʾayyad bi- l- malakūt* روحه المؤيد بالملكوت)[95]».

La dispute rapportée ici porte sur une question théologique, à savoir si Dieu peut créer des prophètes. Cependant, la manière dont elle est présentée dans *al- Bustān al-jāmiʿ* n'a guère de sens et vise à présenter la *fuqahāʾ* d'Alep sous un mauvais jour. Aucun théologien musulman, quelle que soit sa confession, ne nierait que Dieu puisse créer des prophètes. Par conséquent, la dispute devait porter sur la question à savoir si Dieu crée un prophète *après* Muḥammad. Le Coran (Sourate al-Ahzab 33 : 40) appelle Muḥammad « le sceau des prophètes » (*khātam al- nabiyīn* : خاتم النَّبِيِّين), ce qui signifie qu'il n'y a pas eu de prophète après lui et qu'il n'y en aura pas à l'avenir. Le jugement des fuqahāʾ selon lequel Suhrawardī « est juste devenu un mécréant » ne peut être fondé sur son affirmation que Dieu est - dans un sens absolu - capable de créer un nouveau prophète, mais doit refléter leur compréhension du fait qu'il a affirmé que Dieu peut créer un prophète après Muḥammad. De nombreux théologiens musulmans nieraient que Dieu puisse ou veuille faire cela, car cela violerait une promesse faite dans la révélation.

Ici, un autre rapport sur la mort de Suhrawardī devient instructif. Il nous apprend que ses élèves et ses disciples le considéraient comme un prophète. Al-Shahrazūrī (mort après 685/1286) était un historien de la philosophie et le biographe le plus important de Suhrawardī. Il fut également un adepte de sa philosophie - la philosophie de

[95] al- Bustān al- jāmiʿ li- jamīʿ tawārīkh ahl al- zamān, 442- 43. Le texte apparaît également en paraphrase dans al- Ṣafadī, al- Wāfī, 2 :320.18- 21, qui ajoute que cet échange a conduit al- Malik al- Ẓāhir à ordonner l'emprisonnement de Suhrawardī. La source d'Al- Ṣafadī est un tarjama perdu de Ṣibt ibn al- Jawzī (d. 654/1256), qui pourrait avoir obtenu ses informations d'al- Bustān al-jāmiʿ. Son texte avait été édité plus tôt dans Cahen, "Une chronique syrienne", 150-51. La tradition manuscrite d'al- Bustān al- jāmiʿ attribue le texte au célèbre littérateur ʿImād al- Dīn al-Iṣfahānī (d. 597/ 1201), mais Cahen argumente de manière convaincante qu'il ne pouvait pas avoir été écrit par lui (114). Pour une traduction française de ce passage, voir Corbin, En islam iranien, 2 :15.

l'illumination *(ḥikmat al- ishrāq)* - qui en affina le caractère systématique. En 665/1266-67, soixante-quinze ans après l'exécution, al- Shahrazūrī rédigea une biographie de Suhrawardī, soit à Bagdad, soit dans l'ouest de l'Iran. Il reprend le motif de l'envie, qu'il reprend de l'*Itmām Tatimmat Ṣiwān al- ḥikma*, et confirme que ses élèves considéraient Suhrawardī comme un prophète :

La raison pour laquelle il a été tué est - d'après ce qui m'est parvenu - que lorsqu'il est passé de l'Anatolie à la Syrie et qu'il est entré à Alep ... un groupe d'hommes et de femmes a été tué. Les universitaires d'Alep se sont rassemblés autour de lui et ont écouté ce qu'il avait à dire. Il pouvait expliquer les sujets grâce aux excellents enseignements des philosophes (al- ḥukamā'). Il a essayé de les améliorer et a qualifié de stupides les opinions de ceux qui rejetaient ces enseignements. Il a débattu avec ces personnes et les a réduites au silence lors des sessions du majlis. Il y a quelque chose qui a contribué à cela et ce sont les merveilles dont il a fait preuve grâce à la faculté de l'esprit sacré (biquwwat rūḥ al- quds). Par pure jalousie, ils ont uni leurs voix, l'ont accusé de mécréance et l'ont tué. . . Il m'est parvenu que certains de ses disciples lui disaient : « Abū l- Futūḥ [Suhrawardī], Messager de Dieu » ! Seul Dieu sait si cela est vrai[96].

Le motif selon lequel Suhrawardī a accompli des actes merveilleux *('ajā'ib* ou *karāmāt* (عجائب أو كرامات qui sont des signes de sa proximité avec Dieu en tant que l'un de ses intimes (*awliyā'*) revient constamment dans les sources. On les retrouve par exemple dans la biographie d'Ibn Khallikān, un historien ayant vécu à Alep, où il avait étudié avec Ibn Shaddād[97]. Ibn Khallikān nous informe que de nombreuses personnes dans cette ville pensaient que Suhrawardī avait accompli des actes merveilleux (*karamāt*)[98]. Al- Shahrazūrī ajoute qu'il était capable non seulement d'actes merveilleux mais, aussi d'actes considérés comme des signes de prophétie (w*āyāt*)[99]. Un autre

[96] Shahrazūrī (1993), 2:125- 26/ 605- 6. Les deux éditions diffèrent dans la première phrase. L'édition d'Hyderabad présente "tous les savants d'Alep réunis", tandis que l'édition d'Alexandrie, qui représente une recension plus tardive, présente le texte ci-dessus. Une autre édition, la troisième (éd. A. 'A. al- Sā'iḥ et T. 'A. Wahba, 2 vol. [Le Caire : Maktaba al- Thawafa al- Dīniyya, 1430/ 2009], 2 :309) propose une lecture intéressante de la dernière phrase où "Abū l- Futūḥ, Messager de Dieu !" est transformé en "Abū l- Futūḥ, un intime du Messager de Dieu !" (Abū l- Futūḥ bi- ṣuḥbat rasūl Allāh). Cela semble être une tentative évidente d'atténuer le caractère hérétique du discours des étudiants de Suhrawardī.

[97] Khallikān, (1968), 6 :272.10- 11 : "C'était un Shāfi'ī et on lui a donné le surnom de 'celui qui est assisté par le royaume céleste' (al- mu'ayyad bi- l- malakūt)".

[98] Ibid, 6 :273.14- 17. Ibn Khallikān (6 :269-70, d'après Aḥmad ibn al- Qāsim (1882), 2:168), relie également l'histoire de Suhrawardī qui, lors d'une dispute avec un turkumānī pastoral, s'est détaché le bras.

[99] ṣāhib karamāt wa- āyāt ; Shahrazūrī (1993), 2:124:4/ 604.18 (voir aussi 2:126.9/ 607.9- 10). Les mots wa- āyāt ne figurent que dans l'édition d'Alexandrie.

historien écrivant également au septième/ treizième siècle, al- Qazwīnī (d. 682/1283), dispose d'informations sur plusieurs actes apparemment surhumains de Suhrawardī et confirme qu'il était « quelqu'un à qui il arrivait des choses merveilleuses et étranges[100] ». De nombreuses sources relient que Suhrawardī était un expert en *sīmiyā'*, ce qui se réfère ici à quelque chose de similaire à l'hypnose, bien que pas nécessairement par le biais d'un contact visuel. Ibn Khaldūn décrit *sīmiyā'* comme l'action d'une âme puissante sur l'imagination d'une autre personne, qui est ensuite transférée à la perception sensorielle de cette dernière et crée des expériences qui n'ont pas de réalité extérieure[101]. Ibn Faḍlallāh al-ʿUmarī (d. 749/1349) révèle qu'après avoir longuement insisté, Suhrawardī appliqua à contrecœur ses pouvoirs de *sīmiyā'* sur al- Malik al- Ẓāhir et produisit en lui l'expérience d'avoir vécu des années sur les rives de l'océan Indien et d'y avoir eu une femme et des enfants[102]. Enfin, l'historien al- Dhahabī (d. 748/ 1347) cite un rapport selon lequel un étudiant aurait demandé à Suhrawardī : « Les gens parlent beaucoup de votre affirmation selon laquelle la prophétie peut être acquise. Pouvez-vous nous expliquer cela ? »[103]

L'idée que la prophétie peut être acquise est une implication de l'explication philosophique d'Ibn Sīnā selon laquelle la prophétie est la combinaison de trois propriétés de l'âme humaine. Selon Ibn Sīnā, la prophétie n'est que l'apogée de capacités humaines très répandues que chacun d'entre nous possède à un degré bien moindre que les prophètes. Le prophète possède :

(1) une forte faculté d'imagination qui lui permet de représenter les vérités universelles sous forme de paraboles et de métaphores ;

(2) une forte intuition *(ḥads)*, c'est-à-dire la capacité de recevoir instantanément la connaissance universelle de l'intellect actif ; et

(3) une puissante faculté pratique de l'âme qui peut affecter les choses en dehors de son corps et accomplir ce que d'autres croient être des actes merveilleux ou des miracles. Au sommet du spectre se trouve un phénomène qu'Ibn Sīnā appelle « l'esprit saint » (*al- rūḥ al- qudsī*) - une référence à laquelle nous venons de lire dans la biographie d'al-Shahrazūrī selon laquelle Suhrawardī accomplissait des prodiges *('ajā'ib)* « grâce à la faculté de l'esprit sacré » (*bi- quwwat rūh al- quds* بقوة روح القد س)[104] .

[100] ṣāhib al- ʿajāʾib wa- l- umūr al- gharība ; al- Qazwīnī, Āthār al- bilād, 264.
[101] 179 Ibn Khaldūn, al- Muqaddima, 3:110.10- 15 ; trad. engl. 3 :158- 59. "Les falāsifa appellent cela, dit Ibn Khaldūn, "shaʿwadha ou shaʿbadha." Selon D. B. MacDonald et l'art de T. Fahd. "Sīmiyāʾ", dans EI2, 9 :612- 13, il s'agit de l'une des deux branches de la sīmiyaʾ, l'autre étant la connaissance des pouvoirs secrets des lettres (ʿilm asrār al- ḥurūf) ; voir Ibn بKhaldūn, al- Muqaddima, 3 :119- 63 ; trad. engl. 3 :171- 227.
[102] Ibn Faḍlallāh al- ʿUmarī, Masālik al- abṣār, 9 :173- 74.
[103] al- Dhahabī, Taʾrīkh al- Islām, vol. 581- 590 (#41), 287.13- 15. Voir également idem, Siyar aʿlām alnubalāʾ, 21 :211.3- 4.
[104] Shahrazūrī (1993), 2:125.13/ 605.18. Dans son "Risāla fī iʿtiqād al- ḥukamāʾ", 265.8- 9, Suhrawardī identifie le rūh al- quds à l'intellect actif et à Gabriel. Sur l'explication rationnelle de

En outre, pour Ibn Sīnā, le véritable prophète est aussi un philosophe. Alors que le philosophe n'enseigne ses idées qu'à ceux qui pratiquent la philosophie, le prophète a un grand talent pour transmettre ces enseignements dans un langage figuré et les rendre ainsi accessibles à tous. Dans ses courtes épîtres persanes, Suhrawardī propose des paraboles et des représentations figuratives du destin du philosophe d'inspiration divine dans la société, comme nous l'attendons d'un prophète. Dans l'une de ces histoires, un caméléon est attaqué par des chauves-souris, qui le capturent dans la nuit pour l'exécuter. Elles décident que le pire des supplices serait l'exposition à la lumière du soleil et, à l'aube, elles jettent le caméléon hors de leur grotte, sans savoir que ce que les chauves-souris considéraient comme une punition était en réalité la renaissance du caméléon. En décidant d'exécuter le caméléon, les masses ignorantes - les chauves-souris de cette histoire - font involontairement preuve d'une grande bonté à l'égard de l'étranger à leur société, car « l'exécution » était exactement ce qu'il désirait[105]. Dans une autre histoire, un paon est semé dans un sac de cuir et laissé dans un étroit panier sombre pendant si longtemps qu'il s'est pris d'affection pour sa sombre demeure et s'est convaincu qu'il ne pouvait y avoir de meilleur endroit. En fait, le paon considérait cela comme un article de foi (*iʿtiqād* اعتقاد), et il considérait l'affirmation « qu'il pourrait y avoir une vie, une habitation et une perfection au-delà de ce [panier] comme un *kufr* absolu, un déchet total et une pure ignorance[106] ». Une troisième histoire présente une huppe intelligente et clairvoyante qui passe ses nuits avec un groupe de hiboux incapables de voir à la lumière du jour. Lorsque la huppe raconte aux hiboux ce qu'elle voit pendant la journée, les hiboux l'accusent de mentir et menacent de le tuer. La huppe se rend compte du danger qu'il y a à dire la vérité aux hiboux et feint la cécité diurne pour survivre. La huppe se dit que les hiboux la tueront si elle ne fait pas semblant d'être aveugle. Elle justifie son mensonge par la maxime « Parlez aux gens en fonction de leur intelligence[107] ». La huppe se rend également compte que « révéler le secret de la seigneurie est de l'incrédulité » et suit donc les conseils d'al- Ghazālī et d'autres soufis qui ont porté haut ce principe et qui l'ont imposé à tous les autres hommes[108]. Si l'histoire de la huppe et des hiboux est une parabole de la situation de Suhrawardī parmi les gens et les savants

---

la prophétie par Ibn Sīnā, voir Davidson, Alfarabi, Ibn Sīnā et Averroès, 116- 23 ; Hasse, Avicenna's De Anima, 154- 65 ; Rahman, Prophecy in Islam, 30- 91 ; Gardet, La pensée religieuse d'Ibn Sīnā, 107- 41.

105 Suhrawardī, Allégories philosophiques et traités mystiques, Pers. + anglais, 83-84.

106 (keh) warā- yi īn ʿayshī ve maqarrī ve kamālī daʿwā konad, kufr muṭlaq ve saqṭ maḥḍ ve jahl ṣaraf bāshad ; ibid. 86- 87.

107 Ici en arabe : kallimū l- nās ʿalā qadr ʿuqūlihim ; ibid. 85.12.

108 ifshāʾ- yi sirr- i rubbiyyat kufr ast ; ibid. 85.15- 16. Sur ce principe dans al- Ghazālī, voir Griffel, Al-
Théologie philosophique de Ghazālī, 193, 337n94.

d'Alep, il n'a apparemment pas suffisamment tenu compte de ce conseil et a parlé trop ouvertement de ses prétentions à un monde plus parfait derrière celui-ci, que l'on peut atteindre par l'inspiration et une perspicacité supérieure.

Si Suhrawardī se considérait comme un individu inspiré se situant en haut de l'échelle qui va de l'homme normal au prophète, cet enseignement aurait pu le mettre en conflit avec la *fuqahāʾ* d'Alep, mais pas nécessairement avec al- Ghazālī. Comme la plupart des musulmans, al-Ghazālī aurait condamné toute prétention à la prophétie, et si Suhrawradī l'avait fait- ce que nous ne savons pas - al-Ghazālī l'aurait condamné pour incrédulité. Pourtant, al Ghazālī lui-même a adopté l'enseignement d'Ibn Sīnā sur la prophétie et croit en une échelle mobile de visions divinement inspirées qui va de l'homme ordinaire, qui a des expériences de *déjà-vu*, à la révélation (*waḥy*) que reçoivent les prophètes, en passant par l'inspiration (*ilhām*) des *awliyāʾ*. Les plaintes d'Al-Ghazālī dans le *Tahāfut* contre la prophétologie d'Ibn Sīnā se concentrent sur la question à savoir :

(1) Si les *falāsifa* ont suffisamment de preuves pour soutenir certains détails de leurs enseignements, comme le fait que la connaissance des prophètes provient d'objets célestes et non pas directement de Dieu[109].

(2) Dans sa «seconde condamnation » des *falāsifa*, évoquée plus haut, al-Ghazālī critique l'enseignement des *falāsifa* sur le contenu de la révélation reçue par les prophètes. Il rejette la suggestion selon laquelle ce que les prophètes reçoivent en termes de connaissance est équivalent à ce que les philosophes pourraient découvrir grâce à leurs facultés rationnelles. En revanche, al- Ghazālī insiste sur le fait que la connaissance reçue dans la révélation est de loin supérieure à ce qui pourrait être découvert par le biais de la rationalité[110] .

La notion de *falāsifa* selon laquelle Dieu envoie des révélations pour le bénéfice des humains n'est cependant pas erronée. Les *falāsifa* sous-estiment cependant le pouvoir de la révélation lorsqu'ils pensent qu'elle crée une connaissance qui est à peu près équivalente à la philosophie. Dans l'un de ses plus petits ouvrages, al- Ghazālī écrit : « Les lumières par lesquelles la révélation vient de Dieu sont comparables à la lumière... de la raison (*nūr al- ʿaql* : نور العقل) comme le soleil par rapport à la lumière d'une étoile. Les prophètes indiquent aux hommes les bienfaits de leur vie en ce monde (*maṣāliḥ dunyāhum*) dans la mesure où leurs capacités raisonnables (*ʿuqūluhum*) ne peuvent les découvrir indépendamment, et ils guident les hommes vers les bienfaits de leur vie dans l'au-delà (*maṣāliḥ ukhrāhum*) dont les hommes *ne* peuvent avoir connaissance *que* par l'intermédiaire des prophètes[111] ». Étant donné sa volonté générale d'accepter l'explication d'Ibn Sīnā sur la prophétie **comme quelque chose qui crée des**

---

[109] Treiger, Inspired Knowledge, 81-84.

[110] C'est le point 3 de la liste de Treiger (ibid., 83) des objections faites par al- Ghazālī dans la seizième discussion du Tahāfut al- falāsifa.

[111] al- Ghazālī, al- Ḥikma fī makhlūqāt Allāh, 70.14- 17, soulignement ajouté.

avantages pour les humains, al- Ghazālī ne la condamne pas. Les études d'Alexander Treiger et de M. Afifi al- Akiti ont montré à quel point al- Ghazālī a adopté l'explication rationnelle de la prophétie d'Ibn Sīnā et l'a faite la sienne. Il aimait particulièrement l'explication d'Ibn Sīnā de la prophétie comme la combinaison de trois propriétés (*khāṣṣiyyāt*) de l'âme humaine, et il y a des adaptations de cette théorie dans *al- Munqidh min al- ḍalāl* et d'autres de ses écrits[112] .

Alors que la littérature occidentale antérieure, depuis Von Kremer, supposait une opposition entre Suhrawardī et al-Ghazālī et voyait dans l'un l'expression de la libre pensée philosophique et dans l'autre celle de l'orthodoxie religieuse, leurs relations étaient beaucoup plus nuancées. En ce qui concerne la psychologie et en particulier la prophétologie - y compris l'explication des actes merveilleux et de la perspicacité supérieure des « amis de Dieu » (*awliyā'*) - Suhrawardī et al-Ghazālī étaient assez semblables[113]. Tous deux ont interprété et adapté les enseignements psychologiques d'Ibn Sīnā et en particulier son explication rationnelle de la prophétie. Tous deux ont mis l'accent sur le *ḏawq* (goût) en tant que faculté épistémologique différente de la raison et supérieure à elle[114] . Tous deux pensaient que la prophétie n'était pas une condition surnaturelle mais pouvait être expliquée par la science de l'âme humaine, et tous deux pensaient également que les frontières entre un mystique doué, qui est inspiré par les idées de l'intellect actif, et un prophète étaient fluides. Comme Suhrawardī, al- Ghazālī a également été critiqué pour ses enseignements sur la psychologie et pour son manque de distinction entre les humains normaux et les prophètes[115]. Bien qu'al-Ghazālī n'ait pas prétendu à la prophétie, on sent fortement dans ses écrits qu'il se considérait comme bénéficiant d'une généreuse dose d'inspiration (*ilhām*). L'inspiration chez al- Ghazālī est similaire - sinon identique - à ce que Suhrawardī appelle *ḏawq* (dégustation)[116]. *Ilhām* et *ḏawq* sont considérés comme étant de la même nature que l'intuition prophétique (*waḥy*), mais à un niveau d'intensité inférieur[117]. Al-Ghazālī aurait certainement désapprouvé qu'un érudit religieux prétende se tenir au seuil de la prophétie. Nous ne savons pas si Suhrawardī a réellement agi de la sorte. Il n'y a aucun passage dans ses écrits où il prétend être un prophète ou même proche de ce stade.

---

[112] 190 Treiger, Inspired Knowledge, 64-80, 103 ; al- Akiti, "The Three Properties of Prophethood" ; Griffel, "Al- Ghazālī's Concept of Prophecy", et idem, Al- Ghazālī's Philosophical Theology, 194-201 ; Hughes, "Imagining the Divine".

[113] Malgré l'importance du sujet pour l'étude de Suharwardī, il n'y a pas beaucoup de littérature sur les liens et les similitudes de Suhrawardī avec al- Ghazālī. Sur ce sujet, voir Sinai, "Al Suhrawradī Philosophy of Illumination and al- Ghazālī" ; Walbridge, Wisdom of the Mystic East, 52- 57 ; Davidson, Alfarabi, Avicenna, and Averroes, 170.

[114] Giffel, The Formation ofPost- Classical Philosophy in Islam, pp. 254-56.

[115] Griffel, Al- Ghazālī's Philosophical Theology 200-201.

[116] Voir ci-dessous pp. 256, 258.

[117] Treiger, Inspired Knowledge, 25, 53, 64- 65.

Les capacités épistémologiques de Suhrawardī sont décrites dans des termes similaires à ceux d'al-Ghazālī, à savoir qu'il a été béni par l'inspiration divine (*ilhām* ou *ḏawq* : الهام أو ذ وق). Contrairement à al-Ghazālī, cependant, Suhrawardī était étroitement associé à l'accomplissement d'actes merveilleux. Selon al- Ghazālī, « les exploits des amis de Dieu » (*karāmāt al- awliyā'* : كرامات الأولياء) sont en réalité les prémices [des états] des prophètes[118]. « L'accomplissement de ces actes aurait placé Suhrawardī au niveau d'un *walīy* (un intime de Dieu) ou un maître mystique. Selon al- Ghazālī, le niveau de ces maîtres soufis peut en effet être acquis - non par l'apprentissage mais par l'entraînement (*riyāḍa*) et la dégustation (*ḏawq*)[119] ». Il se peut que Suhrawardī n'ait jamais prétendu à la prophétie et que ses disciples aient exagéré de son statut de *walī* et l'aient mal interprété. Lorsqu'ils lui ont demandé, par exemple, comment acquérir « l'état de prophète », il se peut qu'ils aient eu à l'esprit une simple intensification de l'état de *walī*. La faute et le malentendu seraient du côté des étudiants et des disciples de Suhrawardī. Il se peut aussi que ce soit du côté de ses adversaires qui ont regardé ce type de vénération d'un œil très critique. En même temps, il est tout à fait possible que Suhrawardī ait délibérément alimenté ces malentendus. Il se peut même qu'il ait revendiqué la prophétie pour lui-même, même si ce n'était pas en public ou devant un large public. S'il avait revendiqué ouvertement et publiquement la prophétie, les sources relatives à son exécution seraient moins ambiguës. Il est impossible de savoir, huit cents ans plus tard, si Suhrawardī, dans ses communications avec un petit cercle d'adeptes dévoués, a prétendu à la prophétie ou si ce cercle a mal compris ses enseignements sur sa propre personne, ou si quelque chose s'est passé entre les deux. Pour les observateurs, les disciples de Suhrawardī sont apparus comme un groupe de monstres indisciplinés, obsédés par des pratiques obscures et l'alchimie[120] . Il reste cependant possible qu'il n'ait jamais prétendu être prophète et qu'il ait simplement été mal compris - par ses amis comme par ses ennemis.

Les sources qui indiquent le plus explicitement qu'il a été accusé de revendiquer la prophétie pour lui-même Mu'īn al- Dīn al- Naysābūrī et al- Shahrazūrī - s'empressent également d'ajouter qu'il s'agit d'une fausse accusation. Le chroniqueur anonyme d'Alep nous transmet un autre type d'accusation, à savoir qu'il était d'avis qu'il pouvait y avoir une prophétie après Muḥammad (PSL). Cela n'était probablement pas une offense en soi qu'al- Ghazālī aurait condamné[121]. Pour quelqu'un comme al- Ghazālī seulement

---

118 al- Ghazālī, al- Munqidh, 40.5.

119 Ibid, 35.10- 36.2, 40.3- 5. Voir Treiger, Inspired Knowledge, 54.

120 Baghdādī, (1988), arabe 35- 36, allemand 108- 9.

121 Lazarus-Yafeh, Studies, 304-5 : "[L]'une des doctrines les plus dangereuses de la théorie de la prophétie d'Al-Ghazālī [...] est que] le stade de la prophétie n'est que le stade le plus élevé et le dernier du développement de l'homme sur terre. En effet, il n'est atteint que par quelques personnes, mais il n'est pas limité aux seuls prophètes, comme le prétend l'islam orthodoxe. Les saints atteignent un niveau similaire et la différence entre eux et les prophètes réside uniquement

l'affirmation supplémentaire d'avoir atteint la prophétie aurait conduit à une condamnation légale. Les *fuqahā'* d'Alep ont peut-être suivi un point de vue plus étroit que celui d'al-Ghazālī sur la possibilité d'atteindre le niveau d'un prophète et l'ont peut-être condamné simplement parce qu'il l'avait jugé possible. Ou bien ils ont eu l'impression qu'il avait effectivement revendiqué la prophétie pour lui-même. Nos sources vont dans les deux sens ; un groupe dit qu'il a été faussement accusé de prophétie, tandis qu'*al- Bustān al- jāmiʿ* suggère sa position sur la possibilité de prophétie après que Muḥammad (PSL) a scellé son destin d'apostat de l'Islam. Ibn Taymiyya écrit plus d'un siècle plus tard que Suhrawardī croyait que la prophétie pouvait être acquise et qu'il a lui-même « cherché à devenir prophète[122] ».

Quel que soit l'élément déclencheur du jugement des *fuqahā'* d'Alep, Suhrawardī restait pour ses partisans un individu divinement inspiré qui retourna à Dieu lorsqu'il devint évident que le peuple ne le comprenait pas. Après son exécution, une rumeur circula à Alep, affirmant que sur sa tombe, à la périphérie de la ville, les gens avaient trouvé un morceau d'écriture contenant un poème :

L'homme qui repose sur cette terre est une perle cachée.
La générosité de Dieu l'a bien créé.
Son époque, cependant, n'a pas vu sa valeur,
et leur jalousie l'a poussé à retourner dans sa coquille[123].

Quel que soit le désaccord sur les motifs de son exécution, s'il y avait une seule constante à déterminer, ce serait que sa production philosophique fit prolifique et inventrice.

A II La production philosophique de Suhrawardī

Suhrawardī a écrit une cinquantaine d'œuvres avec un style d'écriture différent. Al- Shahrazūrī, un de ses commentateurs et biographe a établi une liste complète de ses œuvres. Plus tard Henry Corbin a aussi établi des éditions (presque philologiques) de la production philosophique de Suhrawardī.

N'ayant pas vécu beaucoup de temps pour expliciter davantage sa pensée philosophique, on constate chez lui plusieurs sortes d'écritures. Il est parvenu à utiliser

---

dans le fait que Dieu envoie des prophètes pour améliorer l'humanité... [La voie vers ce stade suprême est ouverte à tous et l'homme a l'obligation d'essayer de l'atteindre, car c'est son destin sur terre. Par une constante retenue, l'homme peut purifier son cœur et ouvrir son 'œil intérieur' ou 'polir le miroir de son cœur afin de recevoir les lumières de la connaissance divine et de se voir accorder l'une des nombreuses variétés de l'expérience de la révélation".

122 Michot, "Ibn Taymiyya's Commentary", 125, cite le début de l'ouvrage d'Ibn Taymiyya al-Fatwā al- ṣafadiyya.

123 Uṣaybiʿa (1882), 2 :169.

les registres les plus divers qui lui permet d'être considéré comme un maître en argumentation logique, un modèle de la langue mystique persane, présentant sa pensée sous la forme de récits ou de démonstrations, d'analyses ou de relations d'extase.

Les œuvres de Suhrawardī sont traditionnellement divisées plusieurs catégories : plusieurs œuvres anciennes, un certain nombre de textes mystiques ou allégoriques, beaucoup écrits en persan comme par exemples : *l'archange empourpré* 1976; *Opera Metaphysica et mystica* 1993c et *Les allégories philosophiques et les traités mystiques* 1999b), des œuvres mineures qui présentent souvent des idées et des méthodes des péripatéticiens, mais qui contiennent également des réflexions sur sa philosophie de l'illumination distinctifs des thèses. Comme ses *Temples de Lumière* (Suhrawardī. 1996). En outre ses quatre œuvres arabes majeures que Suhrawardī entendait étudier dans l'ordre suivant : les *Intimations* (cf. Ibn Kammuna 2003), *les Oppositions* (Suhrawardī. 1993a), les *Chemins et Conversations* (Suhrawardī. 1993a) et *la Philosophie de l'illumination* (Suhrawardī. 1993b ; 1999a ; 1986). Dans ce dernier travail philosophique, Suhrawardī a développé en détail sa pensée de l'illumination dans laquelle le symbolisme de la ***Lumière*** devient central dans ses reconfigurations de la cosmologie et de l'ontologie (l'étude de l'être).

Le premier ensemble de textes est de loin le plus important par la taille. Pour lui, seul le philosophe qui a l'aptitude d'être maître de la science rationnelle peut mettre en œuvre une authentique pénétration mystique. C'est la raison pour laquelle Suhrawardī, en un style d'Ibn Sīnā , a construit une pensée philosophique qui embrasse la totalité du réel accessible à un esprit de son temps, sous une forme de grands traités dogmatiques[124].

Il y a trois de ces œuvres composées d'une **logique** : *Le Livre des Élucidations inspirées de la Table du Trône...*, d'une **physique** : *Le Livre des résistances* et d'une **métaphysique** : *Le Livre des Carrefours et Entretiens.* Suhrawardī a composé ces trilogies sur un style péripatéticien. Sa pensée n'est pas purement une pensée aristotélicienne ou, au contraire néoplatonicienne et mystique. En effet, pour lui il n'y a aucune opposition entre Aristote et Platon.

Il est vrai que la logique, développée dans la première partie du *Livre de la sagesse orientale,* fournit des modifications de l'héritage aristotélicien, tandis que les thèses consacrées à l'*organon* dans les trilogies mentionnées plus haut, sont plus « orthodoxes ».

La physique peut être lue comme une partie intégrante de la recherche illuminative, car elle constitue la partie médiane des Sommes. Dans le livre trois de la sagesse orientale, il étudie l'univers des substances corporelles dans son rapport aux lumières advenues c'est-à-dire accidentelles qui l'animent. En développant l'émanation des intelligences archangéliques consacrés en principe au livre deux, il l'interrompt pour une théorie physicienne des corps très proche de celle d'Aristote. Pour certains, considérer cette interruption comme une faute de construction, serait admettre l'idée d'une physique tout à fait anachronique. C'est plus tard que la physique fut considérée

---

[124] Corbin (1986), p. 54.

en occident comme une science séparée, une science autonome dans son domaine de validité comme dans ses concepts.

Suhrawardī considère la science physique elle-même comme un exercice spirituel, car selon lui, la connaissance des corps ne saurait être dissoute de la physique et de la métaphysique[125]. Ainsi, il n'y a pas une physique de Suhrawardī dans la mesure où les corps n'ont pas d'effets par eux-mêmes. Donc nous pouvons comprendre par-là, une osmose entre la science physique et le spirituel dans sa vision.

Henry Corbin a publié dans le premier volume des *œuvres* les « métaphysiques » en l'appelant l'édition des *Opera physica,* et des *Opera logica.*

Le deuxième ensemble d'écrits de Suhrawardī est regroupé dans le *livre de la sagesse orientale.* Ce livre comporte entre autres de traités qui développent l'émanation des êtres immatériels. Certains de ces traités sont tirés du recueil *l'archange empourpré,* traduits à partir de l'arabe ou en persan lui-même comme : « *le livre des Tablettes »,* « *Le jardin de l'homme intérieur »,* « Le Livre des temples de la Lumière », « *Le symbole de foi des philosophes* », « *Le Livre du Verbe du Soufisme*[126] », « *Le Livre des Aperçus » et le « Le livre du rayon de Lumière* ».

Le troisième ensemble de récits de Suhrawardī selon Henry Corbin est composé de récits symboliques, et de traités visionnaires comme « la rencontre avec l'ange », « la conquête du château-fort de l'âme » : « *le récit de l'Archange empourpré », « Le bruissement des ailes de Gabriel », « Le récit de l'exil occidental », « Le Vade-mecum des Fidèles d'amour », « L'Épitre des hautes tours », « Un jour avec un groupe se soufi...* », « *L'Épître sur l'état d'enfance* », « *La langue des fourmis »,* et « *L'incantation de Simorgh »*[127]. Sans oublier aussi le groupe de textes d'ordre religieux comme les « *wâridât* » composant le « *Livre d'heures* ».

La répartition de Corbin des œuvres de Suhrawardī est heuristique c'est-à-dire utile à la recherche, car elle ne tient pas compte d'un certain nombre de travaux qui exposent les principes et méthodes des péripatéticiens et incluent pourtant un certain nombre de principes de sa philosophie de l'illumination, par exemple, dans ses Tablettes dédiées à 'Imad al-Din (Suhrawardī. 1976 : 99 -116) et dans ses Temples de Lumière (Suhrawardī. 1996 ; 1976 : 139-47). Bien que Suhrawardī mentionne qu'il était «jadis zélé dans la défense de la voie péripatétique» (PI, 108.8-9), une période pendant laquelle il peut avoir écrit des œuvres telles que les *Éclairs de lumière* (un précis des thèses péripatéticiennes d'Ibn Sīnā) dont l'attribution à une période de «pré-inspiration» spécifiquement identifiable reste problématique ; cependant, *The Flashes of Light* mentionne à la fois *les Intimations* et la Philosophie de l'Illumination comme des œuvres achevées (Suhrawardī. 1993a : 70.3-7). Bien que Suhrawardī affirme que ses Intimations étaient une œuvre écrite selon la tradition péripatéticienne, l'œuvre contient certaines de

[125] Idem, p. 56.
[126] Voir Diakhaté, 2008. Voire remplacer par voir
[127]Corbin (1986), p. 57.

ses positions de sa philosophie de l'illumination les plus distinctives (Suhrawardī. 1993a : 70-7 et 105-21).

Suhrawardī a composé la plupart de ses traités sur un laps de temps très court, très probablement au cours d'une dizaine d'années. La brièveté de cette période ne lui aurait pas laissé beaucoup de temps pour subir une transformation radicale à travers deux étapes différentes et successives au cours desquelles il aurait épousé deux styles et modes de pensée distincts. Pour Suhrawardī, un grand nombre de principes péripatéticiens valides restent nécessaires pour comprendre sa philosophie de l'illumination. Contrairement à ce que nous avons mentionné plus haut, Henry Corbin (décédé en 1978) a noté qu'il n'y avait peut-être pas eu de période purement péripatéticienne, bien que Suhrawardī ait avoué avoir défendu une fois l'approche péripatétique. Très peu de ses œuvres peuvent, en fait, être datées ; tandis qu'un certain nombre de ses œuvres ont été écrites simultanément.

Les œuvres de Suhrawardī ont circulé principalement dans les cercles philosophiques traditionnels de l'apprentissage de l'Orient islamique jusqu'à la fin du 19 e et le début du 20 e siècle où, à la suite des travaux de Carra de Vaux, Max Horten (1912), Louis Massignon, Otto Spies et Khatak (1935) et Helmut Ritter, l'iranologue français Henry Corbin a commencé à étudier et éditer un grand nombre de ses travaux. Un premier volume, publié à Istanbul en 1945, contenait la métaphysique des trois premières grandes œuvres arabes de Suhrawardī (Suhrawardī 1993a). En 1952, Corbin a ensuite édité le magnum opus (l'œuvre le plus populaire) de Suhrawardī, *The Arabic Philosophy of Illumination* (Suhrawardī. 1993b ; 1999a ; 1986), ainsi que deux œuvres mineures. Corbin a ensuite écrit sa grande étude sur Suhrawardī et les platoniciens de Perse (Corbin 1971 ; cf. Abu Rayyan 1969). En 1970, Seyyed Hossein Nasr a édité quatorze des textes persans de Suhrawardī (dont deux lui sont attribués), dont beaucoup sont de nature allégorique ou mystique (Suhrawardī 1993c). A présent on va s'intéresser au livre de la sagesse orientale, la source principale de notre thèse.

A II. 1 Remarque sur le livre de la sagesse orientale

Henry Corbin considère le « *Livre de la sagesse orientale »,* comme la somme des tétralogies et en plus, il conserve une structure classique (logique, physique, métaphysique). « Ce livre est pour Suhrawardī l'enfant de son âme », il s'inscrit en une tradition, celle des Sages de l'ancienne Grèce, celle des maîtres du soufisme, des rois légendaires de l'ancien Iran, des prophètes du mazdéisme, des religions du Livres de l'Islam. Il parle de lui en disant qu'il condense la « doctrine de l'*Ishrâq* », c'est-à-dire sa *sunna.*

Le *Livre de la sagesse orientale* peut être considéré comme le foyer producteur de l'intelligibilité de tous les autres textes. Sa partie métaphysique se divise en cinq *maqâlât* – ce qu'on peut traduire par cinq « livres ». Le premier livre traite de l'origine, c'est-à-dire de Dieu comme Lumière des Lumières, le second de la procession ontologique, depuis cette lumière jusqu'aux âmes régentes des cieux et des corps sublunaires. Le troisième et le quatrième livre sont une physique et une psychologie entendue comme une préparation à l'ascèse. Le cinquième livre traite de la résurrection, du retour, à la fois sur le plan doctrinal, (Suhrawardī parle avec bienveillance du Boudha[128]) et d'un point de vue personnel, en montrant, comme s'il s'agissait de notes prises sur le vif, comment se produit l'illumination de l'extase. Le livre commence donc par Dieu finit en Dieu, en traitant des deux voies de la béatitude, après la mort et avant la mort. Si la comparaison n'était forcée, on penserait ici à deux chefs-d'œuvre de la littérature philosophique occidentale du *Zarathustra* de Nietzsche, qui se voulut aussi, « un livre qui rendrait inutiles tous les autres livres », à l'*Éthique* de Spinoza, qui est aussi, à sa façon, un livre de l'origine et du retour[129]. Pour rester dans le contexte de la philosophie occidentale, nous allons aborder sa pensée logique à laquelle ses positions sont par moment convergentes ou divergentes par rapport à ceux de l'occident.

A II. 2 La logique dans la *sagesse orientale*

Très peu a été écrit sur les traités logiques de Suhrawardī ou sa logique en général. Ziai (1990) fournit hypothétiquement le seul aperçu général de la logique de Suhrawardī, sa critique des définitions essentialistes péripatéticiennes (aristotéliciennes) et sa propre élaboration d'une théorie de l'illumination de la définition. En effet, Suhrawardī aborde des discussions logiques dans ses principales œuvres arabes, dans sa philosophie de l'illumination, il se lance dans une critique et une restructuration de certains éléments de la logique péripatéticienne d'Ibn Sīnā.

La Philosophie de l'Illumination ne suit pas la division tripartite habituelle d'Ibn Sīnā en logique, physique et métaphysique qui était la norme dans les ouvrages péripatétiques post-d'Ibn Sīnā. Au lieu de cela, Suhrawardī commence par un petit nombre de règles de la pensée utile (voir textes dans la partie D) qui couvrent non seulement la logique, mais aussi des éléments de physique et de métaphysique. Selon son commentateur du 13 ème siècle Al- Shahrazūrī, la méthode utilisée par notre auteur à savoir le rappel de petit nombre des règles est dérivé du corpus péripatétique d'Ibn Sīnā (Ziai 1990 : 41-76). Il introduit d'abord des éléments de sémantique, où il discute des problèmes de sens, de conception, d'assentiment et de nature, la définition et la description de la réalité. Une réalité étant assimilée par Qutb al-Din Shirazi à la quiddité ou essence ou quintessence. Il poursuit en abordant pareillement des concepts : les accidents, les connaissances universelles (adoptant une position plus ou moins nominaliste), les notions innées et non innées et la notion de définition et ses éléments (voir les textes dans la partie D). Il procède ensuite par de brèves discussions sur les conditions des preuves, sur la définition des propositions, leurs classes et modalités, et inclut un certain nombre de discussions sur la contradiction, la conversion et certains

[128] C'est une pièce importante à ajouter au dossier du Bouddhisme chez les écrivains musulmans. Voir « Bouddha et les Bouddhistes dans la tradition musulmane » par Gimaret, (1969).
[129] Voir Jambet, 1986, p. 58.

syllogismes (*réduction par l'absurde, ecthèse et syllogismes démonstratifs).* Il continue par une identification de certaines erreurs de la logique formelle et matérielle avec la logique des péripatéticiens (une quintessence des réfutations des sophistes). Il inclut même de brèves discussions sur la dialectique, la rhétorique et la poétique dont il considère les prémisses comme non scientifiques et faisant donc partie de syllogismes non démonstratifs (Ziai 1990 : 41-74). Il critique la compréhension de la négation par les péripatéticiens, ainsi que la deuxième et troisième figure du syllogisme. Il pense qu'à travers la conversion, nous pouvons retourner à la première figure et chercher à obtenir si l'occasion se présente : la *certitude*. Il réduit tous les types de propositions à des propositions affirmatives nécessaires et discute certaines différences entre les péripatéticiens et les illuministes concernant un certain nombre de sophismes. Il revisite même la théorie classique des dix Catégories qu'il regroupe (comme pour les stoïciens) et réduit à cinq : **1- substance, 2-qualité**, **3-quantité**, **4-relation** et **5-coup**, dont les quatre derniers sont des catégories accidentelles. Les Catégories deviennent maintenant des « degrés d'intensité » (ou de perfection) de lumière que les entités possèdent et qu'elles émettent, plutôt que d'être simplement des « entités ontiques » distinctes (Ziai 2003 : 452). En tant que tel, le degré d'intensité (avec son corollaire « faiblesse ») de la lumière devient une propriété des substances aussi bien que des accidents. A présent la section suivante fera l'objet d'une étude de l'origine de sa philosophie de l'illumination, considérée comme étant : *le cadet de ses œuvres majeurs*.

A II. 3 Suhrawardī et l'origine de sa nouvelle philosophie de l'*illumination* : influence entre al- Ghazālī et Ibn Sīnā.

A II. 3. 1 l'origine de sa nouvelle philosophie de l'*illumination*[130]

Les œuvres majeures de Suhrawardī sont au nombre de cinq : *Le Livre des Intimations de la Tablette et du Trône* (al- Talwīḥāt al- lawḥiyya wa- l- ʿarshiyya), *Le Livre des Objections* (al- Muqāwamāt), *Les lampes de poche aux vérités* (al- Lamaḥāt fī l- ḥaqāʾiq), *Le livre des carrefours et des répliques* (al- Mashāriʿ wa- l- muṭāriḥāt), et *La philosophie de l'illumination* (Ḥikmat al- ishrāq). La longueur de ces cinq ouvrages varie considérablement. Alors qu'al- Mashāriʿ wa- l- muṭāriḥāt s'étend sur plus de 1 200 pages, *Ḥikmat al- ishrāq* et *al- Lamaḥāt fī l- ḥaqāʾiq* comptent moins de pages que *Mashāriʿ wa- l- muṭāriḥāt.* Cette liste représente l'ordre approximatif dans lequel ces cinq livres ont été écrits et donne également l'ordre dans lequel leur auteur voulait qu'ils soient étudiés. Dans l'introduction à *al- Mashāriʿ wa- l- muṭāriḥāt*, Suhrawardī écrit que quiconque souhaite se familiariser avec son dernier ouvrage, *Ḥikmat al- ishrāq*, dans lequel il expose la version la plus avancée de sa propre philosophie, doit d'abord lire *al- Talwīḥāt* et se familiariser avec ce qu'il appelle ici la connaissance établie par la

130 Voir Griffel (2021), pp. 244.263.

recherche (al- ʿulūm al- baḥthiyya). Ce n'est qu'après cela que l'étudiant doit lire al- *Mashāriʿ wa- l- muṭāriḥāt*. Plus tard, dans son *Ḥikmat al- ishrāq,* il décrira le plus ancien de ces livres, *al- Talwīḥāt*, comme étant écrit « selon la méthode des Péripatéticiens », fournissant un condensé (mukhtaṣar) et un résumé (talkhīṣ) de leurs enseignements. Le terme « Péripatéticiens », est la façon dont Suhrawardī se réfère à Ibn Sīnā et à ses disciples. *Le Livre des objections* (*al- Muqāwamāt*) n'est pas mentionné dans ce contexte, mais il est conçu comme une addition ou annexe à *al- Talwīḥāt* et étudié en même temps que lui. Hossein Ziai écrit cependant « qu'il fait un pas de plus vers une explication plus spécifique et plus complète de la doctrine de l'illumination, et emploie une terminologie technique et non standard » que le livre précédent. À la fin d'*al- Muqāwamāt*, Suhrawardī utilise l'expression « philosophie de l'illumination » (ḥikmat al- ishrāq) probablement pour la première fois, laissant ainsi entrevoir une trajectoire plus large de son projet. Il précise également qu'al- *Muqāwamāt* offre un traitement plus détaillé qu'*al- Talwīḥāt*.

Alors que Suhrawardī associe *al- Talwīḥāt* et *al- Muqāwamāt* à la méthode des Péripatéticiens qui acquièrent la connaissance par la recherche, il décrit al- *Mashāriʿ wa- l- mu-ṭāriḥāt* comme un ouvrage inaugurateur, hautement bénéfique, et basé sur ses réflexions personnelles. Ce livre offre le traitement le plus complet de la philosophie de l'illumination de Suhrawardī. Il est bien plus long que le *Ḥikmat al- ishrāq*, il ne s'éloigne pas, assure son auteur, de « beaucoup des voies des Péripatéticiens », et seul un lecteur expert de la philosophie d'Ibn Sīnā notera la subtile différence entre les deux méthodes. S'il offre une voie d'accès à la philosophie de Suhrawardī, *al- Mashāriʿ wa- lmuṭāriḥāt* la présente toujours selon la manière dont elle est « recherchée ou étudiée » (baḥth), c'est-à-dire en s'engageant dans la tradition de la philosophie, qui s'étudie à travers les textes. Lorsque les étudiants aborderont le dernier livre de Suhrawardī, ils devront aller au-delà du texte. Le *Ḥikmat al ishrāq*, explique son auteur, ne doit être étudié qu'avec un maître qui fournit une instruction non seulement pour l'esprit mais aussi pour le corps. Dans l'introduction d'*al- Mashāriʿ wa- l- muṭāriḥāt*, Suhrawardī décrit ce qu'il convient de faire après avoir étudié cet ouvrage :

« Lorsque l'étudiant en philosophie de la recherche aura maîtrisé cette voie [c'est-à-dire ce livre], il commencera par des exercices spirituels flamboyants sous l'instruction de quelqu'un qui est compétent en matière d'illumination, afin d'en apprendre certains principes de base. Cela complétera les fondations. »

Seule la Philosophie de l'Illumination complète le cercle. Pourtant, elle n'offre rien de plus que des *« expressions symboliques »* parce que « le sujet important et noble .... Nous n'en discutons qu'avec nos compagnons illuministes ».

La racine de l'originalité de Suhrawardī et de la fascination qu'il exerce sur les penseurs ultérieurs est une revendication qu'il formule dans l'épistémologie. Son successeur al- Shahrazūrī l'exprime bien lorsqu'il le présente dans son dictionnaire biographique des philosophes comme quelqu'un « *qui a réuni les deux philosophies (al- ḥikmatān), je veux dire celle acquise par la dégustation et celle acquise par la recherche* ». Ici, al- Shahrazūrī semble faire allusion à la philosophie soufie et à la philosophie rationnelle. Car, la philosophie du goût peut être assimilée au soufisme[131]. Cette dernière se réfère au type de philosophie que les étudiants apprennent en lisant des livres et en s'engageant avec des professeurs. Au milieu du sixième/ douzième siècle, c'était le système philosophique d'Ibn Sīnā, d'où l'identification presque complète de Suhrawardī entre la « philosophie de recherche » (al- ḥikma al- baḥthiyya الحكم البحثيّ) et celle des « Péripatéticiens ». Dans la philosophie arabe avant Suhrawardī, l'étiquette (Péripatéticiens : mashshāʾiyyūn) était rarement utilisée. Le mot est déclenché par sa lecture de l'introduction d'Ibn Sīnā à ses Orientaux (*al- Mashriqiyyūn),* où ce dernier dit qu'il y a une autre façon d'écrire sur la philosophie que dans ses œuvres les plus répandues. Pour Suhrawardī, l'utilisation de (Péripatéticiens : mashshāʾiyyūn) est une manière de se dissocier d'Ibn Sīnā, tout comme d'autres de ses contemporains ont adopté le label ḥukamāʾ en remplacement de falāsifa. De même, l'expression « recherche en philosophie » provient d'un ouvrage d'Ibn Sīnā. À la fin de sa courte *Épître sur l'âme rationnelle*, qui était l'un de ses derniers ouvrages, Ibn Sīnā explique que dans un autre livre, écrit quarante ans plus tôt, il avait fourni des arguments démonstratifs en faveur de la substantialité (l'essence) de l'âme ainsi que de sa capacité à vivre détachée du corps et à connaître la récompense et le châtiment après la mort. Ce traité antérieur - très probablement son résumé sur l'âme (*Kitāb fī l- Nafs ʿalā sunnat al- ikhtiṣār*) - a été écrit « selon la méthode des gens de la recherche philosophique » (ʿalā ṭarīqat ahl al- ḥikma al- baḥthiyya). Ibn Sīnā poursuit :

« Celui qui veut se renseigner sur l'âme doit étudier ce traité car il convient aux étudiants qui font de la recherche (ṭalabat al- baḥth). Mais Dieu tout-puissant "guide qui Il veut" (Q 2 :142[132]) vers la méthode de ceux qui font de la philosophie par dégustation (ahl al- ḥikma al- ḏawqiyya). Qu'Il nous mette, ainsi que vous, dans ce dernier groupe ».

Cette utilisation débordante de la *philosophie du goût* (en persan : فلسفه سليقه) dans l'un des textes les plus programmatiques d'Ibn Sīnā sur la psychologie aurait incité al-Ghazālī à adopter le terme ḏawq (goût) dans sa *Niche de lumière* (*Mishkāt al- anwār*) ainsi que dans son autobiographie al- *Munqidh min al- ḍalāl (Délivrance* d'erreur). Ces livres d'al-Ghazālī sont importants, car dans ces livres le mot ḏawq a été utilisé avant Suhrawardī. Dans son autobiographie, al- Ghazālī décrit comment il a appris, en lisant des soufis comme al- Junayd, al- Ḥārith al- Muḥāsibi, Abū Ṭālib al- Makkī, et leurs goûts, des voies épistémologiques telles que le *goût* et d'autres, qui lui étaient inconnues auparavant. Le ḏawq est décrit comme une expérience hautement personnalisée au sein de l'âme. Sa relation avec ce que l'on pourrait appeler la connaissance descriptive est comparée à la relation entre le simple fait de connaître les définitions de la santé, de l'ivresse ou de l'ascétisme et le fait d'expérimenter réellement ces choses dans son âme. Plus loin dans le livre, l'expérience directe des effets que la lecture du Saint Coran et

---

[131] Pour plus de détails sur le soufisme, voir les études (biographie) du Professeur Khassim Diakhaté de l'Université Cheikh Anta DIOP de Dakar.

[132] Sourate Al-Baqarah - 142 - Quran.com , « guide qui Il veut : ... يهدى من يشاء ... ».

l'accomplissement des rites de l'islam ont sur l'âme, cette dite expérience est décrite à la fois comme expérience *(en persan* تجربه *origine du verbe : expérimenter :* تجربه كردن) et comme ḏawq (dégustation). Le ḏawq (ذ وق) est la source d'une connaissance nécessaire (ʿilm ḍarūrī) de la prophétie de l'élu divin Muḥammad (Paix et Salut sur Lui). La connaissance devient plus forte si elle apparaît de manière répétée. En ce sens, elle est similaire à ce que l'on pourrait appeler l'expérience dans le système d'Ibn Sīnā (tajriba), c'est-à-dire une perception sensorielle répétée. Ibn Sīnā utilise également ḏawq dans *ses Pointeurs et Rappels*, où le mot décrit une perception sensorielle agréable, comme goûter quelque chose de sucré, par opposition à la simple connaissance de plaisirs de seconde main. Dans la pensée d'al- Ghazālī, une telle perception sensorielle directe peut concerner aussi bien les sens externes que les sens internes. Celui qui en fait l'expérience éprouve cependant des difficultés à la décrire. Il est particulièrement difficile de décrire « sur quelle expérience particulière cette connaissance est basée ». Al-Ghazālī la compare au processus de tawātur, où la connaissance de la vie du Prophète (Paix et Salut sur Lui) de l'Islam est établie en corroborant de nombreuses souches de transmission. À la fin, il n'y a pas de transmission unique qui établisse la connaissance ; au contraire, elles fonctionnent toutes ensemble. Ainsi, pour al- Ghazālī, ḏawq est « comme voir (mushāhada) ou saisir avec la main, et on ne peut le trouver nulle part ailleurs que dans la méthode des soufis ».

Cette dernière phrase doit signifier que les soufis sont le seul groupe à reconnaître le ḏawq comme source de connaissance. En effet, tout le monde peut y avoir accès quand une personne appréhende *quelque chose* d'abord en général, puis en détail par la réalisation (taḥqīq,تحقيق) c'est-à-dire par la recherche ou par l'étude) et [ensuite] la dégustation (ḏawq) par laquelle cela devient un état qui l'enveloppe. Le *« quelque chose »* qu'al- Ghazālī a à l'esprit ici sont des notions intérieures telles que le désir sexuel, la faim, l'amour, la maladie et même la mort. Les « goûter » ne représente pas une opposition (diḍḍ ضدّ) à leur connaissance de seconde main, mais plutôt un niveau de connaissance plus profond, une perfection (istikmāl : استكمال), car, pour lui, il y a une différence entre la connaissance de la santé d'un malade et celle d'une personne en bonne santé. La « connaissance religieuse » (ʿulūm al- dīn) est également de ce type. C'est une chose à étudier et comprendre. Mais au-delà de cela, il y a un niveau qui représente la connaissance intériorisée, d'une manière qu'elle est comme *l'intérieur par rapport à ce qu'elle était auparavant.*

Alexander Treiger conclut que le ḏawq chez al- Ghazālī est : « le stade où la connaissance est devenue tellement intériorisée qu'elle fait partie intégrante de l'être, un état psychologique ou cognitif (ḥāl) ». Dans son *Livre des quarante,* al- Ghazālī présente la triade (groupe de trois) de la croyance, de la connaissance et du goût (īmān, ʿilm et ḏawq) comme trois niveaux de compréhension de plus en plus profonde d'une question. Un enfant ou une personne castrée[133] n'a aucune expérience du désir sexuel. Lorsqu'ils en entendent parler par d'autres personnes, ils commencent par croire en son existence.

[133] Eunuque

Les arguments démonstratifs (singl. burhān) ou les explications théoriques peuvent véhiculer la connaissance de celle-ci. L'adolescent n'acceptera le niveau de d̲awq que lorsqu'il commencera à éprouver un désir sexuel.

Donc, tout ceci est important pour comprendre la distinction faite par Suhrawardī entre la philosophie de la recherche et la philosophie du goût. Il adopte la paire baḥthī- d̲awqī à partir du passage d'Ibn Sīnā, mais dans sa compréhension de la signification de ces deux mots, il est fortement influencé par ce qu'al- Ghazālī écrit sur le d̲awq, **en particulier sur son origine soufie**, son inexistence dans la philosophie d'Ibn Sīnā, sa fermeté en tant que stade le plus parfait de la connaissance d'un sujet et, enfin, sa non-discursivité (c'est-à-dire cette philosophie ne relève pas de d'un raisonnement scientifique ou d'une déduction logique. Dans sa *Niche de lumière*, un ouvrage qui a largement inspiré Suhrawardī pour son propre engagement dans les métaphores de lumière, al- Ghazālī écrit que même si toutes les personnes qui ont une expérience particulière de la musique ou de la poésie, par exemple, se réunissaient et essayaient de faire comprendre à ceux qui ne l'ont pas « le sens de [ce] goût », « elles en seraient incapables ».

Inversement à al- Ghazālī, Suhrawardī néanmoins ne comprend pas le d̲awq comme l'occurrence (répétition[134] ou contingent/accident) de perceptions sensorielles essentiellement intérieures. Par d̲awq, Suhrawardī entend plutôt ***inspiration***, quelque chose qu'al- Ghazālī avait appelé non pas d̲awq mais (إلهام) ilhām. Ilhām chez al- Ghazālī, tout comme d̲awq chez Suhrawardī, est une faculté étroitement liée à la prophétie. Dans son caractère, elle est très similaire à la révélation (waḥy : وحي) car elle inclut le pouvoir de divination et - plus important encore - des aperçus sur le fonctionnement des étoiles ou des choses de la sphère sublunaire, telles que les plantes et leurs pouvoirs de guérison. Donc, même si que les termes **révélation** et **inspiration** peuvent conduire à des confusions, on peut admettre une converge entre al-Ghazālī et Suhrawardī que ces termes relèvent du vocabulaire de la prophétie Treiger montre que la façon dont al-Ghazālī conçoit l'ilhām comme une forme de quelque peu plus faible d'intuition (ḥads : حد س) prophétique est fortement redevable à la notion de ḥads d'Ibn Sīnā, c'est-à-dire la capacité d'établir des liens valables entre deux choses. Selon Ibn Sīnā, tout prophète possède un sens aigu des ḥads. Cependant, chez Ibn Sīnā, les intuitions ne permettent à un prophète que d'établir des liens qu'un philosophe ou un scientifique peut également établir dans son étude du monde. Pour Ibn Sīnā, les intuitions font clairement partie de l'intellect. Il accélère le processus d'apprentissage d'un prophète, mais ne lui donne pas une connaissance qui serait en aucune façon supérieure à celle qu'un philosophe ou un scientifique diligent ou intelligent atteint également. Pour Ibn Sīnā, le prophète ne sait rien que le scientifique ou le philosophe performant ne sache également[135]. Il n'en va pas de même pour al- Ghazālī. Pour lui, le terme ilhām - bien que structuré de manière similaire aux intuitions d'Ibn Sīnā - est une faculté qui dépasse l'intellect. Dans son

[134] Itération, si on veut employer un terme logique.
[135] La posture d'Ibn Sīnā semble être hérétique.

autobiographie, al- Ghazālī estime qu'il existe dans le monde des connaissances, celles qui ne peuvent être conçues comme provenant de l'intellect (al- ʿaql) comme la connaissance de la médecine et des astres. En effet, quiconque se penche sur [la médecine et l'astronomie], sait nécessairement que la connaissance ne peut être obtenue que par l'inspiration (ilhām) et par la volonté de Dieu. L'expérience (tajriba) est la clé de la réussite. Les lois astronomiques sont des lois qui ne s'appliquent qu'une fois tous les mille ans. Comment pourrait-elle être atteinte par l'expérience ? Il en va de même pour les propriétés de médicaments. Il ressort clairement de cette démonstration qu'il existe, en toute possibilité, une méthode pour percevoir ces choses, qui ne peuvent être perçues par l'intellect... et c'est ce que al- Ghazālī comprend par *prophétie*, même le terme *prophétie* exprime d'autres phénomènes également.

La médecine et l'astronomie ont été fondées non pas par des philosophes ou des scientifiques diligents, mais par des personnes qui ont reçu leurs connaissances par inspiration. Al-Ghazālī est convaincu que même l'observation la plus longue ou le calcul mathématique ne permettraient jamais d'obtenir le type de connaissance détaillée que les humains ont reçus des coups célestes. Il s'appuie sur un argument que des théologiens musulmans antérieurs, tels que l'Ismāʿīlite Abū Ḥātim al- Rāzī (mort vers 321/933), opposaient aux philosophes. Khalil Andani a souligné que cette argumentation est un lieu commun (c'est-à-dire un argument quel que soit le sujet) de la pensée ismāʿīlite et qu'al- Ghazālī a pu se familiariser avec elle à travers les œuvres persanes de Nāṣir- i Khosraw (d. après 465/1072), en particulier à travers son Jāmiʿ al- ḥikmatayn (Le confluent des deux sagesses : جامع الحكمتين).

Dans l'un de ses ouvrages les plus courts, les éléments de la philosophie (*ʿUyūn al- ḥikma*), Ibn Sīnā semble répondre à cet argument en affirmant que dans les sciences théoriques, les philosophes reçoivent les points de départ de leurs théories des maîtres de la religion divine par voie d'indication. Ici, dans les sciences théoriques (qui comprennent la médecine et l'astronomie), la relation entre la philosophie et la religion révélée n'est cependant pas aussi étroite que dans les sciences pratiques (c'est-à-dire l'éthique, la gestion du foyer et la politique), où les enseignements de la philosophie et de la révélation sont en grande partie les mêmes. En médecine et en astronomie, par exemple, les philosophes reçoivent des "indications" des livres de révélation mais ce sont toujours eux qui les transforment en arguments qui conduisent à *l'acquisition des sciences rationnelles.*

Al-Ghazālī suit les arguments des Ismāʿīlites et suppose que les premiers philosophes ont reçu les sciences - tant théoriques que pratiques- en gros de la révélation ou de l'inspiration divine. Comment les connaissances en astronomie peuvent-elles être tirées de l'observation et du calcul - comme le prétendent les falāsifa pour employer le mot des arabes pour qualifier les philosophes - étant donné que certains événements célestes sont si rares qu'ils ne se produisent qu'une fois tous les mille ans. Le modèle mathématique entre des événements aussi rares ne peut être déduit qu'avec l'aide de l'inspiration divine. Déjà dans son *Tahāfut al- falāsifa* al- Ghazālī répondait à la suggestion que l'astronomie est construite sur la perception sensorielle répétée ou expérimentée (tajriba) ou sur des preuves déductives. Il estime que les secrets du royaume céleste ne sont pas connus par le biais de ces imaginations. Dieu ne les fait connaître qu'à ses prophètes et les communique par voie d'inspiration (ilhām), et non par voie de preuve déductive (istidlāl). Il en va de même pour la médecine. Comment l'expérience peut-elle conduire à une compréhension du fonctionnement des médicaments, étant donné que nombre d'entre eux tuent le patient s'ils sont appliqués avant que l'homme ne dispose d'une expertise médicale. Si l'on cherchait à découvrir les vertus curatives des plantes par la méthode des essais et des erreurs, par exemple, le petit succès que l'on pourrait obtenir après de nombreux essais de ce type serait sans commune mesure avec le nombre de victimes qu'ils engendreraient. La connaissance médicale, selon al- Ghazālī, vient à l'homme par l'inspiration divine, et non par des expériences ou des déductions logiques. Ceux qui ont fondé ces sciences n'ont pas besoin d'être des prophètes, car des personnes dotées d'un sens aigu de l'inspiration existent et ont existé dans toutes les sociétés. À l'époque d'al-Ghazālī, on les appelait les *intimes de Dieu* (أولياء الله) et on les identifiait le plus souvent aux maîtres soufis.

Inversement au ḏawq, dont tout le monde fait l'expérience, l'inspiration (إلهام) n'est pas, chez al- Ghazālī, répartie de manière égale entre les gens. Certains en ont très peu, tandis que les *intimes de Dieu* en ont beaucoup, et les prophètes le plus. En conséquence, pour lui, la part du prophète dans l'inspiration est supérieure à celle des autres catégories humaines. Conformément aux enseignements d'Ibn Sīnā sur les *intuitions,* al- Ghazālī affirme que chaque être humain en possède une petite partie, ne serait-ce que pour permettre à chacun de faire l'expérience de l'existence réelle de la prophétie. Comme une preuve de l'existence de la prophétie, al- Ghazālī évoque l'exemple de « *ce que l'on perçoit en rêve* ». Il s'agit d'une allusion à un ensemble d'enseignements philosophiques connus sous le nom de « *rêve véridique* » (منام الصّادق). Ce à quoi al- Ghazālī fait allusion ici, est l'expérience *du déjà-vu* par laquelle, selon lui, nous recevons un élément de connaissance préalable de l'avenir. Lorsque nous faisons l'expérience *du déjà-vu,* nous réalisons que nous avons déjà été témoins de la situation dans nos rêves. Ce n'est là qu'une petite partie de ce que les prophètes expérimentent à la fois dans leur sommeil et pendant qu'ils sont éveillés. Ce type de connaissance ne provient pas de l'intellect (ʿaql) ; il s'agit plutôt d'une petite partie de l'inspiration (ilhām), un état de connaissance qui transcende l'intellect tout comme l'intellect transcende la perception des sens.

En lisant Suhrawardī, il devient clair qu'il utilise le mot ḏawq de manière très similaire à la façon dont al- Ghazālī utilise ilhām. Le lexique philosophique de Suhrawardī est rempli de mots tels que (témoignage مشاهدة) et (dévoilement مكاشفة) qui étaient également utilisés de manière proéminente ou débordante par al-Ghazālī, mais que Suhrawardī applique avec un sens légèrement différent. Dans leur compréhension de ces termes, les deux penseurs s'appuient sur la pensée psychologique d'Ibn Sīnā. Hossein Ziai traduit *al- ḥikma al- ḏawqiyya* par « ***philosophie intuitive*** » et remarque que Suhrawardī possède toute une série de termes, tels que ḏawq, al- ʿilm al-ḥuḍūri, et al- ʿilm al- shuḥūdī, qui se réfèrent à la « connaissance intuitive » ou plutôt à la « philosophie intuitive ». Nous pourrions ajouter ici des mots tels que taʾaqul - تعقلprobablement mieux traduit par *divinement inspirée* et même *illumination* (ishrāq إشراق). Plus tard, dans la littérature philosophique illuminative, ḏawq a été compris comme quelque chose de très similaire à la façon dont cette tradition a compris le terme d'Ibn Sīnā : ḥads. Pour Y. Tzvi Langermann, qui analyse l'utilisation de ḏawq et de ḥads par Ibn Kammūna, les deux signifient la même chose, mais proviennent de traditions différentes. En effet, alors que ḥads est un terme étroitement lié à Ibn Sīnā, ḏawq a des connotations soufies et est approuvé par al- Ghazālī. Pour Suhrawardī et son école, les deux signifient *intuition*. Sa philosophie est une *philosophie du goût*, ou plutôt une *philosophie de l'intuition*, parce qu'elle complète la philosophie fondée sur l'étude des textes ou du monde - la philosophie de la recherche - par une philosophie fondée, au moins en partie, sur l'intuition.

A II. 3. 2 Influence entre al- Ghazālī et Ibn Sīnā[136] ?

Le projet philosophique de Suhrawardī, malgré sa dépendance à l'égard du système d'Ibn Sīnā et de la critique d'al-Ghazālī à son égard, est différent des deux. Comme Abū l- Barakāt al- Baghdādī, il construit une histoire parallèle de la philosophie qui ne se trouve pas dans ses livres. Mais alors qu'Abū l- Barakāt prétend que la tradition d'enseignement oral des anciens s'est perdue et que les livres disponibles sont de peu d'aide pour le lecteur du sixième/ douzième siècle, Suhrawardī prétend avoir un accès privilégié à cette tradition ancienne apparemment perdue. **Sa méthode, qui consiste à réunir baḥth et ḏawq, n'est pas nouvelle mais était, selon lui, déjà celle des anciens.** C'est dans l'introduction du *Ḥikmat al- ishrāq* que Suhrawardī exprime le mieux sa compréhension de la bonne méthode et de l'histoire de la philosophie. Il présente l'histoire de la philosophie comme un chemin à deux voies. La philosophie, dit-il, a toujours incluse une tradition d'investigation discursive (baḥth :بحث), qui requiert l'acquisition de certaines méthodes, l'étude des arguments et leur comparaison les uns avec les autres : c'est la tradition des *péripatéticiens* (المشرقيون). Il y a ensuite une deuxième tradition fondée sur l'inspiration (ḏawq :ذوق) du maître Platon, le guide de la philosophie, et de ceux qui l'ont précédé depuis l'époque d'Hermès, père de la philosophie, jusqu'à notre époque, y compris les grands philosophes et les sultans de la philosophie tels qu'Empédocle, Pythagore et d'autres. Selon les doxographes ou historiens arabes comme al- ʿĀmirī (d. 381/ 992), Empédocle fut le premier philosophe grec. Il a étudié avec Luqmān, que le Saint Coran identifie comme un prophète à qui Dieu a donné la sagesse (la philosophie *al- ḥikma* ; ولقد ءاتينا لقمان الحكمة, sourate 31 :12) et qui vivait en Palestine/Syrie. Pour lui, Pythagore, qui a étudié en Égypte, rejoint Empédocle et tous deux fondent la tradition de la philosophie grecque.

Les enseignements dualistes sur la lumière et les ténèbres des *philosophes Persans* (فيلسوفان پارسی), ajoute Suhrawardī, sont également basés sur cette seconde

[136] Voir Griffel (2021, pp. 244.263).

méthode, et il ajoute les noms de Jāmasp, Frashōstar, et Bozorgmehr à cette tradition. Platon, à son tour, a appris d'Asclépios ainsi que des Égyptiens Agathodaemon, Hermès Trismégiste, et d'autres. Plus loin dans son *livre hikmat israq*, Suhrawardī comptera également parmi ce groupe Zoroastre, Kay-Khosraw, les « philosophes de l'Inde et de la Perse » et Bouddha ainsi que les « philosophes orientaux » qui ont vécu avant lui. Cette seconde tradition philosophique utilise une méthode qui offre un chemin plus court (ṭarīq aqrab : طريق أقرب), plus précis (aḍbaṭ), plus ordonné (anẓam) et « moins difficile à acquérir et à étudier »). On n'y arrive pas par la cognition mais par quelque chose de plus immédiat. Dans l'Antiquité, les praticiens de cette deuxième voie de l'histoire de la philosophie utilisaient des symboles (رموز). On ne peut pas simplement réfuter leur point de vue en critiquant le sens extérieur de ce qu'ils enseignent.

Comme d'autres penseurs de son siècle, Suharwardī estime que la philosophie étudiée dans les écoles se réduit à d'Ibn Sīnā. La philosophie d'Ibn Sīnā est basée sur celle d'Aristote. Suhrawardī affirme qu'il existait avant Aristote une autre tradition, mieux exprimée dans les écrits de son maître Platon, et que cette tradition s'est poursuivie à travers les âges. Suhrawardī ne mentionne cependant aucun philosophe arabe « récent » parmi ceux dont la philosophie est basée sur le taʾalluh et le ḏawq. Les philosophes arabes qui l'ont précédé étaient tous attachés à la première méthode d'étude discursive (baḥth). Aucun des « philosophes de l'islam » n'a atteint, même de loin, le rang de Platon. Dans l'Islam, cette tradition philosophique a été défendue par des soufis tels qu'Abū Yazīd al- Bisṭāmī et Sahl al- Tustarī et « leurs semblables », qui étaient de « véritables philosophes » (al-falāsifa wa- l- ḥukamāʾ ḥaqqan : الفلاسفة والحكماء حقا) .

Parmi les philosophes persans mentionnés par Suhrawardī, aucun n'est connu pour avoir produit des textes significatifs. Bozorgmehr, qui est le plus important parmi ceux qu'il cite, est parfois considéré comme ayant adopté les échecs de l'Inde et inventé le backgammon. Il est surtout connu comme l'auteur d'un chapitre introductif au recueil de fables indiennes Kalīla et Dimna, qui exprime effectivement, par le biais de paraboles et d'allégories, des arguments critiques à l'égard des religions révélées. La plupart des spécialistes s'accordent aujourd'hui à dire que Suhrawardī évoque une tradition philosophique persane qu'il a lui-même inventée. En ce qui concerne la tradition grecque, la situation est plus complexe. Seul un nombre limité d'œuvres de Platon était connu en arabe, la plupart du temps sous forme de paraphrase. Il n'existait probablement aucune traduction complète des dialogues de Platon, même si de petites parties étaient disponibles. L'impression qu'un lecteur d'arabe ou de persan pouvait avoir de l'œuvre de Platon était au mieux un sommaire et reposait principalement sur des doxographies telles que le Ṣiwān al- ḥikma ou al- Shahrastānī's al- Milal wa- l- niḥal. Trois des quatre noms grecs évoqués par Suhrawardī - Platon et les présocratiques Pythagore et Empédocle - proviennent d'un passage de la théologie du pseudo-Aristote qui représente les Ennéades IV 8.1 de Plotin. Le quatrième nom, Hermès, a toujours été associé au prophète musulman Idrīs, qui est brièvement mentionné dans le Saint Coran (19 :56-57, 21 :85) et qui, dans la tradition musulmane, a été associé au sauvetage du savoir et des sciences pendant le déluge. Le mythique Hermès Trismégiste/Idrīs était le type de prophète philosophe qu'al- Ghazālī envisageait comme fondateur des sciences. Avec Platon, ils représentent une philosophie plus originale et plus proche de ses sources révélées que la tradition péripatéticienne. Lorsque l'énigmatique soufi Shams- i Tabrīzī, maître et inspirateur de Jalāl al- Dīn al- Rūmī et l'un des premiers savants à écrire avec admiration sur Suhrawardī, a comparé Ibn Sīnā à Platon, il a dit : « Ibn Sīnā n'est qu'un demi-philosophe (niṣf faylassūf)- le philosophe parfait est Platon ».

Suhrawardī présente sa philosophie comme la renaissance d'approches épistémologiques antérieures qui se sont éteintes dans la philosophie «péripatéticienne». Ces approches existaient en effet dans les philosophies plus « mystiques » des néoplatoniciens tardifs comme Iamblichus (mort en 325) ou Proclus (mort en 486). Elles jouent en effet un rôle moins important chez Ibn Sīnā que dans le néoplatonisme de Plotin, par exemple. En ce sens, l'affirmation de Suhrawardī selon laquelle il se rattache à une tradition mystique « platonicienne », ou du moins à certaines de ses composantes, n'est pas totalement dénuée de fondement. Ces néoplatoniciens mystiques étaient toutefois des philosophes post-aristotéliciens et Suhrawardī n'a jamais prétendu qu'ils faisaient partie de la tradition de l'inspiration et de l'expérience intérieure. Leur nom n'apparaît tout simplement pas, et il est douteux que Suhrawardī ait même connu cette tradition. Il prétendait plutôt faire revivre la philosophie de Platon, de Pythagore et de leurs prédécesseurs parmi les sages/prophètes d'Égypte, de Grèce et de Perse. Dans sa conception de la philosophie, les fondateurs - Platon, Pythagore et Hermès - étaient des bénéficiaires de l'inspiration (taʾalluh, ḏawq), tout comme al- Ghazālī le voyait. Plus tard, avec Aristote et Ibn Sīnā, la tradition s'est éloignée de ces racines inspirées pour devenir une tradition fondée sur l'étude discursive (baḥth). L'histoire de la philosophie a donc souffert du taḥrīf de la déformation de l'histoire de la philosophie.

L'histoire de la religion en a souffert, selon un point de vue très répandu dans l'Islam. Pour Suhrawardī, seule la tradition persane a conservé une partie de ses racines inspirées, qui ont survécu chez certains soufis comme Abū Yazīd al- Bisṭāmī.

La nouvelle vision de Suhrawardī de la philosophie comme mariage du baḥthī et du ḏawqī s'accompagne d'une nouvelle épistémologie qui constitue le fondement de toutes ses innovations. C'est là que réside la véritable différence entre al- Ghazālī et Suhrawardī : tous deux reprochent à l'épistémologie d'Ibn Sīnā **de placer le prophète**[137]

[137] Voir Seck (2018), pp. 10-11 : La définition d'al-Kindi de la notion prophétique à laquelle nous disposons est : « La prophétie et la philosophie sont des voies différentes pour arriver à une même vérité ». Pour al-Fârâbî, sa définition prophétique est : « La prophétie est une auxiliaire de la faculté rationnelle et, en tant que telle, un ingrédient indispensable à la perfection de l'homme ; l'inspiration divine peut être comprise comme l'union de la plus haute connaissance philosophique avec la plus haute forme de prophétie ». La définition d'Al-Kindi de la prophétie est en relation avec la philosophie. Il semble leur attribué la même finalité et il admet à l'existence d'une capacité imaginative de l'âme à prédire. En ce qui concerne al-Fârâbî, sa définition de la notion de la prophétie est aussi en rapport à la philosophie. Il attribue une position subalterne du

au même niveau de connaissance que le philosophe. Pour al- Ghazālī, des prophètes tels qu'Hermès (Idrīs إدريس), Moïse (موسى), Jésus (عيسى) et Muḥammad PSL (محمّد) ont reçu des connaissances qui dépassent de loin tout ce qui est accessible par la philosophie ou les sciences. En fait, une grande partie de la philosophie et des sciences repose sur les connaissances que ces prophètes ont reçues par le biais de l'inspiration et de sa sœur plus forte, la révélation. Suhrawardī partage une grande partie de la critique d'al Ghazālī mais la reformule en la faisant venir non pas de l'extérieur mais de l'intérieur de la tradition philosophique. Il reconnaît qu'il y a eu des philosophes qui ont reçu des connaissances par inspiration, comme Platon, Pythagore, Hermès et Bozorgmehr, et il admet que la philosophie des Péripatéticiens est construite sur ces connaissances, même si des philosophes comme Ibn Sīnā n'en étaient pas conscients. **Mais là où al- Ghazālī décrivait ces fondateurs comme des prophètes, Suhrawardī les voyait avant tout comme des philosophes.** Pour beaucoup de leurs lecteurs, ils étaient les deux à la fois. Al-Ghazālī s'intéressait surtout à la critique et à l'élimination du rationalisme pur dans la tradition d'Ibn Sīnā ; Suhrawardī quant à lui, s'intéressait à la reconstruction. S'il existe cette seconde tradition de la *philosophie du goût*, revendiquée par ce dernier, il faut d'abord la pratiquer et ensuite développer une épistémologie qui rende compte des connaissances que produisent les deux traditions de

1- la philosophie de la recherche et de
2- la philosophie du goût.

La pratique de la philosophie du goût qui nous paraît propre au soufisme, a souvent été pratiquée en Afrique de l'Ouest comme au Sénégal. En effet, nos érudits islamiques partagent la même conception d'al-Ghazālī[138] sur la primauté de la prophétie face au raisonnement rationnel à l'image des éminents penseurs comme Cheikh

---

prophète par rapport au philosophe. De ce fait, le débat sur l'élection du prophète et son rapport avec le philosophe peut être posé. Si Al-Kindi soutient que le choix du prophète dépend du bon vouloir divin (Voir Abû Naṣr, al-Fârâbî, médina Faḍila, Beyrouth, 1959, Chap. VII p. 15-16.), al-Fârâbî admet que le prophète doit être supérieur en connaissance et doit forcément atteindre un degré de piété pour pouvoir guider à bien la cité. Même si al-Fârâbî ne met pas en cause le choix divin du prophète, il défend la primauté du philosophe par rapport au prophète du fait de sa raison, de son intelligence héritée chez Platon et limite la fonction du prophète à sa capacité imaginative. Alors que les prophètes en Islam jouent le rôle d'intercesseur auprès de Dieu dont ils sont Ses représentants authentiques sur terre. Des règles de prophétologies strictes authentifient le caractère divin d'un prétendant à la prophétie. Car tout prophète n'est pas forcément un apôtre de Dieu sur terre, alors que tout envoyé, tout apôtre est forcément un prophète, autrement dit un élu de Dieu qui connait l'ipséité de Ses nom s et métrise Ses attributs et Ses commandements.

[138] Que le philosophe sénégalais Souleymane Bachir Diagne appelle le plus grand philosophe des philosophes en commentant son livre sur la réfutation des philosophes lors d'une émission avec Pr Abdenour Bidar : (215) Philosophie en terre d'islam - Dialogue entre Souleymane Bachir Diagne et Abdennour Bidar - YouTube

Ahmadou Bamba MBACKE[139] et Cheikh El Hadj Malick SY[140] pour ne citer que ceux-là. Il faut noter qu'au Sénégal, nous avons une pratique particulière du soufisme. Aux premiers temps du soufisme, les soufis se concentraient plus qu'aux exercices de cultes divins et expériences spirituelles c'est-à-dire ils semblaient mettre de côté la vie terrestre. Alors que les maitres soufis au Sénégal enseignent à leurs condisciples une méthode de soufisme qui allie à la fois le travail, pour avoir une vie descente ici, et des expériences spirituelles qui maintiennent leurs connections avec Dieu. On note aussi l'impact de la pensée d'al-Ghazālī dans les productions scientifiques des soufis sénégalais comme le cas de Cheikh Ahmadou Bamba[141] et entre autres qui visent souvent à former et à éduquer les condisciples et mieux à les aider à tendre vers une évolution qui s'avère nécessaire de l'homme à l'humain comme à l'image des travaux de Mame Cheikh Capitaine[142].

A AII. 3. 3 Le contexte historique de son épistémologie de la connaissance comme présence[143]

Un rappel historique de l'origine de son épistémologie, nous servira comme une porte d'entrée à proposer une reconstruction du *maintenant* comme une connaissance immédiate et propositions temporelles.

Bilal Ibrahim affirme que dans son scepticisme à l'égard des « définitions réelles » et le développement ultérieur de la position selon laquelle la connaissance est un « état relationnel », Fakhr al-Dīn al-Rāzī a été influencé par les travaux scientifiques d'Ibn al-Haytham (d. 430/1039), en particulier l'analyse novatrice de ce dernier sur le processus de la vision[144]. Il se peut que ce soit le cas. Plusieurs approches scientifiques non aristotéliciennes en Islam, telles que celle d'Abū Bakr ibn Zakariyyāʾ al- Rāzī (d. 313/ 925 ou 323/ 935) ou d'al- Bīrūnī (d. c. 442/ 1050), jouent un rôle important dans le développement du discours philosophique post-classique[145]. La suggestion selon laquelle la connaissance est mieux décrite comme un état relationnel (ḥāla iḍāfiyya) ne vient cependant pas d'Ibn al- Haytham. Pour Griffel, la fonction qu'il occupe dans la critique de Fakhr al-Dīn à l'égard d'Ibn Sīnā n'est pas immédiatement claire. Alors que

139Voir Diakhaté, 2009.

140 Voir Fall, 1986.

141Diakhaté, (2009), pp. 169- 171.

142 Voir : aller-retour ; colisée de l'éveil 2021 (OUVERTURE OFFICIELLE COLISEE DE L'EVEIL (1ère EDITION) - YouTube).

143 Rahman/Seck, (2022) ; voir : Capitaine (2022), p. 57. Il décrit le présent comme tous les moments conscients de l'individu. Chaque moment où il est possible de dire de « je suis ».

144 Bilal (2013), 404-11.

145 Griffel, "Between al- Ghazālī and Abū l- Barakāt al- Baghdādī: The Dialectical Turn in the Philosophy of Iraq and Iran during the 6th/ 12th Century." 68- 71.

l'argument d'al- Rāzī sur la nature circulaire des définitions et son « phénoménalisme » épistémique peut découler de son scepticisme quant à l'existence réelle de quiddités dans le monde extérieur, la position selon laquelle la connaissance est une relation ne vient probablement pas de là. Un tel lien n'est en tout cas pas apparent.

Ici, nous devons nous engager dans une archéologie textuelle et chercher d'où vient la suggestion que la connaissance n'est pas l'identité de la forme de l'objet avec la forme dans l'esprit du connaisseur, mais plutôt une relation (iḍāfa) entre le connaisseur et l'objet. Une telle recherche nous ramènera bientôt à Ibn Sīnā et al- Ghazālī. Mais d'abord, un peu plus sur le contexte de la position. Il a déjà été mentionné que dans un petit nombre de passages, al- Rāzī écrit que les concepts ne sont pas acquis mais qu'ils sont « présents » dans l'esprit du connaisseur. Cette idée de la connaissance comme « présence » était très répandue parmi les penseurs du sixième/ douzième siècle dans l'Orient islamique. Le jeune contemporain d'Al-Rāzī, Suhrawardī, qui, comme Fakhr al-Dīn, a reçu sa formation philosophique de Majd al-Dīn al-Jīlī, a écrit un livre sur la connaissance.

L'enseignement du Maragha a longtemps été crédité d'une épistémologie où la connaissance est comprise comme une « présence » (ḥuḍūr) dans l'esprit du connaisseur. La principale affirmation liée à cette phrase Suhrawardīenne est que nous pouvons connaître quelque chose sans former de représentations (singl. mithāl) ou de formes (singl. ṣūra) des objets de la connaissance dans notre esprit. Nous connaissons certaines choses en tant qu'objets concrets et individuels, comme notre propre esprit, les parties de notre corps et des sensations comme la douleur. Ce type de conscience de soi, souligne Suhrawardī, est simplement présent, sans représentations ni formes. Cela rappelle la phrase d'al- Rāzī selon laquelle les états intérieurs ou les sentiments sont « des occurrences prêtes à l'emploi dans l'esprit[146] ». Il y a encore une différence entre ces deux penseurs, car al- Rāzī ne nie pas que la connaissance de nos états intérieurs ne passe pas aussi par des formes dans notre esprit. Suhrawardī s'éloigne plus radicalement d'Ibn Sīnā et affirme que la *connaissance n'a pas besoin de formes dans notre esprit.* Suhrawardī affirme que le moi intérieur et la douleur intérieure (qui fait partie des expériences directes et personnelles) sont perçus directement sans formes. D'autres choses, comme les perceptions sensorielles extérieures, sont perçues par le biais de représentations dans nos organes corporels - comme une montagne dans nos yeux - et d'autres encore sont perçues comme des formes imprimées sur nos organes corporels. Une fois que ces universels et ces particuliers sont présents dans les facultés du moi et dans ses organes corporels, ils sont également présents dans l'esprit du moi. La *perception des objets* n'est qu'un cas particulier de la *perception de soi.* Une forme peut apparaître dans l'instrument de la vue, mais l'homme peut ne pas en être conscient. Il ne suffit donc pas que le processus physique ait lieu dans l'organe pour qu'il y ait perception ; le processus doit également être pris en compte par l'esprit. Ce qui se passe dans l'organe doit entrer dans

---

146 Voir Frank Griffel, p. 349-50.

le champ de présence constitué par l'esprit. Pour Suhrawardī, la connaissance signifie que **quelque chose n'est pas caché** (ghayr ghā'ib) à notre moi, que ce soit par le biais d'une connaissance directe, d'une représentation ou de l'impression de formes dans les facultés et les organes accessibles à la connaissance directe. Cette connaissance présentielle (ʿilm ḥuḍūrī), dit Suhrawardī, est toujours une relation (iḍāfa)[147].

Les adeptes de l'*Ishrāqī* de Suhrawardī en Iran se sont accrochés à des termes philosophiques à la mode inventés par lui, tels que "connaissance illuministe" (*ʿilm ishrāqī*) et « connaissance par la présence » (*ʿilm bi- l- ḥuḍūr*). La doctrine de la connaissance par la présence, explique John Walbridge, est considérée comme « **l'une des contributions distinctives de Suhrawardī à la philosophie**[148]». Parmi les chercheurs occidentaux, c'est Henry Corbin (1903-78) qui a souligné la réussite de Suhrawardī en tant que fondateur d'une tradition épistémologique très novatrice qui se démarque consciemment du péripatétisme d'Ibn Sīnā et de ses disciples. Dans la deuxième partie de son ouvrage en quatre volumes, En islam iranien, Corbin présente la philosophie de Suhrawardī et met en lumière sa nouvelle théorie de la connaissance. Les chercheurs occidentaux ayant considéré l'idée de connaissance comme une présence isolée de son contexte historique, des chercheurs comme Corbin ont été fascinés par son originalité et ont créé un contexte qui leur est propre. Corbin s'est largement inspiré des lectures ultérieures de Suhrawardī dans la tradition iranienne de la philosophie Ishrāqī, ainsi que d'une bonne dose de projection orientaliste. Corbin a vu dans la position de Suhrawardī selon laquelle « l'intellection (taʿaqqul) est la présence de la chose en soi[149] » la base d'une épistémologie intuitive qu'il a appelée « théosophie des Orientaux », où la connaissance est comprise comme une inspiration (*ilhām, ḏawq*), une « révélation intérieure » (kashf) et une vision mystique (mushāhada)[150].)[151]. L'affirmation analytique de Suhrawardī selon laquelle la connaissance est une présence a été lue par Corbin comme une revendication normative visant à atteindre un niveau de conscience différent de Dieu et du monde qui offre des perspectives plus profondes et plus immédiates que le type de connaissance favorisé par la tradition aristotélicienne.

Ce n'est que récemment que le domaine des études sur Suhrawardī est sorti de la longue ombre de Corbin, avec une interprétation ouvertement mystique et une projection pure et simple. L'étude de Mehdi Ha'iri Yazdi (1923-99), bien que toujours sous l'influence de Corbin, présente l'épistémologie de Suhrawardī comme : « un changement de paradigme et dans des termes qui visent à la rendre attrayante pour les

---

147 Benevich, (2019). 34-38.

148 Walbridge, (1999), p. 157.

149 Suhrawardī, al- Talwīḥāt, 72.1- 2/ 240.18- 19.

150 Corbin (1971), 2 : 44- 46, 61- 63, 65- 66.

151 Corbin (1971), 2 : 44- 46, 61- 63, 65- 66.

philosophes analytiques de la tradition anglo-américaine[152] ». Il s'agit d'une compréhension décontextualisée d'un autre type que celle de Corbin. Ha'iri Yazdi explique que Suhrawardī a développé l'idée de la connaissance comme présence à partir de son analyse de la connaissance de soi. Il se concentre sur un passage où Suhrawardī relie ce qui s'est passé lors d'une séance de transe ou d'un rêve où Aristote lui est apparu[153]. La connaissance de soi analysée dans ce passage est, selon Ha'iri Yazdi, un mode premier qui « sous-tend activement tous les autres modes de connaissance et d'appréhension humains, et [qui] a le rang de supériorité sur tous les actes intentionnels du moi[154] ». Selon Ha'iri Yazdi, l'épistémologie de Suhrawardī repose sur une « triple théorie de la connaissance, à savoir :

1- le sujet en tant que connaisseur,
2- l'objet en tant que chose connue et
3- la relation entre eux en tant que connaissance[155] ».

De nombreuses études sur l'épistémologie de Suhrawardī datant de la période la plus récente incluent une analyse textuelle de ce rapport de transe ou de rêve dans le Livre des *Intimations (al-Talwīḥāt)*. Le passage vise à expliquer la connaissance de soi de l'homme et la manière dont elle peut contribuer à notre compréhension de la connaissance de Dieu, en particulier de la connaissance que Dieu a de l'évolution des individus. Certaines contributions récentes ajoutent des analyses de passages apparentés dans le *Livre des carrefours et des répliques* (*al- Mashāriʿ wa- l- muṭāraḥāt*) de Suhrawardī et dans sa Philosophie de l'illumination (*Ḥikmat al- ishrāq*)[156] . Parmi les interprètes contemporains, deux points de vue s'opposent quant aux types de problèmes que la position de Suhrawardī sur la connaissance en tant que présence vise à résoudre. Heidrun Eichner soutient que lui et d'autres personnes ayant une épistémologie similaire, comme Fakhr al-Dīn al-Rāzī, ont tenté de résoudre les problèmes résultant du strict dualisme corps-esprit d'Ibn Sīnā. Jari Kaukua, quant à lui, a soutenu que le contexte du récit du rêve dans la métaphysique d'*al-Talwīḥāt* suggère que le problème réside dans ***l'explication de la connaissance des particularités par Dieu***[157] .

---

[152] Mehdi (1992), a été publié en 1992 mais remonte à la thèse de doctorat que l'auteur a soutenue en 1979 à l'université du Michigan.

[153] Suhrawardī, al- Talwīḥāt, 70-74/238-43 ; pour une traduction du récit du rêve, voir Ha'iri Yazdi, Principles of Epistemology, 183-89 ; Eichner, " 'Knowledge by Presence' ", 132-35 ; Kaukua (2013),313-15 ; Walbridge,(1999), 225 -29.

[154] Mehdi (1992), pp. 69-70.

[155] Ibid, p. 30.

[156] Kaukua (2013), 317- 21.

[157] Benevich, (2019), 33-40.

La mise en contexte de l'épistémologie de Suhrawardī au sein du sixième/ douzième siècle justifie les deux interprétations. Lorsque le terme « présence » apparaît pour la première fois comme explication du processus de connaissance - comme dans le *Kitāb al Muʿtabar* d'Abū l- Barakāt - il vise à contrer la position d'Ibn Sīnā sur la façon dont l'âme rationnelle est liée au corps humain[158]. L'origine de cette orientation de la pensée en épistémologie se trouve cependant chez al- Ghazālī et sa tentative d'expliquer la connaissance des particularités par Dieu. Comme chez al-Ghazālī et chez Abū l-Barakāt, il existe chez Suhrawardī un lien étroit entre :

l'objectif d'expliquer la connaissance de Dieu et

l'idée que la connaissance est une relation.

Dans le *Ḥikmat al- ishrāq,* un livre que Suhrawardī considérait comme le sommet de son activité philosophique. Il explique la « connaissance illuminative » (*ʿilm ishrāqī*), en précisant comment cette compréhension de la connaissance comme présence est dérivée de l'idée que la connaissance est une relation : « La connaissance illuminative se produit non pas au moyen d'une forme [qui est appréhendée] et non pas au moyen d'un effet [qui est reçu] mais purement par une relation spécifique (bi-mujarrad iḍāfa khāṣṣa) et c'est la présence de la chose d'une manière illuminative (ḥuḍūran ishrāqiyyan) comme ce qui est dans l'âme[159]».

A AII. 3. 4 Suhrawardī et le défi de sa notion de Temps : les sources

A II. 3. 4. 1 Le temps chez Aristote

Selon Aristote, nous expérimentons le temps à travers le movement entendu comme concept général de changement :

[Le temps] est le nombre [la grandeur] du mouvement selon l'avant et l'après " (Physique IV, cap. 11, 219b 1-2)

En fait, d'une part, le changement constitue le présupposé épistémologique de l'expérience temporelle; d'autre part, le temps (ou l'ordre temporel) est un présupposé logique pour expérimenter des changements (à condition de rejeter l'idée que nous expérimentons des faits contradictoires sur le même événement).

De plus, selon Aristote, le temps n'est pas une substance, c'est-à-dire que lorsque nous associons un événement A à un moment *m*, prévient Aristote, nous ne devons pas considérer *m* comme un porteur, et A comme une propriété de ce moment.

---

158 Langermann, Y. Tzvi (1986– 87) , 3:85- 86

159 Griffel (2021), p. 358.

Par ailleurs, même si la question de la réalité du temps se heurte à des perspectives épistémologiques et métaphysiques très contrastées, il est bien clair que le type d'existence dont jouissent les moments (s'ils jouissent de l'existence) est plus proche du statut ontologique des nombres que de l'existence, celui d'individus empiriques.

Cependant, les approches standards de la logique du temps (linéaire et ramifiée) supposent soit des quantificateurs (ce qui suppose que la sémantique des propositions temporelles est basée sur des fonctions propositionnelles sur un ensemble de moments), soit des connecteurs unaires (ce qui suppose que les propositions « naviguent » » sur une séquence de moments), mais cela revient à considérer les moments comme des substances, et à laisser inexpliquée la question de l'existence des moments.

Au début de sa description de ce qu'est le temps, nous trouvons une distinction entre le changement essentiel ou substantiel et le changement non-substantiel. Un changement implique :

1. une substance qui a changé ;
2. une condition initiale à partir de laquelle cette chose est modifiée ; et
3. une condition finale à laquelle elle est modifiée.

Maintenant, nous devons considérer quel type de conditions sont les conditions initiales et finales. Le changement **ne sera pas un changement essentiel ou substantiel**

1. Si ces conditions sont décrites en termes de relations de comparaison. Ainsi, si Zayd est plus grand que Zaynab (condition initiale), mais plus petit que Zaynab une fois qu'elle a grandi (condition finale), il n'y a pas de changement substantiel depuis l'expérience de Zayd (uniquement pour Zaynab, mais pas en comparaison avec Zayd).
2. Si le changement implique des propriétés compatibles: par exemple, une personne peut jouer avec un instrument (condition initiale) et marcher (condition finale) mais, cela n'est pas incompatible. Encore une fois, ce changement n'est pas considéré comme substantiel.

Ainsi, le mouvement pertinent pour définir le temps doit se produire dans une substance qui possède deux propriétés contingentes incompatibles à différentes étapes du processus. Ainsi, le mouvement pertinent pour déterminer le temps, plus précisément pour mesurer **la durée**, constitue une sorte de transformation au sein d'une substance. Ces transformations impliquent des changements en qualité, en quantité ou en locale. Elle se distingue des changements radicaux, où la substance est créée (génération) ou détruction (corruption).

Nous pouvons condenser cela avec le schéma suivant :

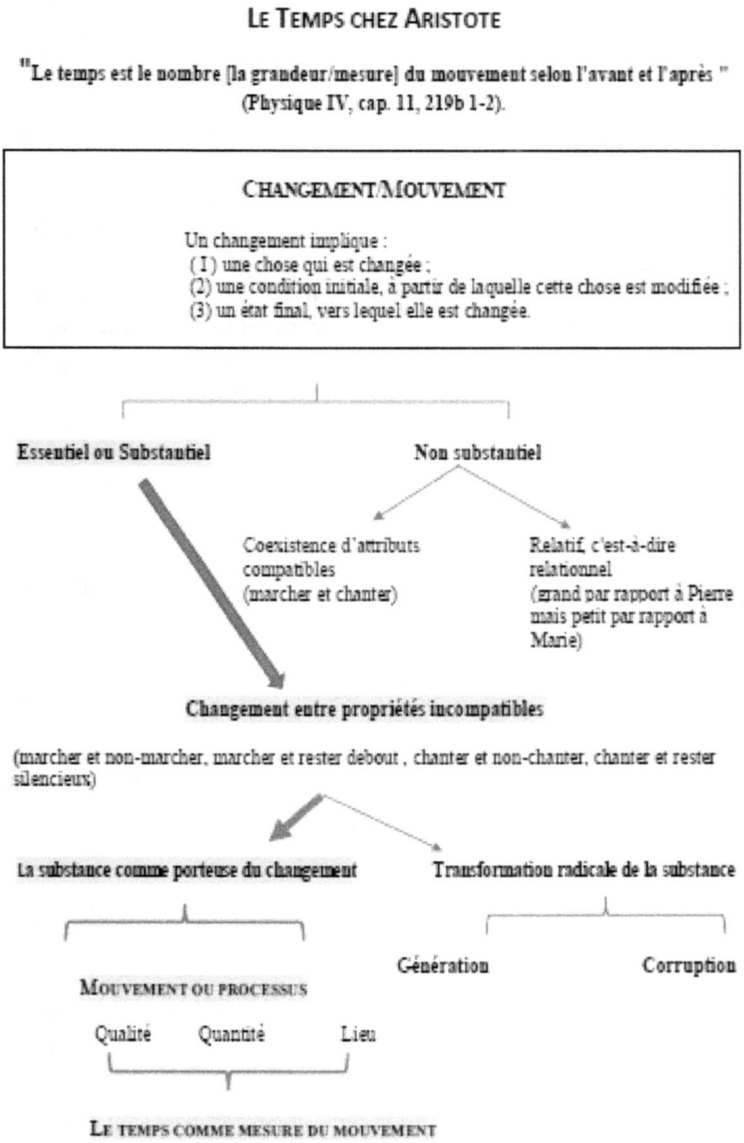

Le temps comme mesure du mouvement

NB :

- Le temps est une présupposition logique du changement. Le temps explique que la même substance est porteuse à la fois de deux propriétés incompatibles.
- Les changements sont des présuppositions épistémologiques du temps. En effet, on peut expérimenter le temps que par le changement.

AII. 3. 4.2 Notes sur la notion de Temps[160] dans *Ḥikmat al-Ishrāq*

Si dans la *Timée* Platon dit que le temps est égal au changement ou processus, Aristote objecte que si nous suivons une telle conception, chaque action ou processus aurait un temps différent. Selon Aristote, et Ibn Sīnā après lui, les actions et les processus impliquent le temps mais ne lui sont pas égaux, plutôt les processus et les actions impliquent des changements et le temps est le moyen par lequel nous mesurons ces changements. Ainsi, comme discuté dans la section précédente, pour Aristote le temps est, pour employer la terminologie d'Ibn Sīnā, une *magnitude* pour mesurer le changement grâce aux paramètres d'avant et après.

Dans le texte 184, Suhrawardī explique que le temps est le nombre du mouvement, lorsque s'opère dans l'intellect la synthèse (réunir جمع) du nombre de ce qui précède dans le mouvement avec ce qui le suit. C'est-à-dire le temps est un paramètre qui caractérise les unités lors d'un changement incluant le changement de position dans l'espace. Cette réunion se fait dans l'esprit par rapport à la suite de l'avant et l'après.

Pour Suhrawardī, l'étalon du temps est le mouvement diurne c'est le changement de jour en nuit. Ce mouvement est visible aux yeux de tous. Dans le texte 185, il considère l'avant et l'après par rapport à l'instant instantané (le maintenant) dans l'imagination. C'est-à-dire le maintenant a un aspect imaginaire ou mental. Donc, le temps est ce qui entoure le maintenant ayant comme paramètre l'antériorité et la postériorité.

Mieux pour Suhrawardī le maintenant c'est le moment de repos (c'est-à-dire l'état actuel) par rapport à un changement ou mouvement.

De ce fait, nous avons besoin de l'indice temporel du maintenant pour mesurer l'avant et l'après et nous avons besoin de l'avant et l'après pour mesurer le changement. Toujours dans ce texte, il dit que la partie du passé la plus proche du maintenant est ce qui se dit « après » et celle qui en est la plus éloignée est ce qui se dit « avant ».

---

160 S. Rahman and A. Seck (2022), pp. 95- 102.

Alors,

- Comme nous l'avons déjà souligné dans notre introduction générale, la position dialectique façonne sa notion de contingence, déployée dans une structure temporelle qui articule les deux dimensions du temps, à savoir la dimension épistémologique et la dimension logique. La dimension épistémologique suppose que nous expérimentions le temps à travers l'expérience du changement, et la dimension logique suppose un temps abstrait requis par notre expérience du changement dans le sens où l'ordre temporel (défini sur ce temps abstrait) est un présupposé logique pour expérimenter des faits incompatibles impliquant la même substance. Alors qu'Ibn Sīnā, dans son approche révolutionnaire qui intègre explicitement la temporalité dans la logique, articule le temps abstrait. **L'épistémologie de la présence de Suhrawardī** articule les deux dimensions mentionnées, par lesquelles produire une présence (en fait, un témoin abstrait d'une telle présence) est partie intégrante des explications dialectiques du sens de la structure temporelle qui façonnent ses modalités.

- La particularité de Suhrawardī par rapport à la définition d'Aristote résiderait que le *maintenant* est un moment de référence entre les instants d'antériorité et de postériorité. Plus précisément, le temps est le résultat d'un processus mental abstrait, par lequel l'environnement entourant le moment présent est construit au moyen de souvenirs et d'attentes. Le processus dialectique de production d'une démonstration impliquant des potentialités nécessite la réactualisation du passé, vécu comme présent, et l'anticipation du futur, également vécu comme présent.

Voilà les textes pertinents qui sont à la base de l'analyse que nous venons de faire sur la notion chez Suhrawardī :

Traduction d'Henry Corbin	Texte original de Suhrawardī
184 Sache maintenant que le temps est le nombre (miqdàr) du mouvement, lorsque s'opère dans l'intellect la synthèse du nombre de ce qui précède le mouvement avec ce qui le suit. Le temps est réglé par le mouvement diurne, car, c'est le plus apparent des mouvements.	واعلم ا نّ الزمان هو مقادر الحركة إذا جمع في العقل مقدار متقدّمها ومتأخّرها. وضبط بالحركة اليوميّة، فانّها اظهر الحركات.
Du fait que tu sois laissé en arrière par quelque chose -, cela conduisant à la disparition de ce qui est stipulé antérieur-, tu comprends alors que quelque chose t'a mis au passé ;	وتحدس من تأخيرك لأمر – إذا أدّى إلى فوات ما يتضمن تقديمه _ إن أمرا مّا قد فاتك، وهو الزمان. وتعرف أنّه مقدار الحركة لمّا ترى من التفاوت وعدم الثبات.

c'est le temps. Tu reconnais que le temps est le nombre du mouvement, lorsque tu observes du point de vue des distances et de l'absence de repos ('adam al-thibàt).	
Le temps ne peut pas être fini (*a parte ante*), au sens ou un autre mouvement résulterait pour lui du fait d'avoir soi-même un commencement, car s'il en était ainsi, il y'aurait un « avant » qui ne pourrait jamais entrer dans une synthèse avec son après.	والزمان لا ينقطع بحيث يكون له مبدأ زماني، فيكون له قبل لا يجتمع مع بعده.
Cet «avant» ne pourrait signifier que, là, le temps « ne serait plus » ; puisque la négation d'une chose vient après cette chose. Ainsi cet « avant » marquerait encore une antériorité temporelle. Avant la totalité du temps, il faudrait donc qu'il eût encore un temps, ce qui est absurde : de sorte que le temps n'a pas de commencement.	فلا يكون نفس العدم، فانّ العدم للشيء قد يكون بعد؛ ولا أمرا ثابتا يتمع معه، فهو أيضا قبليّة زمانيّة، فيكون قبل جميع الزمان زمان وهو محال. فالزمان لا مبدأ له[161].

Traduction d'henry Corbin	Texte original de Suhrawardī
185 – *Par une autre voie :* tu sais que les évènements exigent des causes à l'infini, dont la synthèse ne peut jamais être donnée en acte. Ils exigent donc un mouvement éternel. Or ce mouvement est celui du ciel-limite dont tu connais déjà l'éternité par une autre voie.	ومن طريق آخر: قد عرفت أنّ الحوادث تستدعى علّلا غير متناهية لا تجتمع، فاستدعت حركة دائمة، ولا بدّ وأن تكون لمحيط، وقد عرفت دوامه من طريق آخر.

[161] H. Corbin (2001), 2001, p. 179.

Le temps ne peut pas davantage avoir de terme, puis qu'il s'ensuivrait qu'il eut un « après ». Or ce « après » ne pourrait constituer la négation du temps, puisque « ne-plus-être » est une négativité pure et non pas quelque chose de positif, comme on vient de le rappeler plus haut. Après la totalité du temps, il faudrait donc qu'il eût encore un temps, ce qui est absurde.	والزمان أيضّا لا مقطع له، إذ يلزم أن يكون له بعد؛ وبعده ليس عدمه – إذ قد يكون العدم قبل – ولا سيئا ثابتا، كما سبق. فيلزم أن يكون بعد جميع الزمان زمان، وهو محال.
C'est par rapport au « maintenant » purement imaginaire et instantané que sont à comprendre l'antériorité et la postériorité. Le temps est ce qui entoure le « maintenant ». Ainsi, celle des parties du passé qui est la plus proche du « maintenant » c'est ce qui est advenu « après », et celle qui est la plus éloignée, c'est qui est advenu « avant ». Et pour l'avenir, inversement. Sinon, les parties du temps, étant homogènes, en viendraient à se confondre.	ويعتبر القبليّة والبعديّة بالنسبة إلى الآن الوهميّ الدفعيّ، والزمان الذي حواليه؛ فالأقرب من أجزاء الماضي إليه بعد، والأبعد قبل، والمستقبل بحلاف هذا؛ وإلاّ ينّتجه إشكال التشابه[162].

A II. 3. 4.3 Le défi : Temps et Logique Temporelle dans *Ḥikmat al-Ishrāq*

Malgré ses critiques Suhrawardī est un héritier de l'innovation révolutionnaire d'Ibn Sīnā qui fut le premier à introduire explicitement la temporalité dans la logique des prédicats. En fait, toute étude contemporaine de la logique arabe post d'Ibn Sīnā doit décider comment reconstruire la logique temporelle qui a émergé de l'œuvre d'Ibn Sīnā, et cela est particulièrement important pour interpréter l'épistémologie de la présence de Suhrawardī.

Maintenant, nous devons faire face au fait que :

(1) dans le cadre de la logique temporelle de Arthur Prior, basée sur les opérateurs propositionnels monadiques tels que PA (au moins une fois dans le passé A

[162]H. Corbin (2001), p. 180.

est/était vrai), HA (toujours dans le passé A est/était vrai), FA (au moins une fois dans le futur A est/sera vrai), GA (toujours dans le futur A est/sera vrai), on ne peut pas préciser un instant précis (dans le passé ou dans le futur). En effet, même si on l'ajoute (déploiement de noms d'instants appelés *nominaux* dans la *logique hybride*), les instants restent comme une primitive indéfinie.

(2) la possibilité alternative (à la logique d'Arthur Prior), est de comprendre les propositions temporelles comme constituées de quantificateurs définis sur un domaine des instants ou moments. Cette possibilité alternative a pour conséquence que, dans cette approche, les moments deviennent les porteurs des évènements. Ainsi, selon une telle approche, ontologiquement parlant, les moments deviennent des *substances* et les événements des *propriétés* de ces substances ; alors que linguistiquement parlant, les moments deviennent des *sujets* et les événements des *prédicats*. Cependant, une fois de plus, on n'explique pas toujours ce que sont les instants temporels.

La question que l'on se pose consiste à savoir si on pourrait avoir une formalisation de la logique temporelle qui soit aussi bien compatible avec la théorie du temps de Suhrawardī et avec le rôle de la temporalité dans son épistémologie ?

Suhrawardī a une épistémologie de la présence où toute connaissance provient d'une connaissance directe. Parfois, il y a des auteurs qui interprètent la connaissance immédiate par la présence comme préfigurant une théorie de la connaissance proche de la phénoménologie contemporaine. Mais indépendamment de cet anachronisme, le plus important est que Suhrawardī opère une re-transformation de la logique temporelle d'Ibn Sīnā basée ou du moins fondée sur l'idée de cette connaissance immédiate.

C'est pour cette raison que Suhrawardī insiste sur la définition de la temporalité comme l'environnement du maintenant. Nous pensons que la particularité du concept du maintenant chez Suhrawardī est qu'il le considère comme un moment de référence entre les instants d'avant et d'après. Autrement dit toute la logique temporelle de Suhrawardī se développe sur l'idée que le maintenant, exprimé sous la forme d'un indice temporel, est associé à la présence immédiate ou à sa réactualisation, plus précisément l'indice temporel du *maintenant*, c'est un produit de l'abstraction et de la mémoire à partir duquel on mesure un changement déterminé.

Il est alors crucial de considérer que le statut ontologique du concept maintenant est une abstraction enracinée dans notre expérience de la connaissance immédiate. De plus, cette abstraction est mise en action par le **concept de conscience de soi** (وعي الذاتي)[163]. Autrement dit, nous avons la connaissance présentielle d'un objet quand nous avons la conscience d'avoir cette expérience. Une fois que ce processus est réalisé, on

[163] S. Rahman and A. Seck (2022), pp. 95- 102.

attache cette expérience d'expérimentation à un moment de repère qui s'appelle le maintenant. Ce concept maintenant est nécessaire pour mesurer le coup à partir de l'avant et de l'après.

B DEUXIEME PARTIE : LES MODALITES CHEZ SUHRAWARDI ET SA LOGIQUE DE LA PRESENCE

La logique dans la pensée de Suhrawardī n'a pas fait l'object de beaucoup d'interprétations hormis quelques-unes de John Walbrige, Hossein Ziai, Tony Street d'où l'importance et l'originalité de notre reconstruction qui, contrairement à d'autres études contemporaines, suit sa propre interprétation dialectique de la logique modale et temporelle.

En effet, Suhrawardī qui, selon ses biographies, possédait une connaissance approfondie de la jurisprudence et de la théorie shafiite des débats associée[164], fournit une compréhension dialectique condensée mais précise des assertions en général et des assertions impliquant des modalités en particulier.

La source principale de ce chapitre consacré à la vision de Suhrawardī sur les modalités et sa logique de la présence est issue de l'interprétation des textes de Suhrawardī édités par Henry Corbin notamment :

Suhrawardī (1993). [1952]

Opera Metaphysica et mystica II, éd. et intro. H. Corbin, Téhéran : Mu'assasah-yi Mutali'at va Tahqiqat-i Farhangi [réimpression de l'édition de 1952].

Shihāb al-Dīn Suhrawardī (1955).

Manṭiq al-talwīḥāt, ed. A.A. Fayyāḍ, Tehran.

Shihāb al-Dīn Suhrawardī (1999).

The Philosophy of Illumination: A New Critical Edition of the Text of Ḥikmat al-ishrāq with English Translation, Notes, Commentary, and Introduction. Eds. John Walbridge and Hossein Ziai. Provo: Brigham young University Press.

Shihāb al-Dīn Suhrawardī (2001).

Ḥikmat al-Ishrāq. In: Corbin (ed.) 2001.

Corbin, H. ed. (2001).

Et d'autres documents comme les thèses de McConaughey et de Zhang :

Œuvres s Philosophiques et Mystiques (Tome II). Téhéran: Institut d'Études et des Recherches Culturelles.

McConaughey, Z. (2021).

Aristotle, Science and the Dialectician's Activity. A Dialogical Approach to Aristotle's Logic. PhD-Université de Lille.

---

164 Dont il fut un membre comme mentionné plus haut dans l'introduction générale ; On doit aussi cette remarque à Rayane Boussad, qui a tiré notre attention sur des passages pertinents au ce sujet dans la biographie d'al-Shahrazūrī.

Zhang, T. (2018).

Light in the Cave. A Philosophical Enquiry into the Nature of Suhrawardī's Illuminationist Philosophy. PhD, Cambridge : Trinity College, U. Cambridge.

Objectives Principales

Selon nous, la *logique de l'illumination* est une tentative de reformuler certaines des caractéristiques du cadre d'Ibn Sīnā dans un système logique où la notion de présence, conçue comme une expérience personnelle de la connaissance, conduit, par le biais de processus d'ordre supérieur, à de nouveaux aperçus sur des notions épistémologiques centrales telles que la définition, la nécessité, la contingence et la plénitude - voir Kaukua (2013, p. 322). Ces processus ont été examinés en détail par T. Zhang (2018). Notre tâche sera d'examiner le résultat logique de ces processus et de fournir, nous l'espérons, des éléments supplémentaires aux discussions de Tony Street et d'autres sur la compatibilité de la critique d'Ibn Sīnā par Suhrawardī avec sa propre vision sur les modalités élaborée dans sa philosophie de l'illumination.

Pour autant que nous le sachions, les analyses logiques des modalités de Suhrawardī dans la littérature récente ne s'engagent pas dans deux points cruciaux qu'il fait explicitement concernant la signification des modalités, à savoir :

les modalités, doivent être comprises comme les différentes manières dont un prédicat *se relie* à son sujet (*al-Ishrāq* (1999, p. 16, p. 17) ;

alors que prouver une relation nécessaire exige de mettre en relation des *présences* ou des *instances actualisées* du sujet avec des instances du prédicat ; prouver une relation de contingence exige de mettre en relation des instances du sujet avec une capacité ou une potentialité (pas nécessairement actualisée à chaque instant pour chaque présence du sujet), exprimée par le prédicat - *al-Ishrāq* (1999, p. 38). Plus précisément,

- une *relation nécessairement nécessaire* revient à attribuer des *instances actualisées*, c'est-à-dire des *présences/témoins/vérificateurs* du prédicat à toute présence du sujet et elle concerne soit :

  - par *définition*, s'il y a une réciprocité entre les présences du sujet et les présences du prédicat - comme lorsque les instances de l'*animal rationnel* sont liées aux instances de l'*humain*, ou encore
  - par *genre,* si une telle réciprocité n'existe pas - par exemple lorsque des instances d'*animal* sont liées à des instances d'*humain*.

De plus, il semble qu'une conséquence de sa critique de ce qu'il appelle la prise *péripatéticienne* des définitions (et du genre), est que ces universaux supposent déjà que leur processus sous-jacent de constitution du sens a été établi auparavant. En d'autres termes, les universaux exprimant la définition et le genre supposent la formulation de règles de formation de sens qui encodent des connaissances recueillies en saisissant la dépendance ou l'interdépendance des instances réelles des termes impliqués.

- une *relation nécessairement contingente* revient à attribuer des capacités ou des potentialités à toute présence du sujet.

Ces potentialités peuvent être regroupées comme suit (i) les potentialités qui, pour chaque instance du sujet, doivent parfois être actualisées et parfois ne pas l'être, comme le *rire* (qui est coextensif à l'*humain*)[165] et la *respiration* (qui n'est pas coextensive à l'*humain*) (ii) les potentialités qui ne nécessitent pas d'être actualisées pour une instance particulière du sujet, bien que la potentialité puisse être actualisée pour une autre instance du sujet, comme l'*alphabétisation* ; ou, si elle ne s'actualise pour aucune instance du sujet, comme le célèbre exemple d'Ibn Sīnā d'une maison heptagonale, étant donné certaines conditions non-actuelles, elle peut être au moins affirmée comme une hypothèse concevable (c'est-à-dire l'hypothèse qu'une actualisation n'est pas contradictoire).

Alors que le premier groupe peut être considéré comme contenant des capacités "naturelles" ou *non acquises* (cette terminologie n'est pas celle de Suhrawardī), le second groupe de potentialités concerne des capacités *acquises*, qui nécessitent une certaine condition ou un apprentissage (l'*éducation, par* exemple dans le cas de l'alphabétisation ou du fait d'être musicien).

En outre, selon notre reconstruction, les règles de Suhrawardī pour le syllogisme modal dans *al-Ishrāq* (1999, p. 16, p. 17) comme discuté dans les dernières sections de cette partie B de notre thèse, admettent à la fois une lecture plus faible et plus forte de la plénitude (le principe qui affirme que toute possibilité doit se réaliser au moins une fois), qui, pour autant que nous puissions le voir, ne conduisent pas à des ensembles différents d'inférences valides.

Les modalités de Suhrawardī ne nécessitent ni syntaxiquement ni sémantiquement un cadre avec des monde possibles. En effet, d'un point de vue syntaxique, les modalités de Suhrawardī sont des relations, plutôt que des connecteurs monadiques propositionnels ; et d'un point de vue *sémantique, elles nécessitent soit la présence effective des propositions qu'elles vérifient - comme a : A (a vérifie A), soit des présences hypothétiques – comme dans l'hypothèse ouverte x : A (il existe potentiellement un vérificateur* pour *A*), plutôt que des mondes possibles.

Les instants temporels mesurent le passage de l'état potentiel à son actualité, sa durée et, dans le contexte du syllogisme, ils donnent le moment où a eu lieu une présence

[165] Aristote appelle une telle capacité un idion (proprium).

qui vérifie ou réfute certaines propositions impliquées dans les prémisses. Or, les instants temporels, formellement parlant, ne doivent pas être compris comme des sortes de constantes individuelles - cela contredit l'opinion (aristotélicienne et post-aristotélicienne) selon laquelle le temps n'est pas une substance. Les instants temporels ne sont pas non plus des indices métalogiques permettant d'évaluer des propositions modifiées par des opérateurs temporels - comme dans la sémantique standard vérité-fonction de la logique temporelle de Prior.

La temporalité fait partie intégrante du sens qui sous-tend la notion de modalité de Suhrawardī, et n'est pas un opérateur. De plus, nous affirmons que ce sont les instances, plutôt que les propositions qu'elles vérifient, qui sont temporalisés ou, plus précisément, *chronométrés* : **cette action particulière** de ma part, franchir le feu rouge, est ce qui est en fait chronométré, et non le type d'action (c'est-à-dire non la proposition) *Franchir le feu rouge.* Plus généralement, le temps (également en combinaison avec d'autres conditions) a pour rôle de façonner l'épistémologie de la présence de Suhrawardī, où la connaissance est comprise comme une connaissance par l'expérience du maintenant et de l'ici.

Il est remarquable que les méthodes de preuve des modalités de Suhrawardī et la notion d'existence comme présence décrite dans *al-Ishrāq* soient développées dans son discours sur les fallacies [166](*mughālaṭa*). Ces méthodes de preuve sont sémantiques ou plus précisément dialectiques plutôt que syntaxiques. En effet, ils suivent l'interprétation dialectique des quantificateurs, au moyen de laquelle la recherche d'un contre-exemple est régie par des règles d'interaction.

Cela nous rappelle la remarque perspicace de Griffel (2022, p. 263) selon laquelle le mariage de la philosophie discursive (baḥthī) et du goût/intuition (dhawqī) – explicitement mentionné dans l'introduction d'*al-Ishrāq* (1999, section 5, p. 3) – produit une nouvelle épistémologie qui fonde les innovations de Suhrawardī.

De plus, cela nous rappelle également que l'œuvre de Suhrawardī s'est développée à l'époque où se produisait le tournant logique de la dialectique, au cours de laquelle l'école orientale de Raḍī al-Dīn al-Nīsābūrī (m. 544) du XIIe siècle de notre ère /1149), en particulier Rukn al-Dīn al-ʿAmīdī (d. 615/1218), et d'autres ont encouragé la fusion de la logique et de la théorie dialectique – voir Young (2021a,b,c) et Rahman et

[166] Un raisonnement fallacieux est un raisonnement incorrect et qui semble avoir par son apparence une validé logique. Parmi ces raisonnements, nous avons le sophisme : une argumentation qui consiste à tromper l'autrui et le paralogisme : qui contrairement au sophisme, est une erreur de raisonnement involontaire.

Young (2022, introduction). Cependant, Suhrawardī semble proposer une position radicale sur cette fusion, puisqu'elle suggère un fondement dialectique des notions sémantiques clés de sa logique modale enracinée dans son épistémologie de la présence.

En bref, la principale innovation de Suhrawardī en matière de logique modale, selon nous, est le rôle explicite des présences (y compris les présences mentales) dans sa logique et la manière dont celui-ci est façonné par l'entrelacement du baḥthī et du dhawqī. Ceci constitue la principale motivation pour développer une reconstruction de la logique de Suhrawardī dans un cadre dialogique.

En quelques mots, parmi nos objectifs essentiels à l'entame de cette thèse doctorale étaient d'étudier le rapport de l'interaction du temps et des notions modales dans la pensée de Suhrawardī, en particulier si sa logique dialectique de la nécessité et de la temporalité partage la même structure que celle d'Ibn Sīnā. Aussi de fournir une vision systématique dans la pensée logique, épistémologique et métaphysique de Suhrawardī, compte tenu du postulat bien connu de l'unité des sciences dans la tradition Islamique.

L'une des principales difficultés pour aborder l'œuvre de Suhrawardī, père de l'École d'*illumination* connue sous le nom d' *al-ishrāq*, est que ses écrits, qui ciblent explicitement dans ses critiques l'œuvre de ce qu'il appelle les *Péripatéticiens*[167], affichent souvent des pensées profondes et novatrices qui couvrent l'épistémologie, la métaphysique et la mystique soufie composées dans une forme complexe entrelacée.

Cela a laissé et laisse encore perplexe les commentateurs qui donnent des comptes rendus très disparates de sa pensée : certains le décrivent comme étant

- penseur mystique comme par exemple Corbin (1971, 1976, 1986),
- Néo-platonicien comme Ziai (1990),
- anti-essentialiste d'après Walbridge et Ziai (1999),
- combinant empirisme, aristotélisme, platonisme et gnosticisme si l'on en croit à Ziai (1990), Aminrazawi (1997), Walbridge (2014) et Zhang (2018).
- Souscrivant à des idées innées comme l'affirment Ziai (1990), Aminrazawi (1997), Marcotte (2012) et Aminrazawi (1997). - privilégiant l'essence à l'existence comme l'attestent Mullā Sadrā, Ziai (1990) et Wisnovsky (2005).
- donnant la priorité à l'existence sur l'essence, Wisnovsky (2005), Walbridge (2017) et Zhang (2018).
- disciple plutôt qu'adversaire d'Ibn Sīnā comme l'affirme Aminrazawi (1997).

[167] On a souvent fait remarquer qu'il n'est pas clair de déterminer qui sont, outre Ibn Sīnā, les philosophes que Suhrawardī appelle les Péripatéticiens. Pour une discussion perspicace sur cette question, voir Wisnovsky (2011).

- celui qui n'est ni un innatiste cartésien selon Mousavian (2014a,b), Zhang (2018) - ou pas dans tous les sens du terme inné ou *fiṭrī* - Walbridge (2014), ni un anti-essentialiste ni celui qui donne la priorité à l'essence ou à l'existence mais lance une sorte d'épistémologie de la présence phénoménologique *(ḥuḍūr)* basée sur l'intuition intellectuelle qui reflète l'intuition mystique (*ḏawq*) - Rizvi (2008) - et en tant qu'adversaire tranchant de l'épistémologie et de la logique d'Ibn Sīnā - Walbridge et Ziai (1999, pp xxiv-xxv), [168]
- rejetant l'importance de la discussion sur la logique et ses fondements - Ziai (1990, p. 69),
- accordant la priorité à la logique propositionnelle sur la logique des prédicats - Walbridge (2000, p. 155),
- développant quelques notions logiques qui distinguent la logique de la *philosophie de l'illumination* de celle des adeptes de l'école péripatéticienne, présentée dans *Intimations* - Ziai (1990, pp 41-45, 51-56 et 73-75),
- façonnant une logique qui constitue fondamentalement un développement plus poussé, voire plus étendu en certains points, de certaines caractéristiques de celle d'Ibn Sīnā - Street (2008).

En fait, comme le soulignent la plupart des commentateurs, il est difficile, voire vain, de réduire la théorie et l'épistémologie de l'illumination de Suhrawardī à des catégories existantes comme l'empirisme, le rationalisme etc.

Dans cette partie B de notre thèse, nous tenterons d'élucider ces tensions apparentes, en prenant comme point de départ la logique discutée par Street (2008) et Movahed (2012). [169]

Nous proposerons une nouvelle lecture de l'interprétation d'Ibn Sīnā de la logique de Suhrawardī par Street (2008) et, dans l'une des dernières sections de notre analyse, nous explorerons très brièvement la possibilité d'étendre la proposition d'Ardeshir (2008) pour relier l'intuition brouwerienne à la notion de présence de Suhrawardī.

Une telle approche qui explore les conséquences de son épistémologie de la présence pour les fondements de la logique offre une perspective qui pourrait inviter à une lecture plus unifiante de la pensée fascinante de Suhrawardī.

---

[168] Pertinent pour la discussion sur le statut ontologique du fiṭrī est l'article de Zarepour (2020) sur les a priori synthétiques chez Ibn Sīnā.

[169] Comme nous le verrons plus loin, l'article de Movahed peut être considéré comme suivant les lignes générales de l'interprétation de Street (2008) - à savoir l'enchâssement des modalités de re dans une modalité nécessaire de dicto, bien que, contrairement à Street, Movahed conclut que cela montre la différence plutôt que les similitudes entre la logique modale de Suhrawardī et d'Ibn Sīnā (et les péripatéticiens de l'époque).

Nous sommes certainement conscients que cette méthodologie qui s'articule autour de la liaison de la logique de Suhrawardī avec sa philosophie de l'illumination pourrait faire sourciller de nombreux chercheurs respectés, puisque la discussion et le développement systématique des règles logiques ne semblent pas prendre une place si prédominante dans son œuvre. D'autant plus que Suhrawardī considère que le déploiement d'un système de règles logiques implique des objets " mentaux " plutôt que des objets de connaissance épistémique, et que l'étude des règles logiques du point de vue purement syntaxique n'est pas en principe un constituant de la philosophie ou du moins pas un constituant crucial (cf. Ziai 1990, pp. 47-60). Selon Suhrawardī la logique exige une perspective de niveau d'ordre supérieur où la différenciation prédicative prend le dessus sur le niveau inférieur, plus fondamental, des actes épistémiques de présence. C'est ce niveau dit inférieur qui constitue le cœur de sa philosophie de l'Illumination.

Cependant, notons que le principal enjeu philosophique de Suhrawardī contre les Péripatéticiens, est précisément leur définition par essence, dont la discussion est incluse par Suhrawardī lui-même dans le champ de la logique. En effet, la critique du prétendu pouvoir explicatif et épistémique de la notion de définition par genre et différence spécifique fait partie intégrante de son épistémologie de la présence. Certes, Suhrawardī, ne semble pas particulièrement intéressé par la discussion des règles inférentielles, cependant, ses remarques sur l'*ecthèse* (*iftirāḍ*) et sur la priorité épistémique des formes universelles sur les formes particulières sont intimement liées à son épistémologie et à sa métaphysique. Bref, notre proposition est de distinguer au sein de la logique de Suhrawardī le niveau de la *constitution du sens* et celui où les *règles d'inférence* ont déjà été rassemblées. Les deux niveaux, requièrent, la notion de *présence*, dont dépendent les règles inférentielles de ses propres règles Illuminationnistes pour les modalités.

De plus, nous pensons, qu'il y a suffisamment de remarques textuelles qui indiquent comment lier les deux niveaux. Pour nous, la clé de la conjugaison des deux niveaux est le rôle que Suhrawardī accorde à une *interprétation dialectique* de la nécessité qui permet de mettre en action l'unité de l'acte d'expérience de la présence...

Ces considérations parmi tant d'autres impliquant la conception du temps de Suhrawardī nous conduisent à une reconstruction de sa *logique d'illumination*.

Plus précisément , la *logique de l'illumination* est une tentative de couler certaines des caractéristiques du cadre d'Ibn Sīnā dans un système logique où la notion de présence, conçue comme une expérience personnelle de la connaissance, conduit, à travers des processus d'ordre supérieur, à de nouveaux aperçus sur des notions épistémologiques centrales telles que la définition, la nécessité, la contingence et la plénitude (voir Kaukua 2013, p. 322). Ces processus ont été examinés en détail par

Tianyi Zhang (2018). Notre tâche consistera à examiner le résultat logique de ces processus et à fournir, nous l'espérons, des éléments supplémentaires aux discussions de Tony Street et (d'autres) sur la compatibilité de la critique d'Ibn Sīnā par Suhrawardī avec sa propre vision *de l'illumination* sur les modalités.

B I Une note de Suhrawardī sur la définition

Indépendamment de toutes les différentes interprétations de l'illuminisme de Suhrawardī, il est clair que la critique de la notion de définition de la philosophie péripatéticienne et de son prétendu rôle explicatif dans l'acquisition de la connaissance constitue une motivation majeure pour le développement de son épistémologie de la présence. [170]

Nous n'examinerons pas ici les pensées fascinantes de Suhrawardī à propos de sa critique de la notion péripatéticienne de connaissance par définition. Citons plutôt le résumé perspicace du commentaire d'Ardeshir de Suhrawardī (2008, p. 120) qui est pertinent pour nos propres objectifs :

Dans ses critiques de la théorie de la définition d'Ibn Sīnā, il explique que la caractérisation formelle d'un objet ne suffit pas à définir l'objet, et de plus, elle ne nous amène pas à le connaître. Il soutient ensuite que pour connaître un objet, il faut le fonder sur certaines bases. Ces bases sont ce que Suhrawardī appelait fiṭrī [Rahman et Seck] et elles trouvent leur origine dans la conscience de soi [...]. Il croit donc que dans le processus de définition de tout objet, une certaine sorte de fiṭrī [Rahman et Seck] est préalable à toute caractérisation formelle. [...].

Dans une division primaire, la connaissance peut être divisée en deux types, la connaissance par présence ou connaissance immédiate (al-ilm al-ḥudūrī), ou la connaissance non représentationnelle et la connaissance par correspondance, ou la connaissance par représentation (al-ilm al-ḥ usūlī). Dans la « connaissance par présence », telle qu'elle est, l'objet est présent[171] au sujet, ce qui n'est pas le cas dans la « connaissance par correspondance ou substitution ».

En fait, dans ce texte, Ardeshir traduit *fiṭrī* par " connaissance innée ", bien que, pour éviter de l'identifier à la connaissance pré-donnée cartésienne, nous ayons laissé le terme original – par ailleurs, cette identification a été contestée par Mousavian (2014a, b) et encore plus par Zhang (2018, p. 153).

---

[170] Pour une discussion perspicace sur qui est la cible précise des critiques de Suhrawardī, voir Wisnovsky (2011).

[171] Pour plus de détails sur le terme présent, voir Capitaine (2022), p. 57. Le même auteur est l'initiateur du colisée de l'éveil depuis l'an 2021.

En effet, comme nous l'avons brièvement évoqué à la fin de notre étude, la *fiṭrī* devrait être liée à la connaissance par la présence, ou connaissance immédiate.

En fait, ce qui nous est donné comme présent, ce sont des unités épistémiques telles que *Aristote étant un homme*, *Socrate étant un homme,* qui seront linguistiquement articulées par l'activité mentale dans les composites *Aristote est un homme*, *Socrate est un homme. L'homme existe,* exprime le résultat mental d'assertions articulées (comme *Aristote est un homme),* qui à leur tour sont aussi le résultat d'actes extra mentaux de connaissance présentielle.

La présence fournit également le fondement primordial de l'existence et n'est pas un être de raison. L'autre notion d'existence articulée de manière propositionnelle et appelée univoque c'est à dire bi-l-tawāṭuʾ (cf. voir Zhang 2018, chapitre 3.3.1), n'est pas une propriété.

L'existence univoque est une relation qui peut être remplacée par une copule, comme dans " L'animalité **existe (peut être trouvée) /est** dans cet homme ", " Zayd **existe (peut être trouvé) /est** dans la maison " :

(60) Les partisans des Péripatéticiens soutiennent que nous pouvons penser l'homme sans existence, mais que nous ne pouvons pas le penser sans relation à l'animalité. Pourtant, la relation de l'animalité à l'homme ne signifie rien d'autre que son existence en lui, soit dans l'esprit, soit dans la réalité concrète.

[...]

"Existence" peut être dit des relations aux choses, comme lorsqu'on dit que quelque chose existe dans la maison, au marché, dans l'esprit, dans la réalité concrète, dans un temps, ou dans un lieu. Ici, le mot "existence" apparaît avec le mot "dans" avec la même signification *dans* tous ces cas. "Existence" peut être utilisé comme copule, comme lorsqu'on dit : "Zayd existe en écrivant". Il peut être dit de la réalité et de l'essence, comme lorsqu'on dit : "L'essence de la chose et sa réalité, l'existence de la chose, sa concrétude et son soi." On les prend comme des êtres de raison et on les applique à des quiddités extérieures. C'est ce que la plupart des gens entendent par " existence ", mais les Péripatéticiens lui donnent un autre sens, car ils ont l'habitude de l'expliquer dans leurs arguments, négligeant le fait qu'ils avaient aussi supposé qu'elle soit la plus évidente des choses, non définissable par autre chose. *al-Ishrāq* (1999, p. 47).

L'existence univoque n'ajoute pas au sujet des affirmations d'essence, de concrétude ou d'identité telles que l'*homme **est/existe (en tant qu')** un animal rationnel*, *Zayd **est/existe (en tant que)** cet individu (concret)*, *Zayd **est/existe (en tant que)** Zayd*, puisque cela déclencherait la question supplémentaire de l'existence de, disons, l'existant

Zayd. Ceci est très proche du célèbre dicton de Kant qu'on peut trouver dans son ouvrage intitulé (*Critique de la raison pure*, B626-27) : L'*existence n'est pas un prédicat réel* - un prédicat que certains chercheurs attribuent à Ibn Sīnā :[172] De plus, si l'on se souvient, comme l'a fait remarquer Zhang,[173] , qu'en arabe l'existence est liée au fait de trouver, l'exemple de Kant selon lequel le concept de cent thalers (ancienne monnaie européenne) dans ma poche n'est pas élargi en les considérant comme existants, la proximité du texte de Suhrawardī que nous venons de citer avec la conception de l'existence de Kant est franchement frappante.

Cette forme d'existence est très pertinente pour l'explication de la signification des assertions universelles impliquant des modalités nécessairement nécessaires, discutée dans notre section III.

Remarque terminologique à propos du terme *présence (ḥuḍūr)*. En fait, la notion de *présence* a dans la philosophie de l'illumination un quadruple rôle, à savoir :

Un rôle *épistémique*, puisque l'expérience d'une présence, en tant qu'expérience vécue, constitue en même temps la source première de la connaissance et de la conscience de soi.

Un *rôle métaphysique théologique*, lorsque l'expérience d'une présence, en tant qu'instanciation, est conçue comme instanciant un concept ou une catégorie et finalement cela conduit à reconnaitre que nous sommes sa propre création.

Un *rôle logique*, puisque l'expérience d'une présence (directe ou indirecte), en tant que témoin, justifie des assertions impliquant des quantificateurs et des modalités.

Un *rôle épistémologique*, puisque l'expérience d'une présence, en tant que vérificateur, constitue la source de la certitude scientifique.

B II Questions méthodologiques préliminaires

La notion centrale de la logique et de l'épistémologie illuministe de Suhrawardī est celle de propositions définitivement nécessaires [*al-ḍarūriyya al-batāta*] :

[172] Pour des discussions approfondies sur la distinction d'Ibn Sīnā entre essence et existence, voir Morewedge (1972) Bartolacci (2012).
[173] Dans un courriel personnel à S. Rahman.

Traduction	Arabe
Puisque la contingence du contingent, l'impossibilité de l'impossible et la nécessité du nécessaire sont toutes nécessaires, il est préférable de faire des modes de nécessité, de contingence et d'impossibilité des parties du prédicat afin que la proposition devienne nécessaire en toutes circonstances. On dira donc : "Nécessairement, tous les humains sont contingentements alphabétisés, nécessairement animaux, ou impossible qu'ils soient pierres." Une telle proposition est appelée "définitivement nécessaire". Dans les sciences, nous étudions la contingence ou l'impossibilité des choses comme faisant partie de ce que nous étudions. Nous ne pouvons porter de jugement définitif et final que sur ce que nous savons être nécessaires. Même pour ce qui n'est vrai que parfois, nous utilisons la proposition définitivement nécessaire. Dans le cas de "respirer à un moment donné", il serait correct de dire : "Tous les hommes respirent nécessairement à un moment donné". Le fait que les hommes respirent nécessairement à un moment donné est toujours un attribut de l'homme. Le fait qu'ils ne respirent pas nécessairement à un moment donné est également un attribut nécessaire de l'homme à tout moment, même au moment où il respire. Il en va toutefois	لمّا كان الممكن إمكانه ضروريّا الواجب وجوبه أيضّا كذلك، فالأول أن تجعل الجهات من الوجوب وقسيميه أجزاء للمحمولات، حتّى تصير القضيّة على جميع الأحوال ضروريّة كما تقول "كلّ إنسان بالضرورة هو ممكن أن يكون كاتبا أو يجب أن يكون حيوانا أو يمتنع أن يكون حجرا. " فهذه هي الضرورة البتّاتة. فانا إذا طلبنا في العلوم إمكان شيء او امتناعه، فهو جزء مطلوبنا. ولايمكننا ان نحكم حكمّا جازما بتّة إلاّ بما نعلم أنه بالضرورة كذا. فلا نورد من القضايا الاّ البتّاتة حتّى إذا كان من الممكن ما يقع في كلّ واحد وقتّا ما كالتنفّس، صحّ ان يقال "كلّ إنسان بالضورة هو متنفّس وقتا مّا." وكون الإنسان ضروريّ التنفّس وقتا ما أمر يلزمه ابدّا. وهذا زائد على الكتابة، فإنّها وإن كانت ضروريّة الإمكان, ليست ضروريّة الوقوع وقتا مّا[174].

[174] Corbin (2001), texte 21.

différemment de l'alphabétisation. Si l'alphabétisation est nécessairement contingente, il n'est pas nécessaire qu'elle soit actualisée à un moment donné. *al-Ishrāq* [...] De plus, lorsque vous dites "Tout ce qui se déplace change nécessairement", vous devez savoir que chaque chose décrite comme se déplaçant ne change pas nécessairement en raison de sa propre essence, mais parce qu'elle se déplace. Ainsi, sa nécessité dépend d'une condition et *elle* est contingente en elle-même. Par "nécessaire", nous entendons uniquement ce qu'elle a en vertu de son essence propre. Ce qui est nécessaire à la condition d'un temps ou d'un état est contingent en lui-même.	وإذا قلت (كل متحرك بالضرورة متغير)، لك ان تعلم كل واحد مما يوصف بانه متحرك ليس بضروري له ذاته ان يتغير، بل لأجل كونه متحركا. فضرورته متوقفة على شرط، فيكون ممكنا على نفسه. ولا نعنى بالضروري إلّا ما يكون لذاته، فحسب. وإما ما يجب بشرط من وقت وحال فهو ممكن عن نفسه[175].

Les qualifications *définies général* et *indéfini existentiel* que Suhrawardī choisit respectivement pour la quantification universelle et existentielle, indiquent ses préoccupations épistémiques.[176] Puisque les objectifs généraux de la science sont d'atteindre la certitude, il est conseillé, de toujours hiérarchiser les priorités :

- la qualité positive sur la qualité négative des jugements - *al-Ishrāq* (1999, p. 15), et
- jugements avec une quantité universelle sur une quantité existentielle - *al-Ishrāq* (1999, p. 14-15).

Traduction	Arabe
Si les choses sont faites conformément à ce que nous disons, alors seules les propositions universelles resteront, car les propositions particulières ne sont	... فإذا عمل على ما قلنا، لا يبقي القضيّة إلاّ محيطة، فإنّ الشواخص لا يطلب

[175]Corbin (2001), p. 28.

[176] Nous appelons la proposition définie générale la "proposition universelle". Nous appelons une proposition dont le jugement est spécifié par "certains" la "proposition indéfinie existentielle" al-Ishrāq (1999, p. 14).

pas étudiées dans les sciences. En même temps, les règles régissant les propositions deviendront moins nombreuses, plus claires et plus faciles-. *al-Ishrāq* (1999, p. 14).	حالها في العلوم، وحينئذ يصير أحكام القضايا أقول واضبط وأسهل[177] .

Cela conduit Suhrawardī à :

- Articuler les négations comme des assertions affirmatives avec une négation sur le prédicat, et
- Convertir les particuliers et les existentiels en universaux

Ainsi, les négations métathétiques (c'est-à-dire transposées) (*ma'dūla*) comptent comme des affirmations. Le point général des affirmations est qu'elles expriment à propos de quelque chose, que ce soit mental (comme les nombres) ou extra mental (entités spatio-temporelles), alors que les négations *de dicto* (qui coupent la copule), ne le font pas. [178]. Ici Suhrawardī, différent d'al-Rāzī (1963, 1:158)[179] , cf. Daşdemir (2019, p. 102), suit Ibn Sīnā qui semble avoir supposé que l'importation existentielle fait partie intégrante des conditions de vérité des jugements affirmatifs, y compris les métathétiques. Selon ce point de vue, si un attribut d'un sujet est dit exister (c'est-à-dire

[177]Corbin (2001), p. 24.

[178] L'article de Daşdemir (2019) offre une discussion utile et approfondie sur le sujet, citons quelques paragraphes pertinents pour nos objectifs : Selon Ibn Sīnā, " la proposition, donc, dont le prédicat est un nom indéfini ou un verbe indéfini, est appelée métathétique (maʿdūla/maʿdūliyya) et modifiée (mutaghayyira) " [...] la forme la plus simple d'une proposition est sa forme " binaire " (thunāʾī), qui consiste en un sujet et un prédicat, dans laquelle la copule est latente. Lorsque la copule est explicitée, la proposition devient " ternaire " (thulāthī). Le mot ou la particule de négation est généralement inséré dans la proposition ternaire de deux manières : avant la copule ou avant le prédicat. Dans le premier cas, la proposition devient alors négative, car la négation attachée à la copule supprime la relation entre le sujet et le prédicat, impliquant ainsi l'absence de toute relation entre eux. Dans le second cas, la proposition est toujours positive, mais avec un prédicat négatif, c'est-à-dire métathétique. Pour continuer avec les exemples d'Ibn Sīnā, des deux propositions suivantes Zayd n'est pas juste. Zayd n'est pas-juste. La première est négative alors que la seconde est métathétique, car le prédicat n'est pas " juste " mais le terme composé de " pas-juste ", qui va avec le préfixe " pas- (ghayr) " qui exprime la métathèse (ʿudūl). Par conséquent, le terme " pas-juste ", composé du mot " juste " et du préfixe " pas- ", est prédit au sujet, Zayd, de manière affirmative. La proposition métathétique peut encore être niée en insérant à nouveau l'élément de négation dans la phrase, mais cette fois avant la copule afin de déconnecter le sens de " pas-juste " du sujet : "Zayd n'est pas pas juste.". Daşdemir's (2019 ; p. 84).

[179] Le point d'al-Rāzī est que si l'existence mentale est incluse comme se conformant à l'importation existentielle, alors la différence entre les négations métathétiques et de dicto s'effondre - voir Daşdemir (2019, p. 110).

que sa prédication est vraie), alors le sujet doit aussi exister (cf. Daşdemir, 2019, p. 89-95). [180]

Là où Ibn Sīnā et Suhrawardī semblent suivre des chemins différents, est que ce dernier restreint la différence entre ces deux formes de négations au niveau des propositions élémentaires, au niveau des propositions quantifiées la distinction s'effondre. En fait, selon Suhrawardī, les deux négations (*Aucun homme n'est pierre* et *Tous les hommes sont non-pierre)* expriment le même contenu.[181] Ainsi, la négation (*Zayd est non-pierre),* affirme quelque chose à propos de l'existant Zayd, mais *Zayd n'est pas une pierre* n'engage pas l'existence de Zayd, si l'on s'appuie sur l'importation existentielle pour distinguer les deux. En effet, selon Suhrawardī, la négation *(ce cerf-chèvre n'est pas une pierre* est différente de *(ce cerf-chèvre est non-pierre),* car la première négation est vraie, mais la seconde est fausse puisque le *cerf-chèvre* est inexistant. *Tous les cerfs-chèvres ne sont pas des pierres* et *Aucun cerf-chèvre n'est une pierre* ne varient pas sur la valeur de vérité. Vraisemblablement, puisque les affirmations ont toujours une importance existentielle, les deux seront fausses : l'importance existentielle métathétique sera portée de l'élémentaire à l'universel. Mais comment déduire une proposition élémentaire avec négation *de dicto* qui ne porte pas d'importance existentielle d'un universel qui porte une importance existentielle ?

---

[180] Les propositions négatives sont celles dans lesquelles la négation coupe la copule. En arabe, la négation doit précéder la copule pour la nier, comme lorsqu'on dit : "Zayd n'est pas lettré". Cependant, si la négation est reliée à la copule de manière à faire partie soit du sujet, soit du prédicat, le caractère affirmatif de la copule demeure. Ainsi, lorsqu'on dit en arabe : "Zayd est analphabète", la copule affirmative demeure et la négation fait partie du prédicat. De telles propositions affirmatives sont appelées ma'dūla. Dans les langues autres que l'arabe, le fait que la particule négative précède ou non la copule peut ne pas déterminer l'affirmation ou la négation. Au contraire, tant qu'il y a une copule et que la négation fait partie du sujet ou du prédicat, alors la proposition elle-même restera affirmative, à moins que la négation ne coupe la copule. Lorsque vous dites "Tous les nombres non pairs sont impairs", l'imparité a été affirmée pour chaque nombre décrit comme non pair et, par conséquent, la proposition restera affirmative. Un jugement affirmatif mental ne peut s'appliquer qu'à une chose établie dans l'esprit. Une proposition affirmative concernant quelque chose qui existe en dehors de l'esprit doit de même s'appliquer à quelque chose qui existe en dehors de l'esprit. al-Ishrāq (1999, p. 15).
Une doctrine illuministe {sur les négations}
(25) Sachez que la différence entre la négation dans une proposition affirmative et la négation qui rompt la relation d'affirmation est que la première ne peut s'appliquer au non-existant, puisque l'affirmation doit s'appliquer à quelque chose qui peut- être affirmé. Dans la seconde, la négation peut s'appliquer à ce qui peut être nié. al-Ishrāq (1999, p. 21-22).

[181] Cependant, cette distinction ne s'applique qu'aux propositions concernant des individus et ne s'applique pas aux propositions universelles ou autres propositions quantifiées. Lorsque vous dites : " Tous les hommes sont non-pierre " ou " Aucun homme n'est pierre ", vous portez un jugement sur chaque chose qui peut être décrite comme " homme " dans les propositions, alors que la négation ne s'applique qu'à la pierre. Ainsi, tous les individus qui peuvent être décrits comme étant "homme" doivent exister pour que la description soit correcte. Al-Ishrāq (1999, p. 21-22).

Quoi qu'il en soit, un deuxième problème se pose. Qu'en est-il de *tous les hommes ne sont pas alphabétisés* ? Il s'agit clairement d'une négation *de dicto* et elle n'est certainement pas équivalente à *aucun homme n'est alphabétisé.*

Traduction	Arabe
Si l'on dit : " Tous les hommes ne sont pas alphabétisés ", on peut alors dire : " Certains hommes sont alphabétisés", puisque la négation ne s'applique qu'à la partie.	وإذا قلت "ليس كلّ إنسان كاتبا " يجوز أن يكون البعض كاتبا، فالذي يتقيّن فيه سلب البعض فحسب[182].

Jusqu'à présent, nous l'avons compris, il s'agit de limiter l'expression *Tous les hommes ne sont pas alphabétisés* aux cas où Tout homme est alphabétisé et son contraire *Aucun homme n'est alphabétisé* sont tous deux faux. Dans un tel cas, il s'ensuivra que *Certains hommes ne sont pas alphabétisés*, mais nous pouvons toujours affirmer *Certains hommes sont alphabétisés*. Cela limite l'utilisation de la négation d'un universel affirmatif aux cas où l'affirmatif universel et le négatif universel sont tous deux faux.[183]

En ce qui concerne la conversion des propositions particulières et existentielles en universelles, il s'agit d'éviter les assertions *indéfinies* - une proposition avec un terme singulier - tel que *Zayd est alphabétisé* est appelée *proposition particulière* (cf. *al-Ishrāq,* 1999, p. 14).[184] En fait, selon l'auteur *d'al Ishrāq*, les propositions particulières,

---

[182] Corbin (2001), p. 26.

[183] Remarquez que cette lecture est assez proche de certaines utilisations dans les langues naturelles, comme lorsqu'avec l'assertion tous les hommes ne sont pas alphabétisés, le locuteur voudrait aussi faire comprendre que certains ne le sont pas mais que certains le sont, et plus précisément que la plupart d'entre eux sont alphabétisés - Grice les identifierait comme une sorte d'implicatures - par exemple : Questionneur : Tous les hommes sont-ils alphabétisés ? Répondant : Tous ne le sont pas.

[184] Corbin (2001), pp. 37 – 38.
وذا وجدنا شيئا واحدا معينا وصف بمحمولين، علمنا انّ شيئا من أحد المحمولين موصوف بالمحمول الأخر ضرورة، مثل" أن يكون زيد حيوانا وزيد إنسانا ط" علمنا انّ شيئا من الحيوان إنسان، بل وشيء من لإنسان حيوان على أي طريق كان. وإذا كان هذا الشيء المعيّن معنى عامّا، فيجعل مستغرقا، كقولنا " كلّ إنسان حيوان وكلّ إنسان ناطق."
Traduction : Lorsque nous trouvons une seule chose décrite par deux prédicats, nous savons qu'au moins une chose d'un des prédicats est nécessairement décrite par l'autre prédicat. Par exemple, si "Zayd est un animal" et "Zayd est un homme", alors nous savons que "Un certain animal est un homme" et "Un certain homme est un animal", quoi qu'il en soit. Si cette chose spécifique a un sens général, alors nous rendrons la proposition exhaustive, comme dans "tous les hommes sont animaux, et tous les hommes sont rationnels".

les propositions existentielles et les propositions universelles, établissent un ordre de l'indéfini au défini qui fournit en même temps un degré de certitude. Elles déterminent une échelle de valeur épistémique croissante. Au sommet de cette échelle se trouve le syllogisme parfait chez Aristote en forme (modalisée) *Barbara* de la première figure. Remarquez que cela donne la priorité à la logique des prédicats sur la logique des propositions.[185]

Si une proposition conditionnelle particulière doit constituer la prémisse d'un syllogisme, elle doit être transformée en un universel :

> si l'on dit : " Si Zayd est dans la mer, alors il se noie ", que cela soit précisé et ainsi rendu universel. Il faudrait alors dire : " Chaque fois que Zayd est dans la mer et qu'il n'a pas de bateau et ne sait pas nager, alors il se noie " (*al-Ishrāq* 1999, p. 14-15).

Les existentiels indéfinis doivent être convertis en universaux, au moyen de l'*ecthèse* (*iftirāḍ*).

> Il y a également une indétermination dans "certains", car les choses individuelles peuvent être nombreuses. Que l'on donne un nom à ce "quelque" dans un syllogisme - C, par exemple. Ainsi, on peut dire : " Tout C est tel et tel ", et la proposition devient définitive, ce qui élimine l'indétermination trompeuse. La proposition existentielle n'est pas utile, sauf dans certains cas de conversion et de contradiction. (al-*Ishrāq,* 1999, p. 14-15).

---

[185] Il sera utile pour la suite de l'article de rappeler que les logiciens arabes ont changé l'ordre des prémisses et placé le sujet avant le prédicat. Cela la rend plus proche de la forme logique de la quantification contemporaine et, bien sûr, ne change pas la validité des humeurs impliquées mais ne coïncide pas avec les dénominations médiévales latines des formes valides de chaque figure. Une présentation lucide de ce point a été fournie par Street (2008), citons son excellent résumé : La première humeur de la première figure est Barbara, donnée par Aristote sous la forme : A appartient à tout B (prémisse majeure), B appartient à tout C (prémisse mineure), donc A appartient à tout C (conclusion). La prémisse majeure est appelée ainsi car elle fournit le prédicat de la conclusion, tandis que la prémisse mineure fournit le sujet. Les logiciens arabes ont énoncé Barbara différemment sur deux points. Premièrement, ils placent le sujet de la prémisse avant le prédicat, et deuxièmement, ils placent la prémisse mineure avant la majeure : tout C est B, tout B est A, donc tout C est A, ce qui est une déduction tout aussi évidente - ou parfaite - que lorsqu'elle est énoncée à la manière d'Aristote. [...]. Le deuxième mode, Celarent, a des voyelles différentes pour montrer que la prémisse majeure et la conclusion sont des propositions E, c'est-à-dire de la forme "aucun C n'est B". Mais maintenant, l'ordre des prémisses tel qu'il est énoncé en arabe sera en décalage avec les voyelles du nom d'humeur latin : tout C est B (a-proposition), aucun B n'est A (e-proposition), donc aucun C n'est A (e-proposition). Néanmoins, nous devrions parler de celarent car nous pouvons alors le comparer facilement aux analyses de la même inférence par Aristote et les auteurs latins médiévaux. Street (2008, pp. 176-177).
Remarquons aussi que comme beaucoup d'autres Suhrawardī rejette la quatrième figure - voir al-Ishrāq (1999, p. 21, 22).

Si la première prémisse est particulière, alors nous la rendrons exhaustive, comme nous l'avons déjà mentionné - comme "Certains animaux sont rationnels" et "Tous les êtres rationnels sont capables de rire". Donnons un nom au particulier sans considérer la prédication de la rationalité, bien que la rationalité accompagne le particulier. Soit D. Ainsi, *on* peut dire : "Tous les D sont rationnels, et tous les êtres rationnels sont un tel ou un tel", selon ce que nous avons dit précédemment. Maintenant, nous n'avons plus besoin de dire, "Certains animaux sont D" comme autre prémisse, car D est le nom de cet animal, et comment peut-on prédire le nom d'une chose ? (al-*Ishrāq, 1999*, p. 22).

L'idée est un peu laborieuse mais simple et met en lumière certaines caractéristiques intéressantes de la compréhension des quantificateurs par Suhrawardī. Supposons l'exemple même de Suhrawardī d'un syllogisme de la première figure de la forme *Darii* :

Certains animaux sont rationnels (êtres)
Tous les êtres rationnels ont la capacité de rire

L'existentiel implique clairement qu'il existe un moyen de spécifier l'ensemble des animaux de manière que tous les éléments de l'ensemble spécifié soient rationnels,

{Tous ces animaux qui sont des êtres rationnels}

Remplacez *rationnel* par *humain* "sans considérer la prédication de la rationalité, bien que la rationalité l'accompagne".

{Tous ces animaux qui sont des humains}, créent l'universel :

Chaque instance de ces animaux qui sont des humains, sont des (êtres) rationnels.

Il est clair que la capacité de rire peut être prédite par n'importe quelle présence arbitraire d'humains. Ceci vérifie le syllogisme de Barbara :

Tous (ces animaux qui sont) des humains sont des (êtres) rationnels.
Tous les animaux qui sont des êtres rationnels ont la capacité de rire.

Tous (ces animaux qui sont) des humains ont la capacité de rire.

et il vérifie également par sous-alternance la conclusion du syllogisme dans Darii :

Certains animaux, notamment les humains, ont la capacité de rire.[186]

La procédure indique comment spécifier le terme-sujet dans la conclusion du *Darii* original.

Certains animaux sont rationnels (êtres)
Tous les êtres rationnels ont la capacité de rire

Certains animaux ont la capacité de rire

Remarquez que n'importe quelle spécification des animaux fera l'affaire, à condition que le moyen terme, c'est-à-dire le fait *d'être rationnel*, puisse être prédit à chacun des éléments de cette spécification, comme les spécifications des animaux *qui lisent, ou qui sont musiciens, etc.* Cela réduit certainement l'*incertitude* exprimée dans la conclusion du particulier :

Quels sont les animaux mentionnés dans : *Certains animaux ont la capacité de rire ?*
Les humains le sont.

Comme souvent dans la littérature sur cette forme de preuve, il y a dans les textes de Suhrawardī une ambiguïté entre le choix d'un individu arbitraire *d*, appelé *ecthèse perceptive*, qui dans notre cas est un témoin instancié de la présence d'un humain, et *D* comme terme général représentant une spécification de l'ensemble sous-jacent à l'existentiel original. Dans notre exemple, *D représenterait* l'ensemble des animaux qui sont humains.[187] Cependant, dans la pensée de Suhrawardī, l'individu arbitraire *d*, est toujours vécue comme instanciant une forme générale : faire l'expérience de cet individu particulier, c'est toujours faire l'expérience d'être un homme, ou un être rationnel et ainsi de suite ; même s'il n'est pas encore articulé comme tel. Ainsi, au lieu de d, la présence expérimentée est *d* : *D, d étant un B.* La clé est d'*inventer un terme*, comme *représentant d'un genre*, qui rend les prémisses vraies. Il est clair que, d'un point de vue purement logique, la méthode n'est pas assez générale ; nous ne pouvons pas toujours supposer que l'ensemble pertinent (le -type) peut être spécifié de manière approprié (voir Movahed 2010, p. 15). En fait, cela souligne le fait que la logique de Suhrawardī suppose un

[186] Cela semble contester le scepticisme de Ziai (1990, p. 69, f. 3) à l'égard des commentaires de M.T. Dānesh-Pazūh (1958, p. 21) (dans son édition de la Tabṣira d'ibn Sahlan) concernant le lien de la méthode de Suhrawardī avec la remarque d'Aristote dans son Analytica Priora A1-23 selon laquelle toutes les inférences, y compris celles impliquant des existentiels, peuvent être obtenues par Barbara et Celarent.

[187] Street (2002, pp. 139-142) fournit une description approfondie des utilisations de l'ecthèse (iftirad) chez Ibn Sīnā. Pour une discussion sur cette ambiguïté, voir Crubellier (2014, pp. 277-280) et Crubellier, McConaughey, Marion and Rahman (2019).

langage entièrement interprété. Nous reviendrons sur ce point lorsque nous discuterons de la vision de Suhrawardī sur la troisième figure[188].

• Notez que cette procédure manifeste son point de vue sur des propositions existentielles. Suhrawardī préférerait ne pas les avoir comme prémisses, en raison du caractère limité de la certitude scientifique que procurent de telles prémisses. Néanmoins, nous pourrions arriver à affirmer des existentiels à condition qu'ils soient déduits par la subalternation d'un universel.

B III Vers une logique de la présence

B III. 1Brèves remarques générales sur les analyses formelles du syllogisme

La reconstruction formelle du syllogisme assertorique d'Aristote par Łukasiewicz (1957) décrit le syllogisme comme une formule propositionnelle (à savoir, une implication constituée par une conjonction dans l'antécédent - rendant les prémisses - et une formule dans le conséquent - rendant la conclusion), régie par les règles d'une logique propositionnelle que, selon ce point de vue, Aristote n'a pas réussi à rendre explicite. Depuis lors, deux perspectives principales sont apparues, qui ont contesté l'interprétation axiomatique (très) douteuse de Lukasiewicz et ont contribué à rendre une analyse unifiée de l'œuvre d'Aristote :

1)La lecture de la théorie de la preuve qui fait des syllogismes ce qu'ils sont, à savoir des inférences. Ce travail a été initié par Ebbinghaus (1964) dans le cadre de la *Logik Operative* de Lorenzen (1955), et par Corcoran (1974), Smiley (1973) et Thom (1981) qui choisissent la déduction naturelle de style Gentzen pour leur reconstruction. Contrairement à Ebbinghaus, Corcoran et Smiley ont compris le syllogisme comme un système syntaxique avec une sémantique sous-jacente, que, selon eux, Aristote n'a pas explicité. Ebbinghaus (1986) a eu recours à la notion d'*admissibilité* de Lorenzen,[189] qui permet d'obtenir des explications de la signification de la théorie de la preuve lorsqu'elle est associée à une lecture dialogique du *dictum de omni.* Ceci nous amène au point suivant.

2) Rejoignant une vieille tradition allemande (comme celle de Brandis (1833), Kapp (1942, 1975), Ebbinghaus (1964) et Fritz (1984[190]) et la vision de Brunschwig (1967, xxxix) du syllogisme comme une *machine à faire des prémisses à partir d'une*

---

[188] Comme l'indique Zoe McConaughey dans un courriel personnel adressé à S. Rahman, cette méthode est proche de celle d'Aristote, qui invente un terme s'appliquant à toutes les choses d'un certain genre, dans les Topiques, VIII 2 157a23-26. Cependant, Aristote n'explicite pas sa méthode, et la manière particulière de Suhrawardī de délimiter l'indéfinition d'un existentiel afin d'atteindre la certitude lui est probablement propre. Le point épistémique d'une telle réduction est clair, les assertions d'universaux affirmatifs ont une définitude que les existentiels n'ont pas.

[189] Pour une discussion comparante l'approche de Corcoran (1974) à celle d'Ebbinghaus (1964), voir Lion and Rahman (2018).

[190] Nous devons les références à la tradition allemande à Marion and Rückert (2016, p.204, note de bas de page 17).

conclusion donnée, qui a donné aux jeux dialectiques des *Topiques* un rôle central dans l'émergence des règles du syllogisme) les interprétations récentes témoignent d'un tournant dialogique qui combine la lecture de la théorie de la preuve au niveau de la validité avec la conception dialectique du sens afin de reconnaître l'unité de l'œuvre d'Aristote - voir Marion and . Rückert (2016), Crubellier (2011, 2014, 2017), Crubellier et al. (2019), McConaughey (2021).

En ce qui concerne la logique modale d'Aristote, les premières interprétations multivaluées, inspirées par les travaux de Łukasiewicz (1953), comme celle de McCall (1963), ont été assez rapidement remplacées par la sémantique des mondes possibles de Kripke et Hintikka, qui s'est répandue dans le monde entier. Le résultat était assez insatisfaisant et donnait une image plutôt confuse de la logique modale d'Aristote - une confusion dont Aristote lui-même a été blâmé. La plus complète de ces tentatives est peut-être celle de Nortmann (1996), bien qu'il renonce également à donner une image cohérente du syllogisme modal d'Aristote – (cf. Nortmann, 1996, p. 133, pp. 266-288, 376).

Une nouvelle perspective vers la compréhension du syllogisme modal d'Aristote est le travail de Malink (2006, 2013). Malink défend la cohérence des vues d'Aristote sur les modalités en poussant plus loin le projet de Patterson (1995), qui rejette l'interprétation des mondes possibles et reconnaît le rôle central de la théorie des Predicables dans les *Topiques* pour unifier la logique d'Aristote et plus précisément la théorie des prédicables.

Le rejet par Malink de l'interprétation du monde possible d'Aristote est à notre avis convaincant et l'accent mis sur les *Topiques* est certainement adéquat. Cependant, Malink néglige la signification dialectique qui sous-tend les *Topiques.* En fait, il semble que Malink suive la conception contemporaine de la sémantique syntaxique + sous-jacente, après tout assez étrangère au cadre des *Topiques* - et développe donc une sorte de sémantique méréologique[191], appelée *sémantique des préordres,* qui "interprète" le système syntaxique.[192] La négligence de la composante dialectique brouille, à notre avis, le fait que c'est la position interactive sur le sens et la connaissance des *Topiques*, qui façonne l'unité de la logique, de l'épistémologie et de la métaphysique dans le cadre aristotélicien. Une autre négligence de Malink concerne l'approche d'Aristote de la dimension temporelle des événements. En outre, dans un travail ultérieur en collaboration avec Jacob Rosen, il affirme que la syllogistique modale est indépendante d'un second système modal d'inférences basé sur le principe de possibilité d'Aristote, selon lequel, étant donné la prémisse que *A* est possible, et étant donné une déduction de

[191] Ensemble des axiomes qui traitent des relations entre la partie et le tout.
[192] Cette approche de Malink semble être un candidat idéal de ce qu'Andrade-Lotero and Dutilh Novaes (2012) appellent le squeezing.

B à partir de *A*, que *B* est possible peut être déduit.[193] Curieusement, ce deuxième système, comme le reconnaissent Malink et Rosen (2013) eux-mêmes, est celui qu'Aristote déploie le plus lorsqu'il développe des démonstrations au sein de l'épistémologie et de la métaphysique.

Les différentes reconstructions formelles contemporaines du syllogisme au sein de la tradition arabe abritent en même temps certaines approches qui sont encore dans l'ombre de la vision propositionnelle de Lukasiewicz avec celles influencées par la sémantique contemporaine des mondes possibles, où les modalités aléthiques[194] et temporelles sont conçues soit comme des opérateurs monadiques propositionnels et des opérateurs temporels dans le style de Prior (1955) - voir par exemple Rescher et Vander Nat (1974), et Street (2002), soit comme des quantificateurs temporels (voir Hodges, 2016, p. 159) et (Hasnawi et Hodges, 2016, p. 48)- soit en combinant des quantificateurs temporels avec des quantificateurs sur les situations –(voir Chatti, 2019). De nombreuses reconstructions logiques sont syntaxiques, certaines supposent une sémantique sous-jacente des mondes possibles - voir, par exemple, El-Rouayheb (2015). Cependant, si les modalités sont conçues comme des opérateurs propositionnels qui admettent à la fois une lecture aléthique et une lecture temporelle sans distinguer explicitement le passé et le futur (plutôt qu'une lecture bidimensionnelle modale-temporelle) et sont associées à la sémantique des mondes possibles pour S5, il en résultera une notion d'ordre temporel qui n'est pas celle supposée dans la logique arabe. Rappelons que la sémantique de S5 suppose la réflexivité, la symétrie et l'euclidianité de la relation d'accessibilité. De plus, la quantification sur les instances temporelles suppose que le temps est discret et substanciel. Dans ce dernier cas, il ne convient pas de mesurer les changements d'une même substance, mais plutôt de constitué une séquence de différentes situations temporelles, ce qui semble aller à l'encontre des vues philosophiques et épistémologiques sur le temps de la plupart des penseurs islamiques.

Thom (2008, 2012) est l'un des rares chercheurs qui adoptent une interprétation théorique de la preuve du syllogisme arabe (apodictique et assertorique). On pourrait le surnommer l'Ebbinghaus-Corcoran de la logique arabe. De plus, Thom (2008) a proposé de lire les quantificateurs d'Ibn Sīnā comme une sorte de modificateurs de re-de dicto du

[193] Cette formulation suit Fine (2011) et Malink et Rosen (2013) bien que les auteurs n'en développent qu'une interprétation syntaxique. La formulation propre d'Aristote est la suivante : maintenant que ceci a été montré, il est clair que si quelque chose de faux mais pas impossible est supposé, ce qui suit à cause de l'hypothèse sera faux mais pas impossible. Par exemple, si A est faux mais pas impossible, et si lorsqu'A est B est, alors B sera aussi faux mais pas impossible. Pr. An, I, 15, 34^a 25-9.

[194] Les modalités aléthiques, en philosophie, font référence aux différentes manières dont une proposition peut être qualifiée en termes de vérité. Ces modalités expriment les différentes façons dont quelque chose peut être vrai ou faux, et sont souvent associées à des concepts tels que la nécessité, la possibilité, l'impossibilité, la contingence, etc.

prédicat - cette idée fructueuse de Thom (2008) a également été adoptée par Street qui la met en œuvre dans son article sur Suhrawardī (voir Street, 2013). Strobino (2015, 2016) qui développe également des reconstructions théoriques de la preuve, notamment chez Ibn Sīnā, relie les approches inférentielles de la modalité à la théorie des prédicats des *Topiques* - cf. Strobino (2016) - mais là encore, à notre connaissance, Strobino n'approfondit pas le trait dialectique qui façonne la notion de démonstration au sein des *Topiques*.

Remarquez que dans le contexte de la pensée arabe, l'étude et le développement des modèles d'argumentation, au sein des sciences transmises, (ʿulūm naqliyya :علوم نقلية), informent ceux des sciences rationnelles, (ʿlūm ʿqliyya :علوم عقلية), et vice-versa - comme début des méthodes pour tester les revendications de nécessité causale. En effet, comme le souligne Ahmad Hasnawi (2009, 2013), dans la tradition islamiste, l'un des liens entre la dialectique et le syllogisme trouve sa source dans l'idée d'al-Fārābī (1971) selon laquelle la dialectique est la théorie sur la manière de constituer une question ou un problème auquel on doit répondre par certains moyens déductifs. Si l'on en croit al-Fārābī, toute forme de syllogisme doit être considérée comme développant une réponse à un un *maṭlūb* مطلوب (quaesitum) formulé comme une disjonction entre soit des *contraires,* soit des *contradictoires,* soit une combinaison entre les deux. Des recherches importantes dans cette direction sont d'une part la traduction et le commentaire en cours d'Alexander Lamprakis du *Kitāb al-Amkina al-mughalliṭa* d'al-Fārābī, qui entrelace la théorie du syllogisme d'Aristote avec la perspective abductive des *Topiques* et, d'autre part, le travail de Walter E. Young (2019) sur la causalité, notamment dans la théorie de la causalité d'al-Samarqandī dans le *Kitāb ʿAyn al-Naẓar*, qui est de nature dialectique. Cette théorie est supposée s'appliquer aux sciences transmises et rationnelles et développe d'autres théories apparues indépendamment de la dialectique aristotélicienne, si ce n'est en contradiction ouverte avec les vues d'Aristote sur la question – (cf. Young 2021, a,b,c) . Le travail de Young a été précédé par celui de Larry Miller (2020, réimpression de 1984), qui a été le premier à proposer d'utiliser l'instrument formel de la logique dialogique de Lorenzen-Lorenz pour analyser la théorie de la disputation islamique, notamment dans le contexte de l'œuvre d'al-Samarqandī.

Quoi qu'il en soit, la conception du syllogisme de Suhrawardī est une conception apodictique où les explications de sens des modalités sont étroitement liées à la théorie des prédicables. Mieux, l'auteur d'*al-Ishrāq* les relie également aux théories dialectiques sur les sophismes, bien qu'il semble rejeter le cadre des *qiyās* pour l'argumentation juridique.

B III.2 Les modalités ontologiques de la relation entre le prédicat et son sujet

Si l'approche propositionnelle stoïcienne des modalités temporelles et aléthiques a dû avoir un impact sur la logique arabe,[195] , il n'y a pas de preuve, ou du moins pas de preuve claire, de cela dans la conception des modalités de Suhrawardī , en dehors de son utilisation des connecteurs propositionnels standard, conjonction, disjonction (exclusive), implication et négation, mentionnés ci-dessus.

En fait, il semble bien que Suhrawardī propose une approche de la modalité et un syllogisme modal adapté à son épistémologie de la présence qui conjuguent le cadre syllogistique avec la paire potentiel-actuel appliquée à la relation Sujet-prédicat.

Les textes suivants d'*al-Ishrāq* fournissent à la fois, son approche des modalités et ce que l'on pourrait appeler les *explications dialogiques de la signification* (qui sous-tendent sa vision des syllogismes modaux. Commençons par discuter des premiers textes qui définissent les modalités comme qualifiant les différentes manières dont le prédicat se relie à son sujet.

B III.2.1. Les relations modales de Suhrawardī

Les textes suivants définissent les relations modales convertibles et non convertibles

Règle n° 3
[Sur les modalités dans les propositions] في جهات القضايا

Traduction	Arabe
(19) La relation du prédicat d'une proposition catégorique à son sujet doit exister (on dit alors "le nécessaire") ou ne doit pas exister ("l'impossible") ou peut soit exister soit ne pas exister ("le possible" ou "le contingent"). Un exemple du premier est "l'homme est animal" ; du second, "l'homme est pierre" ; et du troisième, "l'homme est	هو انّ الحمليّة نسبة محملوها إلى موضوعها امّا ضروريّ الوجود يسمّى الواجب، او ضرورية العدم يسمّى الممتنع، او غير ضروري الوجود والعدم هو الممكن. فالأول كقولك (لإنسان حيوان) والثاني كقولك : الإنسان حجر، والثالث كقولك : الإنسان كاتب). والعامّة قد يعنون بالممكن ما ليس بممتنع.

[195] De plus, il n'est pas évident que, même pour les stoïciens, les modalités doivent être considérées comme les opérateurs propositionnels de la logique modale contemporaine : Les modalités stoïciennes semblent être des propriétés des propositions (plutôt que des opérateurs), tout comme la vérité et la fausseté ; et, si l'on suit Boeth. dans /nt. 234 et Epict. Diss. 2.19.1-5, cela pourrait être vrai aussi pour les modalités de Diodore et de Philon. Bobzien (1993, p. 66). Pour un développement contemporain des modalités en tant que prédicats, voir Stern (2016).

alphabétisé." [...]. Le contingent est nécessaire en vertu de ce qui le rend nécessaire et est impossible à condition de l'inexistence de ce qui rend son existence nécessaire. Quand on examine la chose elle-même dans les deux états d'existence et de non-existence, elle est contingente. [...] Et quand nous ne disons « pas possible », ils entendent par-là l'impossible. Cependant, ce n'est pas notre usage, car ce qui n'est pas contingent selon cet usage peut être soit ce qui doit exister ou ce qui ne peut pas exister. Si la nécessité ou l'impossibilité de quelque chose dépend de quelque chose d'autre… (al-*Ishrāq,* 1999, p. 16, p. 17).	فإذا قالوا (ليس بممتنع) عنوا به الممكن الممتنع. وهذا غير ما نحن فيه، فإنّ ما ليس بممكن هو قد يكون ضروريّ الوجود وقد يكون ضروريّ العدم بهذا الاعتبار، وما يتوقّف وجوبه امتناعه على غيره فعند انتفاء ذاك الغير لا يبقي وجوبه وامتناعه، فهو ممكن عن نفسه[196].

Règle n° 5

Sur la conversion : في العكس

Traduction	Arabe
(23) La conversion consiste à faire du sujet entier de la proposition le prédicat et du prédicat le sujet tout en gardant la qualité et la vérité ou la fausseté de la proposition. Vous savez que lorsque vous dites : " Tous les hommes sont des animaux ", vous ne pouvez pas dire : " tous les animaux sont des hommes ". Il en est de même dans toute	والعكس هو موضوع القضّية بكلية محمولا والمحمول موضوعا مع حفظ الكفية وبقاء الصدق والكذب بحالهما. وتعلم انّك اذا قلت (كلّ إنسان حيوان) لا يمكنك أن تقول (كلّ حيوان إنسان) و كذا كلّ قضيّة موضوعها اخصّ من محملوها [...].

[196] Corbin (2001), p. 27.

proposition dont le sujet est plus spécifique que son prédicat [...].	
Alors si on dit : "Nécessairement tous les hommes sont alphabétisés de façon contingente", sa converse sera : "Nécessairement quelque chose qui est alphabétisé de façon contingente est un homme." Les autres modes que la contingence se déplacent également avec le prédicat lorsqu'il est converti." Le converse de la proposition affirmative, définie nécessaire, est lui-même une proposition affirmative définie nécessaire, quel que soit le mode.	وإذا قلنا (بالضرورة كلّ إ نسان هو ممكن ان يكون كاتبا) فعكسه (بالضرورة بعض ما يمكن أن يكون كاتب فهو إنسان). وكذا غير الإمكان من الجهات ينقل مع المحمول، وعكس الضروريّة البتّاتة الموجبة ضرورية بتّاتة موجبة أىّ جهة كانت.
Si la contingence fait partie du prédicat de la proposition nécessaire et définie, et que la négation est avec le prédicat, la négation sera également déplacée en conversion, comme dans l'énoncé : "Nécessairement tous les hommes sont contingentements alphabétisés." Sa converse sera l'affirmative définie : " Nécessairement tous les hommes sont contingentements non alphabétisés ".	و لضرورة البتّاتة إذا كان الإمكان جزء محمولها، فإن كان معها سلب، ينقل أيضا كقولهم "بالضرورة كلّ إنسان هو ممكن أن لا يكون كاتبا[197]."

En résumé,

[197] Corbin (2001), pp. 31- 32.

• Une *relation nécessairement nécessaire* revient à attribuer l'*existence* du prédicat à toute présence *actuelle* du sujet – c'est-à-dire elle revienne à associer toute présence du sujet avec présences *actuelles* du prédicat plutôt que simplement, potentiellement, et cette relation soit :

admet la ***conversion simple***, quand il y a une conversion simple entre les présences du sujet et les présences du prédicat - comme lorsque des instances réelles d'*animal rationnel* sont mises en relation avec des instances réelles d'*humain*, cela correspond à la notion de *définition* des péripatéticiens ; ou

n'admet pas de **conversion *simple*** - par exemple, lorsque des instances réelles d'*animal* sont reliées à des instances réelles d'*humain*, cela correspond à la notion de *genre* des péripatéticiens.

La contingence, elle, est plus subtile. Puisque Suhrawardī donne la priorité aux assertions apodictiques universelles, il les appelle ***propositions définitivement*** nécessaires. Les assertions de contingence, pour avoir une valeur épistémique, doivent être enchâssées (insérées) dans les nécessaires :

Vous diriez donc : " Nécessairement, tous les humains sont contingentements alphabétisés, nécessairement animaux, ou impossible qu'ils soient pierres. " Une telle proposition est appelée "définitivement nécessaire". Dans les sciences, nous étudions la contingence ou l'impossibilité des choses comme faisant partie de ce que nous étudions. Nous ne pouvons porter de jugement définitif et final que sur ce que nous savons être nécessaires. Même pour ce qui n'est vrai que parfois, nous utilisons la proposition définitivement nécessaire. Dans le cas de "respirer à un moment donné", il serait correct de dire : "Tous les hommes respirent nécessairement à un moment donné". Le fait que les hommes respirent nécessairement à un moment donné est toujours un attribut de l'homme. Le fait qu'ils ne respirent pas nécessairement à un moment donné est également un attribut nécessaire de l'homme à tout moment, même au moment où il respire. Il en va toutefois différemment de l'alphabétisation. Si l'alphabétisation est nécessairement contingente, il n'est pas nécessaire qu'elle soit actualisée à un moment donné. *al-Ishrāq* (1999, p. 16, p. 18).

• une *relation nécessairement contingente* revient à attribuer des capacités ou des potentialités à toute présence (existence) du sujet. Ces potentialités peuvent être regroupées comme suit

(i) les potentialités qui, pour chaque instance actuelle du sujet, exigent que cette potentialité soit **à la fois,** parfois actualisée et parfois non actualisée, comme le *rire* (qui est coextensif à l'*humain*)[198] et la *respiration* qui n'est pas coextensive à l'*humain*).

[198] Aristote appelle une telle capacité un idion (proprium).

(ii) les potentialités qui n'exigent pas que cette potentialité ne soit jamais actualisée pour une instance actuelle particulière individuelle du sujet, bien que la potentialité puisse être actualisée pour une autre instance du sujet, comme l'*alphabétisation* ; ou, si elle **ne** s'actualise **pour aucune** instance **actuelle** du sujet, comme le célèbre exemple d'Ibn Sīnā d'une maison heptagonale, étant donné certaines conditions non-actuelles, elle peut au moins être affirmée comme hypothèse (c'est-à-dire l'hypothèse qu'une actualisation n'est pas contradictoire).

Alors que le premier groupe peut être considéré comme se référant à ces capacités " naturelles " ou *non acquises* (cette terminologie n'est pas celle de Suhrawardī), le second groupe de potentialités concerne les capacités *acquises*, qui nécessitent une certaine condition ou un apprentissage (l'*éducation par* exemple dans le cas de l'alphabétisation ou le fait d'être musicien).[199] Remarquons que dans le premier groupe, le temps permet de se concentrer sur la contingence d'un individu particulier : cet individu a la capacité contingente de rire puisque parfois il rit et parfois il ne rit pas.

Les capacités acquises sont en *général*, nécessairement contingentes dites de l'humanité dans son ensemble, et non de chaque individu : l'alphabétisation est une capacité humaine puisqu'il y a au moins un humain qui est alphabétisé et au moins qui ne l'est pas. Il est intéressant de noter que Suhrawardī indique la règle de prédication ou attribution (de ce que nous appelons) des capacités acquises comme une règle générale suffisante pour prouver des propositions contingentes nécessaires.[200]

Nous pensons que les modalités de Suhrawardī ne nécessitent ni syntaxiquement ni sémantiquement une logique modale dans le style du cadre contemporain des mondes possibles. En effet, d'un point de vue syntaxique, les modalités de Suhrawardī sont des relations entre les termes apparaissant dans un syllogisme, plutôt que des connecteurs

---

[199] Remarquez que, selon notre lecture, une nécessité non itérée (apparaissant dans une proposition universelle) indique seulement que chaque instance réelle du sujet peut être reliée à une instance du prédicat, mais elle ne prescrit pas que cette dernière instance doit être une présence (actualisée). Une contingence qui ne se produit pas dans le cadre d'une nécessité indique un pur accident - c'est-à-dire une potentialité qui n'est ni co-extensionnelle au sujet ni une potentialité de (instances du) genre survenant dans la définition de son sujet. En ce qui concerne les prémisses non modales, Suhrawardī les traite en principe comme si elles étaient ouvertes pour être comprises comme des potentialités ou des actualités ; cependant, les règles des figures syllogistiques, établissent que les termes doivent avoir la même modalité dans toutes les prémisses où ils apparaissent : cela fait de la plupart des syllogismes mixtes des modaux.

[200] Notre mise en garde, en général, indique que, comme nous le verrons plus loin, il n'est pas si clair que cela si le cadre conceptuel de Suhrawardī laisse de la place pour le cas particulier de l'exemple d'Ibn Sīnā de la maison heptagonale mentionné ci-dessus, ou si Suhrawardī est engagé dans une notion plus forte de la plénitude que celle qui permet une actualité simplement hypothétique. En outre, selon notre reconstruction, les règles de Suhrawardī pour le syllogisme modal dans al-Ishrāq (1999, p. 16, p. 17) admettent à la fois une lecture plus faible et plus forte de la plénitude, qui, pour autant que nous puissions le voir, ne conduisent pas à des ensembles différents d'inférences valides.

monadiques propositionnels ; et d'un point de vue sémantique, elles requièrent soit des présences réelles, actuelles, des termes qu'elles relient, soit des présences potentielles, soit des présences hypothétiques (c'est-à-dire des hypothèses ouvertes sur l'existence des présences du concept exprimé par un terme), plutôt que des mondes possibles.[201]

Le lecteur attentif a sûrement déjà associé la classification de Suhrawardī des manières dont un prédicat se relie à son sujet à la théorie aristotélicienne des quatre prédicables développés dans les *Topiques* : (Top. A 4 101b15-19)), à savoir le *genre (*avec differentia)*, la définition*, le *proprium* et l'*accident*. Non seulement le texte cité ci-dessus l'explicite, mais Suhrawardī répète ce point dans plusieurs parties d'*al-Ishrāq*, notamment lorsqu'il doit élucider son point de vue sur les syllogismes[202].Toutefois, une grande mise en garde s'impose : nous ne prétendons pas qu'il existe des preuves que Suhrawardī ait jamais lu ou eu un accès direct aux *Topiques*. Néanmoins, quelles que soient les voies par lesquelles il a connu la théorie des prédicables, il est probable que cela a influencé sa conception des modalités.

B III.2.2 Sur l'itération

Habituellement, ceux qui, comprennent les modalités comme prédicables affectant la copule plutôt que comme des opérateurs propositionnels monadiques, rejettent généralement l'itération (voir Malink, 2006, p. 96).

De façon maladroite, Ziai (1990, p. 70) prétend que la logique modale de Suhrawardī est essentiellement une logique propositionnelle S5 sans itération, ou avec une itération qui ne se produit qu'au niveau de la grammaire de surface. Ceci est corrigé dans Walbridge et Ziai (1999, p 17, note 20), où les modalités de Suhrawardī sont interprétées à la fois comme des connecteurs propositionnels affectant la copule. Street (2008, p. 169) conteste, à juste titre, l'affirmation de Ziai (1990)[203] . En effet, Suhrawardī écrit explicitement :

---

[201]Non seulement le texte cité ci-dessus l'explicite, mais Suhrawardī répète ce point dans plusieurs parties d'al-Ishrāq, notamment lorsqu'il doit élucider son point de vue sur les syllogismes, comme dans le passage suivant sur la deuxième figure du syllogisme :

> De même, si le prédicat d'une proposition définie a une relation contingente et [le prédicat de] l'autre une relation nécessaire, alors une relation nécessaire est impossible pour la première et la contingence est impossible pour l'autre. De même, si le prédicat de l'un a une relation contingente et [le prédicat de] l'autre une relation d'impossibilité, c'est comme nous l'avions dit auparavant. al-Ishrāq (1999, p. 24).

[202] Voir Malink (2006, p. 97).

[203] Plus loin dans le texte, Street (2008, p. 173) suggère d'adapter la lecture mixte de dicto/de re des modalités d'Ibn Sīnā proposée par Thom (2008) au cadre de Suhrawardī. Remarquez que le fait d'avoir une nécessité de dicto a pour conséquence qu'une prémisse d'un syllogisme avec une possibilité de re dans le prédicat, suppose une possibilité unilatérale, ce qui n'est pas compatible avec la prise générale de Suhrawardī sur la contingence.Cette ligne de pensée a été poursuivie,

(21) Puisque la contingence du contingent, l'impossibilité de l'impossible et la nécessité du nécessaire sont toutes nécessaires, il est préférable de faire des modes de nécessité, de contingence et d'impossibilité des parties du prédicat afin que la proposition devienne nécessaire en toutes circonstances. On dira donc : "Nécessairement, tous les humains sont contingemment alphabétisés, nécessairement animaux, ou impossiblement pierres." Une telle proposition est appelée " définitivement nécessaire ". *al-Ishrāq* (1999, p. 16, p. 18).

Si nous distinguons les relations *Nécessité par définition*, *Nécessité par genre*, *Nécessité par proprium*, et *Nécessité accidents*, comme des relations primitives autonomes -- comme le fait Malink (2006) - nous pouvons dresser le tableau suivant qui suggère que la forme d'itération de Suhrawardī est compatible avec des approches telles que celle proposée par Patterson (1995) pour interpréter les modalités aristotéliciennes :

Non itéré Modalités aristotéliciennes comme prédictibles	**Modalités itérées de Suhrawardī**
$\mathbf{L}_\delta$, (définition)	**LL,** (relation convertible nécessairement nécessaire)
$\mathbf{L}_\gamma$, (genre)	**LL,** (relation non convertible nécessairement nécessaire)
$\mathbf{M}_\pi$, (proprium)	LM, (relation convertible nécessairement contingente) (relation réciproque)
$\mathbf{M}_\alpha$, (accident)	LM, (relation non convertible nécessairement contingente) (relation réciproque)

entre autres, par Movahed (2012), qui permet le passage du nécessaire au possible dans sa reconstruction axiomatique du syllogisme modal de Suhrawardī, qui suit la lecture de Street (2008) de l'itération par nécessité. Voir aussi El-Rouayheb (2016, p. 79), qui suppose une sémantique du monde possible dans son tableau sémantique pour une lecture essentialiste de la controversée Barbara $\mathbf{L}(\forall x\ (J(x) \rightarrow MB(x)))$, $\mathbf{L}(\forall x\ (B(x) \rightarrow LA(x))) \vdash \mathbf{L}(\forall x\ (J(x) \rightarrow MA(x)))$ adoptée par de nombreux penseurs post-d'Ibn Sīnā s.

La deuxième occurrence de **L** dans **LL** représente la prédication non-contingente - c'est-à-dire que **LL** représente les présences réelles du prédicat. Aucun autre type d'itération ne semble convenir au cadre.

B III. 3. Modalités et explication dialectique de la signification

Afin de mieux comprendre le point de vue de Suhrawardī sur les modalités, nous devons nous pencher sur ses propres explications de sens des assertions modales.

B III.3.1 Explications de la signification de Suhrawardī

La sémantique des relations modales de Suhrawardī sont contenues dans le texte suivant, court mais très perspicace, qui se trouve dans le troisième discours consacré à l'étude des sophismes, où il expose comment réfuter les affirmations impliquant les différents types de propositions définitivement nécessaires.

Traduction	**Arabe**
(48) Saches que l'universalité d'une règle affirmant qu'une chose est prédite d'une autre est réfutée par un seul cas où cette seconde chose est absente. L'universalité d'une loi affirmant l'impossibilité qu'une chose soit prédite de quelque chose d'autre est prouvée/par l'existence de cette chose dans un seul cas. Ainsi, si quelqu'un affirme que tout C est nécessairement B mais trouve un seul C qui n'est pas B, alors l'universalité de la règle est réfutée. De même, si quelqu'un affirme qu'il est impossible qu'un C soit B mais qu'il trouve un seul C qui soit B, alors la loi sera réfutée. Cependant, si quelqu'un affirme que tout C peut être B, cela n'est réfuté ni par l'existence ni par l'absence d'exemples. Ainsi, si quelqu'un prétend qu'un certain universel est contingemment vrai d'un autre universel - par exemple, en	اعلم ان القاعدة الكلّيّة لوجوب شيء على شيء يبطلها عدم ذلك الشيء في جزئّ واحد. والقاعدة الكلّية ما متناع شيء على شيء يبطلها عدم ذلك الشىء في جزئي واحد. والقاعدة الكليَة لا متناع شيء على شيء يبطلها وجود ذلك الشيء في جزئّ واحد؛ كمن حكم (انّ كلّ ج بالضرورة ب) فوجد جيما واحد ا ليس بب ينتقض به القاعد ة الكليّة. وكذا من (انّه ممتنع إن يكون كلّ ج ب) فوجد جيما هو ب، فينتقض قاعدته. ومن حكم (انّ كلّ ج ب بالإمكان)، لا يبطل هذه القاعدة وجود او عدم. ومن ادّعى إمكان شيء كّلّى على كّلّى آخر. مثل البائية على الجيم. كفاه أن يجد جزئيّا واحدا هو ب وجزئيّا آخر ليس بب. فيعرف انّه لا يمتنع على الطبيعة الجيميّة الكلّيّة البائيّة، والاّ ما اتّصف أشخاصها واحد بها؛ ولا يجب، وإلاّ ما تعرّي جزئي واحد منها[204]...

[204] Corbin (2001), pp. 55- 56.

affirmant le "B lui-même " de C - alors il n'**a besoin de trouver** qu'une seule instance qui est B et une autre qui n'est pas B afin de montrer que l'universel B n'est pas impossible dans la nature C (puisqu'autrement aucun individu C ne pourrait être décrit comme étant B) et que [B] n'est pas nécessaire [dans C] (puisque dans ce cas aucun individu C ne pourrait manquer d'être B).	

Remarque concernant la traduction du terme كفاه et son lien avec le concept de Plénitude

Saleh Zarepour a fait remarquer dans un courriel à Rahman, et à juste titre, que dans la source arabe, pour quelqu'un qui cherche à prouver une contingence nécessaire, **il suffit** كفاه)) de trouver une [instance de C] particulière qui est B et une autre [instance de C] particulière qui ne l'est pas, plutôt que de **devoir** trouver de telles instances, comme dans la traduction de Ziai et Walbridge ci-dessus. Le point de Zarepour est un point d'Ibn Sīnā : si la contingence revient à trouver **nécessairement** au moins une instance où la potentialité est réalisée (et une où elle ne l'est pas), alors cela semble conduire à une forme forte de plénitude : tout ce qui est possible doit être une fois réalisé. Le point de vue d'Ibn Sīnā sur la plénitude est plus faible : ce qui est requis, est le fait qu'une telle instance soit concevable. Ce point a été admirablement discuté par Griffel (2009) :

Pour Ibn Sīnā, cependant, "ce qui ne tient, ni toujours, ni jamais" fait référence à des prédications ou attribution sur les choses du monde extérieur ainsi que sur celles qui n'existent que dans l'esprit. La "maison heptagonale" (al-bayt al-musabba), par exemple, n'existera peut-être jamais dans le monde extérieur, mais elle existera à un moment donné dans l'esprit d'un homme et sera donc un être possible. Pour Ibn Sīnā, le principe de plénitude est valable pour l'existence dans l'esprit :ذهن mais pas pour l'existence, c'est-à-dire dans le monde extérieur. Il est contingent que certaines maisons, ou toutes les maisons, soient heptagonales, puisque la combinaison de "maison" et "heptagonal" n'est ni nécessaire ni impossible. Ici, Ibn Sīnā sépare clairement la modalité du temps. La possibilité d'une chose n'est pas comprise en termes d'existence réelle dans le futur mais en termes de sa concevabilité mentale. [...]

Pour être possible, une chose doit exister pendant au moins un moment dans le passé ou le futur. L'existence mentale (al-wujūd fī-l-dhihn: الوجود في الذهن), cependant, est l'un des deux modes d'existence dans l'ontologie d'Ibn Sīnā. L'existence d'une chose dans notre esprit dépend du fait qu'elle soit le sujet d'une prédication. Il n'y a pas de différence ontologique entre le fait qu'une chose existe dans la réalité ou simplement dans l'esprit humain. F. Griffel (2009, pp. 167-168).

Bien que la terminologie concerne l'être dans l'esprit, on peut soutenir que la concevabilité n'a pas besoin d'être interprétée comme une compréhension psychologique de la possibilité, mais qu'elle est proche de la notion aristotélicienne de la possibilité comme non contradictoire - voir par ex. Pr. An, I, 15, 34^a 25-9. Néanmoins, est-ce là ce que Suhrawardī a à l'esprit ? Il est difficile de répondre à cette question : d'une part, l'insistance sur la présence, semble être plus engagée ontologiquement que la simple présence dans l'esprit, d'autre part, il y a des textes qui pourraient suggérer cela, comme :

Si nous disons " Possiblement chaque J est B " et " Réellement (bi'l-wujūd) chaque B est A ", on sait, d'après la nature de la possibilité, que cela peut ne jamais se produire réellement ; ainsi, si le J n'est jamais décrit comme B, il ne s'ensuit pas que le A lui vient réellement, mais seulement potentiellement, donc c'est possible. *Manṭiq al-talwīḥāt* (1955, p. 35-36), cité et traduit en anglais dans Street (2008, p. 170) et que nous avons repris en français.

Or, ce cas est celui d'un syllogisme mixte, où l'universel catégorique non modal est compris ici comme un quantificateur possibiliste, qui admet aussi une lecture dans laquelle le moyen-terme est affecté par la contingence. Néanmoins, Suhrawardī accepte l'existence dans l'esprit comme le confirme ce passage suivant:

(68) Par conséquent, tous les attributs peuvent être divisés en deux classes. La première est l'attribut concret, qui a aussi une forme dans l'intellect comme le noir, le blanc et le coup. La seconde est l'attribut dont la seule existence concrète est son existence dans l'esprit et qui n'a aucune existence du tout sauf dans l'esprit. *al-Ishrāq* (1999, p. 50)

Dans ce contexte, les lignes remarquables suivantes sont pertinentes, où il discute du cas de la connaissance de la signification de Phoenix, pour quelqu'un qui n'a jamais eu connaissance d'un tel oiseau auparavant, bien qu'il le sache par d'autres qu'un tel oiseau existe :

Supposons que quelqu'un sache avec certitude qu'un oiseau appelé "phénix" existe mais qu'il ne l'ait pas vu et qu'il cherche à le connaître précisément. Il ne connaîtra que les attributs généraux de l'oiseau - le fait qu'il vole, par exemple. Ce n'est qu'en écoutant de nombreuses personnes lui dire que les autres attributs de l'oiseau appelé "phénix" sont tels et tels qu'il pourra le connaître au point de pouvoir dire que les attributs mentionnés par quelqu'un qui le décrit appartiennent tous à ce qu'il cherche et à rien d'autre. *al-Ishrāq* (1999, p. 37).

Ainsi, selon Suhrawardī, étant donné ces circonstances, on peut avoir la connaissance du Phénix, à condition de rassembler suffisamment d'informations sur d'autres personnes qui décrivent cet animal comme ayant telles et telles propriétés, de sorte que ces attributs appartiennent à cet animal et à rien d'autre. Cela rappelle la notion contemporaine de description définie. Suhrawardī suggère-t-il qu'une description définie, plutôt qu'une définition, est suffisante pour saisir le sens de Phénix ? Il semble bien que oui, cependant, le texte suppose que l'existence est connue par la transmission d'autrui. Movahed (2012, p. 14-15), qui suppose une sémantique des mondes possibles S5, distingue entre la potentialité B d'une certaine référence non-actuelle de la constante individuelle a, et la potentialité attribuée à la constante individuelle réelle a (en fait, il prend « a » pour une description définie), soit c'est-à-dire $\Diamond(B(a))$, et $(\Diamond B)(a)$, où la capacité B(a) est exprimé de la constante individuelle réelle « a ». On peut trouver un rendu précis de cette idée dans Fitting and Mendelsohn (1998, p. 195), où la notation lambda est introduite afin de distinguer $\Diamond\langle x.\ B(x)\rangle(a)$ de $\langle x.\ \Diamond B(x)\rangle(a)$. En effet, une façon de lire ceci est que, alors que la première expression encode l'idée que la référence de la constante individuelle a, actualise B dans un certain monde possible, la seconde indique que la référence actuelle de la constante individuelle a pourrait actualiser B (c'est-à-dire actualiser B dans au moins un certain monde possible).

En fait, comme le discute en détail Zhang (2018), la notion d'existence de Suhrawardī est complexe et sophistiquée et il est peu probable qu'elle conduise au type de Plénitude Faible défendue par Ibn Sīnā. En fait, les engagements ontologiques engagés par la logique des " présences " rendent peu plausible une lecture de la modalité nécessairement contingente de Suhrawardī comme compatible avec la Plénitude faible – Le Pr. Rahman a bénéficié d'un échange sur la question avec Jari Kaukua (Jyväskylä). De plus, l'engagement de Suhrawardī en faveur de la Plénitude faible peut être considéré comme constituant une partie de sa critique de la prise de position sur la Plénitude défendue par les penseurs péripatéticiens de son époque.

Quoi qu'il en soit, si, comme nous le faisons ci-dessous, nous introduisons les présences dans le langage objet, la distinction entre présences " actuelles " et " hypothétiques " est assez simple et le résultat logique n'est pas vraiment différent après tout - du moins du point de vue de la description de l'ensemble des syllogismes valides. Cela dit, on peut soutenir que, selon les principaux principes épistémologiques de la philosophie de l'illumination de Suhrawardī, la force épistémique véhiculée par une actualisation hypothétique est plus faible que celle d'une actualisation catégorielle.

En fait, nous retrouverons dans ce texte ce que les adeptes du dialogue appellent *l'explication dialectique (ou dialogique) de la signification. L'explication dialectique de la signification* d'une expression est définie par des règles prescrivant comment justifier une assertion impliquant cette assertion (voir Rahman et al., 2018, Chapitre 3) et (Crubellier et al. ,2019). Ces règles déterminent comment contester l'assertion et comment la défendre. C'est ici qu'il apparaît clairement à quel point l'approche logique de Suhrawardī a été influencée par la tradition dialectique des débats qu'il a connue et pratiquée. De plus, c'est une « explication de la signification » puisque les règles expliquent *pourquoi* nous avons le droit d'affirmer ce qu'on affirme. En d'autres termes, il s'agit d'une « explication » puisque les règles de signification d'une expression donnent les raisons pour l'affirmer. Dans le cas de la signification d'une proposition élémentaire (c'est-à-dire le contenu exprimé par une formule atomique), l'explication revient à fournir une « présence », qui compte désormais comme raison pour la justifier[205].

En d'autres termes, saisir le sens d'une proposition impliquée dans une assertion de **X** revient à savoir :

1 quels sont les *droits de l'*antagoniste **Y** dans le contexte d'une interaction dialectique déclenchée par cette affirmation - par laquelle les *demandes* ou les *défis* mettent les *droits* en action; et

2 quels sont les *engagements pris* par l'affirmation, les *défenses* étant les moyens d'utiliser ces *engagements*.

C'est ce que nous entendons lorsque nous parlons d'*explication dialectique de la signification.* Afin d'élucider ces explications, concentrons-nous d'abord sur la proposition non modale.

***Note terminologique** : Dans le texte, nous utilisons les deux termes « explication dialogique de la signification » et « explication dialectique de la signification ». En fait, nous utilisons le premier lorsque nous souhaitons souligner ses liens avec le cadre la logique dialogique, qui trouve d'ailleurs son origine dans l'étude de Paul Lorenzen et Kuno Lorenz sur la dialectique chez Platon et Aristote. Nous utilisons la seconde lorsque nous souhaitons mettre en évidence les liens avec la théorie du débat islamique.

B III.3.2. Explications dialectiques de la signification des universaux et existentiels non modaux

Le niveau sémantique concerne les liens entre les concepts, comme nous le trouvons entre l'*Être vivant* et l'*Être connaissant*, pour adapter un exemple courant dans la littérature. Ce niveau ne rend pas directement une proposition mais plutôt les conditions sémantiques à partir desquelles une proposition est obtenue. Ainsi, le lien conceptuel entre

[205] Rappelons notre remarque sur l'expertise de Suhrawardī sur la théorie des débats des Shafiis. Observons aussi que, comme le soulignent Walbridge et Ziai (1999, introduction p. 15) dans cette section, au cœur de sa critique des doctrines péripatéticiennes, Suhrawardī examine les positions de ses adversaires sous la forme de disputes sur la philosophie naturelle et la métaphysique.

Être connaissant** et Être **vivant

doit être compris comme pour toute instance (présence) *x* de l'*Être connaissant*, une instance de l'*Être vivant* peut être obtenue par un processus sémantique qui rend les instances de ce dernier à partir des instances du premier.

En d'autres termes, à ce niveau d'analyse, le lien sémantique entre l'*Être vivant* et l'*Être connaissant* n'est pas simplement conçu comme un conséquent d'une fonction propositionnelle définie sur l'*Être connaissant*. Si nous employons la Grammaire Théorique des Types de Ranta (1994) où les instances (présences) peuvent être exprimées au niveau du langage objet nous obtenons :

Notation linéaire	Notation verticale
Être vivant [x] : prop (x : Être connaissant)	(x : Connaître l'être) ... Être vivant [x] : prop

À un autre niveau d'analyse (conjonctif), cela constitue soit une implication propositionnelle telle que

s'il est connaissant alors il est vivant, ou encore

Tout être connaissant est un être vivant.

Notez que le niveau connecteur/quantificateur présuppose le niveau sémantique. Ce n'est que lorsque nous savons comment un concept est dépendant d'un autre, que nous pouvons rendre la connective ou le quantificateur logique correspondant. En plaçant les deux niveaux d'analyse, dans un cadre dialogique, les points suivants deviennent clairs :

Si l'interlocuteur **X** affirme que quelque chose est connaissant, alors l'antagoniste **Y** peut lui demander d'affirmer en plus que c'est vivant.

Si un tel endossement a eu lieu, il a également été le résultat d'un acte de connaissance antérieur, au moyen duquel les **présences de l'antécédent** (dans notre cas l'*Être connaissant*) sont expérimentées comme dépendant des **présences du conséquent** (dans notre cas l'*Être vivant*).

Selon notre analyse, il s'agit d'un des traits les plus distinctifs de l'épistémologie de l'illumination et peut être décliné comme l'obtention des étapes suivantes :

1. La proposition *Tout savoir, est vivant*, présuppose un processus d'abstraction sur la construction : *Etre vivant*(x) : *prop* (x : *Etre connaissant*). En d'autres termes, concevoir l'universel comme une proposition présuppose :

2. Chaque présence d'*être vivant a* été expérimentée comme associant des présences d'*être connaissant* à des présences d'*être vivant*. Isoler et identifier la procédure d'association elle-même est la production d'une étape d'abstraction supplémentaire. Formellement parlant, la procédure d'association peut être rendue comme une fonction $b(x)$: qui prend les présences de l'antécédent et produit les présences du conséquent :

Notation linéaire	**Notation verticale**
b(x) : Être vivant [x] : prop (x : Être connaissant)	(x : Connaître l'être) ... b(x) : Être vivant [x] : prop

3. L'étape précédente est le produit d'une abstraction sur les actes d'expérience selon laquelle les présences de l'*Être connaissant* témoignent des présences de l'*Être vivant*. En d'autres termes, si pour tout *a* : *Être connaissant*, nous faisons l'expérience de ce *a* comme témoin d'une présence d'*Être vivant*, une association-procédure $b(x)$ peut être isolée, telle que $b(a/x)$: *Être vivant*.

En bref, et exprimée comme un processus d'inférence, maintenant du plus simple au complexe après que l'expérience de la présence concrète ait été réglée : [206]

Être vivant(x) : prop (x : Être connaissant)
----
b(x) : Être vivant(x) (x : Être connaissant)

(∀x : Être connaissant) Être vivant(x) : prop

Pour en revenir au cadre dialectique, l'*explication dialogique de la signification* du quantificateur universel, où les présences sont explicitées dans le langage objet, il convient de souligner ce qui suit : Si le joueur **X** énonce un quantificateur universel, il

[206] On peut y voir un lien avec la critique que fait Suhrawradī de ce qu'il appelle la prise péripatéticienne des définitions (et du genre) : les universaux exprimant des définitions supposent déjà que leur processus sous-jacent de constitution du sens a été établi auparavant. En d'autres termes, les universaux exprimant des définitions et des genres supposent la formulation de règles de formation de sens qui encodent des connaissances recueillies en saisissant la dépendance ou l'interdépendance des instances réelles des termes impliqués. Cela semble être un écho aux notions d'implicite (lāzim), de confinement (taḍammun) et d'implication (iltizām) d'Ibn Sīnā, discutées en profondeur par Strobino (2016), bien que Suhrawardī construise le lien lāzim entre les concepts à partir de la dépendance (ou de l'interdépendance) des instances des concepts impliqués.

doit être capable d'associer une présence appropriée du **conséquent** pour toute présence arbitraire de l'**antécédent** choisi par le challenger **Y**.

Affirmation	Défi	Défense
X ! (∀ x : A) B(x) **X** énonce l'universel Tout A est B	**Y** a : A **Y choisit** une présence arbitraire a de A	**X** ! b[a] : B(a) **X** associe a à une présence de B(a/x)

Cela présuppose à nouveau des règles de formation sémantique appropriées comme le niveau sémantique mentionné ci-dessus.

Affirmation	Défi	Défense
X (∀ x : A) B(x) : prop **X** affirme que l'universel est une proposition	**Défi1** **Y** ? $\mathscr{L}_F$ **Y** demande la formation de la composante **gauche** ($\mathscr{L}$) de l'universel. ---------------- **Défi2** **Y** ? $\mathscr{R}_F$ **Y** demande la formation de la composante **droite** ($\mathscr{R}$) de l'universel	**Défense1** **X** A : set/prop **X** répond que c'est un ensemble (ou une proposition ne dépendant pas d'une autre) -------------------- **Défense2** **X** B(x) : prop (x : A) **X** répond que B(x) est une proposition dépendant de A

Remarquez que cette notation suit l'idée de la logique traditionnelle selon laquelle la prédication revient à dire que le terme-prédicat s'applique à toute instance du terme-sujet :

Le terme sujet **Terme prédicat**

(∀ *x : A*) *B*(*x*)

L'explication dialogique de la signification pour un existentiel, laisse le choix de la présence au défenseur :

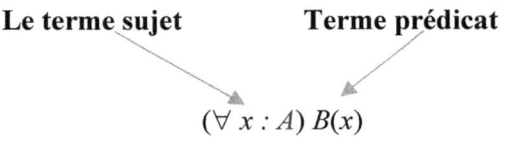

Affirmation	Défi	Défense
X ! $(\exists x : A)\, B(x)$ **X** énonce l'existentiel Certains A sont B	**Défi1** **Y** ? $L^{\exists}$ **Y** demande la gauche : Lequel/lesquels des A sont des B ? ------------------------ **Défi2** **Y** ? $\mathfrak{R}^{\exists}$ **Y** demande le droit : Montrez-moi que votre choix est bien un B	**Défense1** **X** a : A **X** répond que a est l'un de ces A ---------------------------- **Défense2** **X** b(a) : B(a) **X** associe la présence de a à une présence de B(a/x)

Remarquez que cela analyse une assertion existentielle ayant la même structure sujet-prédicat que celle du quantificateur universel. De plus, cela permet d'exprimer le terme-sujet comme une restriction d'un domaine sous-jacent. Reprenons l'exemple d'Ibn Sīnā

Certains poètes sont bons

Ce qui, comme le souligne Ibn Sīnā dans les *al-Išārāt*(1983, Chapter 10.1, pp. 501-502), ne soutient pas l'inférence *Il y a quelqu'un, disons Imraʾa al-Qays, qui est bon et poète*.[207] Il est clair que ce qui est affirmé est:

*Certains poètes sont bons **en tant que poètes*** $(\exists x : \text{Poètes})\, \text{Bon}(x)$

En d'autres termes, *dans le domaine restreint par le sujet, à savoir les poètes; certains sont bons.* Comme mentionné dans notre discussion sur l'ecthèse, l'existentiel exprime un ensemble, dans notre exemple l'ensemble de :

Ces présences du poète qui sont bonnes (en tant que **poètes**) $\{x : \text{poète} \mid \text{Bon}(x)\}$

Puisque cet ensemble est ce à quoi se résume la signification de l'existentiel, l'explication dialogique de la signification de l'expression « $\{x : A \mid B(x)\}$ » est la même que celle de l'existentiel :

Affirmation	Défi	Défense
X ! $\{x : A \mid B(x)\}$	**Défi1** **Y** ? $\mathfrak{L}^{\{\}}$	**Défense1** **X** a : A **X** répond que a est l'un de ces A

[207] En fait, selon le contre-exemple précis d'Ibn Sīnā, des prémisses Imraʾa al-Qays est bon et Imraʾa al-Qays est un poète, il ne s'ensuit pas Imraʾa al-Qays est un bon poète.

X indique que l'ensemble des A qui sont B peut être défini sur A	**Y** demande la gauche : Lequel/lesquels des A sont des B ? ----------------------- **Défi2** **Y** ? ℛ⁰ **Y** demande le droit : Montrez-moi que votre choix est bien un B	------------------------- **Défense2** **X** b[a] : B(a) **X** associe la présence de a à une présence de B(a/x)

Dans l'annexe, nous décrivons les règles pour les autres constantes logiques standard habituelles[208] ;

[208] Une fois que les constantes logiques ont été constituées à partir de ses explications dialectiques on peut accéder à un niveau supérieur, à savoir, le niveau stratégique. Au niveau stratégique, le proposant **P** a une stratégie gagnante pour un universel si, pour toute présence du sujet, l'opposant **O** peut montrer qu'il produit une instance du prédicat pour ce choix de **O**. La façon d'implémenter ceci dans le cas où un quantificateur universel doit être testé, est de permettre à l'opposant de choisir toujours une **nouvelle** instance.

Affirmation	**Défi**	**Défense**
P ! (∀ x : A) B(x) **P** déclare qu'il a une stratégie gagnante pour l'universel	**O** a : A **O** **choisit** la **nouvelle** présence a de A, et demande à **P** de montrer qu'il est témoin d'une présence de B(x)	**P** ! b(a) : B(a) **P** associe a à une présence de B(a/x)

Ainsi, au niveau stratégique, la vérité de l'universel exige que **P** soit capable d'associer les présences du Sujet aux présences du Prédicat, en substituant x dans b(x) à toute présence du Sujet que **O** pourrait choisir.

Par rapport à un existentiel, tel que (∃ x : A) B(x), au niveau stratégique, la vérité de cet existentiel exige que **P** soit capable d'énoncer une certaine présence a : A choisie par **P** lui-même, en réponse au premier défi, et d'énoncer B(a), en réponse au second défi, en construisant la procédure d'association b(a/x).

Affirmation	**Défis**	**Défense**
P ! (∃ x : A) B(x) **P** déclare qu'il a une stratégie gagnante pour l'existentielle	**Défi1** **O** ? L$^{\exists}$ ------------------------------ **Défi2** **O** ? R$^{\exists}$	**Défense1** **P** a : A **P** répond en choisissant une a et que c'est une de ces présences qui témoigne de A ------------------------------ **Défense2** **P** b(a) : B(a)

Observons maintenant que dans un syllogisme, les prémisses et la conclusion partagent un domaine commun, sur lequel le terme Sujet et le terme Prédicat ont été définis. C'est ce qui permet au moyen terme, de se produire comme Prédicat dans une prémisse et comme Sujet dans l'autre. De plus, puisque, comme nous le verrons lorsque nous introduirons les modalités dans l'universel, le terme Sujet peut également être modalisé, nous avons besoin d'un premier terme pour construire la relation modale : comme dans *Tous les humains, qui sont nécessairement des êtres alphabétisés par contentement, sont nécessairement rationnels*. Ignorons pour le moment la modalité afin de souligner la structure sous-jacente du sujet - le "sujet" désigne ici le terme sujet + le domaine sur lequel le terme sujet a été défini :

Tous les humains qui savent lire et écrire sont rationnels.

Doit être compris comme

Toutes les ***présences z*** *de* ***l'ensemble de tous les humains qui sont des êtres alphabétisés*** *sont rationnelles.*

$$(\forall z : \{x : \text{Humains} \mid \text{Êtres alphabétisés}(x)\})\ \text{Rationnel}(z)$$

Sujet **Prédicat**

Remarquez que cette analyse reflète la forme Sujet-Prédicat du syllogisme traditionnel.

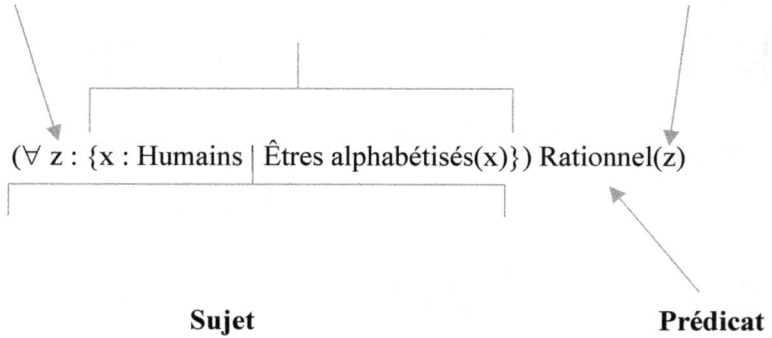

	Forme traditionnelle	**Encodage explicite**
		P associe la présence de a à une présence de B(a/x)

Universaux	Tout (D qui sont) S est P Aucun (D qui sont) S est P	(∀ z : {x : D | S(x)}) P(z) (∀ z : {x : D | S(x)}) ¬P(z)
Particulières	Certains (D qui sont) S est P Certains (D qui sont) S n'est pas P	(∃ z : {x : D | S(x)}) P(z) (∃ z : {x : D | S(x)}) ¬P(z)

En fait, dans le contexte d'une interaction dialectique, il est utile d'être plus précis et d'indiquer que les "instances de test" pour un universel énoncé par **X**, sont choisies par le challenger **Y.** Dans notre exemple, cela revient à indiquer que le choix de **Y** pour une instance témoignant du sujet, est *un animal qui est humain*. Puisque *Animal* est la composante gauche de chaque instance *z* témoignant du Sujet, nous adoptons la notation "$\mathcal{L}^{\{\}}$ $(z)^{\mathbf{Y}}$ ", qui indique que **Y** choisit un animal qui est rationnel, comme son cas (celui de **Y**) pour construire un contre-exemple à l'universel (cf. Crubellier et al, 2019) et (McConaughey ,2021, chapitre 4) :

X !∀ z : {x : Animal | Humain(x)} Rationnel ($\mathcal{L}^{\{\}}$ $(z)^{\mathbf{Y}}$)

Dans cette perspective, l'analyse sémantique et logique est une conséquence de l'interaction dialectique qui sous-tend un débat sur la signification et ses extensions possibles. Comme nous le verrons plus loin, le cadre dialectique permet ce que nous appelons un encodage dynamique. En d'autres termes, un encodage où les instances témoins des termes Sujet et Prédicat sont rendues explicites au cours de l'interaction défi-défense. Ainsi, avant l'interaction, les assertions d'un syllogisme ont les formes suivantes :

	Forme traditionnelle Avant l'interaction	**Encodage dynamique Avant l'interaction**	**Encodage dialectique explicite Avant l'interaction**
Universaux	**X** ! Tout (D qui est) S est P **X** ! Aucun (D qui sont) S est P	**X** ! (Tout S_D) P **X** ! (Tout S_D) non-P	**X** ! (∀ z : {x : D | S(x)}) P($\mathcal{L}^{\{\}}$ $(z)^{\mathbf{Y}}$) **X** ! (∀ z : {x : D | S(x)}) ¬P($\mathcal{L}^{\{\}}$ $(z)^{\mathbf{Y}}$)
Particulières	**X** ! Certains (D qui sont) S sont P **X** ! Certains (D qui sont) S ne sont pas P	(Quelques S_D) P **X** ! (Certains S_D) non-P	**X** ! (∃ z : {x : D | S(x)}) P($\mathcal{L}^{\{\}}$ $(z)^{\mathbf{Y}}$) **X** ! (∃ z : {x : D | S(x)}) ¬P($\mathcal{L}^{\{\}}$ $(z)^{\mathbf{Y}}$)

	Forme traditionnelle Pendant l'interaction	**Encodage dynamique Pendant l'interaction**	**Encodage dialectique explicite Pendant l'interaction**
Universaux	**X** ! Tout (D qui est) S est P **Y** ! d_i est S **X** ! d_i est P	**X** ! (Tout S_D) P **Y** S_D (d_i) **X** ! P(d_i)	**X** ! (∀ z : {x : D | S(x)}) P($\mathcal{L}^{\{\}}$ $(z)^{\mathbf{Y}}$) **Y** S(d_i) **X** ! P(d_i)

	X ! Aucun (D qui sont) S est P **Y** d_i est S **X** ! d_i n'est pas P	**X** ! (ToutS_D)non-P **Y** $S_D(d_i)$ **X** ! $\neg P(d_i)$	Étant donné $\mathscr{L}^{\{\}}(z)=d_i : D$ **X** ! $(\forall z : \{x : D \mid S(x)\})$ $\neg P(\mathscr{L}^{\{\}}(z)^{\mathbf{Y}})$ **Y** $S_D(d_i)$ **X** ! $\neg P(d_i)$ Étant donné **Y** $\mathscr{L}^{\{\}}(z)=d_i : D$
Particulières	**X** ! Certains (D qui sont) S sont P **Y** qui S ? **X** ! d_i est S **Y** qui P ? **X** ! d_i est P **X** ! Certains (D qui sont) S ne sont pas P **Y** qui S ? **X** ! d_i est S **Y** qui P ? **X** ! d_i n'est pas P	**X** ! (Un certain S_D) P **Y** ? $\mathscr{L}^{\exists}$ **X** ! $S(d_i)$ **Y** ? $\mathfrak{R}^{\exists}$ **X** ! $P(d_i)$ **X** ! (Certains S_D) non-P **Y** ? $\mathscr{L}^{\exists}$ **X** ! $S(d_i)$ **Y** ? $\mathfrak{R}^{\exists}$ **X**!$\neg P(d_i)$	**X** ! $(\exists z : \{x : D \mid S(x)\})$ $P(\mathscr{L}^{\{\}}(z)^{\mathbf{Y}})$ **Y** ? $\mathscr{L}^{\exists}$ **X** ! $S(d_i)$ **Y** ? $\mathfrak{R}^{\exists}$ **X** ! $P(d_i)$ **X** ! $(\exists z : \{x : D \mid S(x)\})$ $\neg P(\mathscr{L}^{\{\}}(z)^{\mathbf{Y}})$ **Y** ? $\mathscr{L}^{\exists}$ **X** ! $S(d_i)$ **Y** ? $\mathfrak{R}^{\exists}$ **X** ! $\neg P(d_i)$

De nombreuses reconstructions contemporaines de la dialéctique qui font appel à des logiques pertinentes, modales ou d'autres formes de logiques dites non-classiques, semblent négliger le fait que c'est la constitution dialectique de la signification qui ouvre la voie à la construction dialéctique de la logique. Comme le disent souvent les dialoguistes : la conception dialectique de la logique n'est pas la logique plus l'interaction dialectique, mais c'est l'interaction dialectique qui façonne à la fois le sens et le raisonnement logique. Voyons maintenant comment cela se passe dans les explications de sens des modalités.

B III. 3.3 L'explication dialectique de la signification des relations modales chez Suhrawardī

Une bonne question est de savoir comment distinguer l'assertion modale d'une assertion non modale. Il est clair que Suhrawardī, qui est ici très proche des vues d'Ibn Sīnā, s'intéresse surtout, sinon exclusivement, aux propositions modales, puisque ce sont, selon lui, les seules qui ont une valeur épistémique et scientifique. C'est particulièrement le cas dans le contexte du syllogisme, où seules les propositions nécessaires sont à considérer, une position, qui est également au cœur de la vision d'Ibn Sīnā sur les vérités scientifiques qui devraient finalement exprimer les connexions essentielles entre les termes (voir Strobino, 2016, p. 263). Il est en fait difficile de donner une réponse définitive en raison de cette réticence à parler des propositions non modales, ou lorsqu'il en parle, on a vraiment l'impression que Suhrawardī croit que toutes les assertions sont implicitement modales.

En principe, nous pourrions tenter de distinguer la logique catégorielle et la logique modale de la manière suivante :

Les assertions catégoriques font abstraction à la fois de la manière spécifique (modale) dont le prédicat est lié au sujet et du domaine spécifique dans lequel le sujet et le prédicat ont été définis. Cependant, comme nous le verrons plus loin, lorsque ces assertions catégoriques apparaissent dans un syllogisme mixte d'une certaine figure, la modalité implicite doit être explicitée conformément aux règles de cette figure. En d'autres termes, selon cette perspective, les syllogismes catégoriques sont constitués par des inférences obtenues indépendamment du type de prédicats et du domaine spécifique apparaissant dans les assertions concernées. Ainsi, le terme Sujet et le terme Prédicat pourraient exprimer **implicitement** des potentialités, dont la vérification exige de présenter une instance positive et une instance négative (des termes impliqués) ; ou des nécessités (dont la vérification exige des instances positives des termes impliqués), cependant si le syllogisme entier est examiné comme un syllogisme catégorique, la structure interne du prédicat est ignorée. Une autre façon de le dire, proche des propres esquisses de preuves de Suhrawardī (comme nous le discuterons en examinant les syllogismes de la première figure), est que les universaux catégoriques doivent être compris comme des quantificateurs possibilistes qui incluent non seulement les réalités mais aussi les potentialités[209].

B III.3.3.1 L'explication dialectique de la signification de la relation nécessairement nécessaire

En ce qui concerne la relation nécessairement nécessaire, rappelons que

[209] Cela revient peut-être à considérer les prémisses d'un syllogisme catégorique comme des hypothèses épistémiques, pour reprendre l'heureuse formulation de Göran Sundholm (1997), c'est-à-dire des prémisses supposées connues, plutôt que connues pour être vraies comme dans la nécessité modale.

Une relation nécessairement nécessaire
revient à attribuer des instances réelles, c'est-à-dire des présences du terme Prédicat
à chaque présence du sujet

1 admet la **conversion (simple),** s'il y a une conversion simple entre les présences du sujet et les présences du prédicat - cela correspond à la notion de **définition** des Péripatéticiens ; ou bien
2 n'admet pas de (**simple**) **conversion** - ceci correspond à la notion de **genre** des Péripatéticiens

Si nous combinons cela avec nos considérations précédentes, nous obtenons :

$(\forall\ z : \{x : D \mid A(x)\})$ **LLB**($\mathcal{L}^{\{\}}$ (z) vrai

En supposant que
Sujet A[x] : prop (x : D)
Prédicat B[x] : prop (x : D)

Notez que, puisqu'il *est préférable de faire des modes de nécessité, de contingence et d'impossibilité des parties du prédicat (al-Ishrāq*, 1999, p. 16), et, comme nous l'avons mentionné ci-dessus, nous pouvons avoir des syllogismes où le terme-sujet est modalisé, par exemple s'il est le moyen terme de la prémisse majeure d'un syllogisme de la première figure, il est souhaitable d'avoir une notation qui encode aussi ces cas. C'est exactement ce que fait la notation que nous proposons. En effet, elle permet des encodages tels que le suivant où A est lié à D par une contingence nécessaire :

$(\forall\ z : \{x : D \mid$ **LM**$A(x)\})$ **L**B($\mathcal{L}^{\{\}}$ (z) vraie

Une interprétation des règles qui suit les formulations traditionnelles du syllogisme devrait, selon nous, combiner la notation Sujet-Prédicat traditionnelle avec un terme où l'utilisation des instances de l'expression quantifiée n'est rendue explicite que dans le contexte des règles qui prescrivent comment développer l'interaction dialectique associée à une assertion quantifiée. Ce n'est que pendant la preuve que les instances apparaissent au premier plan. Remarquez que, comme nous le verrons plus loin, ceci est particulièrement important en ce qui concerne la dimension temporelle qui, elle aussi, ne vient dans le langage des objets que comme résultat de l'interaction déclenchée par une assertion de contingence.

Selon notre lecture de la section 48 dans *al-Ishrāq*, Suhrawardī, indique comment le défenseur doit établir le lien entre le prédicat et le sujet, étant donné une instance du sujet, présentée par l'antagoniste pour défier l'affirmation de nécessité. Cela suggère le rendu formel et informel suivant des règles de Suhrawardī :

Affirmation	Défi	Défense
Encodage dialectique explicite **X** ! $(\forall z : \{x : D \mid A(x)\})$ **LL**$B(\mathcal{L}^{\{\}}(z)^{Y})$	**Encodage dialectique explicite** **Y** ! $A(d_i)$ Étant donné : **Y** $\mathcal{L}^{\{\}}(z)=d_i : D$	**Encodage dialectique explicite** **X** $b(d_i) : B(d_i)$
Tous les D qui sont A, sont nécessairement (nécessaire) B - où "$\mathcal{L}^{\{\}}(z)^{Y}$" représente un élément de D, qui est un A, choisi par l'adversaire **Y**.	**Y** affirme $A(d_i)$, par cette affirmation il choisit d_i comme étant l'une des composantes gauches de z, qui sont A dans D.	**X** associe d_i à une présence de $B(d_i /L^{\{\}}(z))$.
Encodage dynamique **X** ! (Tout A_D) **LL**B	**Encodage dynamique** **Y** ! $A(d_i)$ Le défi rend explicite la présence $d_{i:}$ $D_;$ choisi par **Y** pour tester l'universel	**Encodage dynamique** **X** ! $B(d_i)$ La défense rend explicite la présence $d_{i\,;}$ comme des instances du Sujet dont le prédicat peut être énoncé.

Nous avons laissé de côté deux questions, à savoir :

- la distinction entre les modalités qui admettent la conversion simple et celles qui ne l'admettent pas, et
- la dimension temporelle.

Nous traiterons de la conversion simple pour les propositions nécessaires et contingentes nécessaires dans une section séparée. En ce qui concerne la dimension temporelle, dans le contexte de la logique de Suhrawardī, son occurrence explicite n'est pertinente que pour le contingent. En effet, puisque selon Suhrawardī la temporalité est une *condition*, elle n'implique que le contingent : nécessairement la nécessité est toujours actuelle.

N'y a-t-il donc pas d'autres itérations des modalités ? En fait, non, du moins pas en ce qui concerne la réalisation de la connaissance scientifique. En effet, dans le cadre épistémologique fixé par Suhrawardī, seuls les universaux constitués par des relations nécessairement nécessaires et les universaux constitués par des relations nécessairement contingentes fournissent une connaissance certaine. Le premier groupe fournit des propriétés nécessaires du sujet, le second des potentialités nécessaires du sujet. La nécessité nue, exprime soit une nécessité tacite, soit une absence de contingence. La contingence nue n'a, pour reprendre les termes de Suhrawardī, aucune valeur scientifique. Traitons maintenant le cas de la relation nécessairement contingente.

B III. 3.3.2 L'explication dialectique de la signification de la relation nécessairement contingente

La notion de contingence chez Suhrawardī est guidée par deux grands principes aristotéliciens sur le temps qu'il partage avec Ibn Sīnā et la plupart des post-avicenniens, à savoir :

1. Le temps est un présupposé logique du contingent - c'est-à-dire qu'étant donné une paire de propositions exprimant deux attributs incompatibles de la même substance, leur vérité doit être relativisée temporellement (si l'on veut éviter la contradiction) ;
2. L'expérience du contingent est une présupposition épistémologique du temps : nous expérimentons le temps uniquement à travers l'expérience du contingent.

En effet, ses principes constituent le fondement de la temporalisation des attributions de contingence.

B III.3.3.2.1 La temporalisation du nécessairement contingent

Comme déjà mentionné, la relation nécessairement contingente peut aussi se décliner en une relation admettant la simple conversion (correspond au *proprium* de la logique péripatéticienne) et une relation qui ne l'admet pas (correspond à l'*accident*). De plus, la prédication nécessairement contingente inclut les potentialités ou capacités acquises, comme l'alphabétisation, et les potentialités ou capacités *naturelles* ou non acquises, comme la respiration. Alors que la prédication ou attribution d'une capacité non acquise d'un individu actuel implique le temps en tant que focalisation dans un individu particulier - par exemple, rire/respirer est nécessairement mais contingemment dit des humains puisqu'il doit y avoir au moins un moment où le rire est présent, et un autre où il est absent concernant **chaque individu** ; la prédication ou attribution d'une capacité acquise revient à affirmer une telle contingence en ce qui concerne le **genre entier** - par exemple, la prédication ou attribution de l'alphabétisation des humains suppose qu'au moins un individu à au moins un moment actualise l'alphabétisation s'il y a un autre humain qui ne le fait pas. En outre, il pourrait être utile de distinguer les engagements envers la plénitude forte ou faible.

En d'autres termes, la dimension temporelle est constitutive du sens de la notion d'attributions de contingence chez Suhrawardī. En outre, si l'on examine attentivement les textes de Suhrawardī, il apparaît clairement que les conditions temporelles ne sont pas comprises ici de manière propositionnelle, ni comme des implications, ni comme des indices qui saturent une fonction propositionnelle, ce qui ferait d'ailleurs du temps une substance (en contravention avec le premier principe aristotélicien sur le temps mentionné plus haut). Les conditions temporelles sont des paramètres contextuels qui peuvent être explicités afin d'*enrichir* une assertion qui a déjà un contenu[210].

Cela suggère que les présences, plutôt que les propositions, sont les premiers porteurs de la temporalité, ceci, comme discuté dans la partie C, est d'une importance majeure dans le domaine des normes éthiques et/ou juridiques.

Plus généralement, s'il existe une présence *x* témoignant que *A* est vérifié alors *x* sera temporalisé. La temporalisation est mise en œuvre par une fonction temporelle τ qui prend ce *x* et produit un moment t qui est un élément de l'ensemble **T** des moments temporels, et ces moments, selon le contexte, peuvent être définis comme des heures, des jours, des mois, etc.

En d'autres termes, si *x* est l'une de ces présences, l'évaluation de $\tau(x)$ est identique (dans l'ensemble **T**) à un certain t_n , qui indique le moment où A est vérifié,

Il y a une présence x qui témoigne la vérification de A

$$(\exists x : A)\ \tau(x) = t_{\mathbf{T}n}$$

et cette présence x peut être chronométrée comme se produisant à t_n

Notation adverbiale

Une façon de simplifier la notation est la suivante : si "@" représente un opérateur monadique qui enrichit une proposition avec des moments, $A@t_i$ exprime une construction adverbiale.

Maintenant, si a est une présence particulière qui vérifie A, et t_k est le moment précis où A a été vérifié par a, alors,

Etant donné

[210] Nous devons l'*enrichissement de l'*expression à Recanati (2017).

$a : A$
$\tau(a) = t_{Tk}$

on obtient les notations adverbiales

$$A@t_{k'}$$

Puisque dans le cadre de Suhrawardī, l'appel explicite à la temporalité intervient lorsque la contrepartie de l'individu qui témoigne la contingence du sujet a été identifiée, nous rendrons ce processus d'enrichissement explicite une fois qu'une telle identification aura eu lieu.

Affirmation	Défi	Défense
Encodage dialectique explicite **X** ! ($\forall$ z : {x : D | A(x)}) **LM**B($\mathcal{L}^{\{\}}$ (z)$^{\mathbf{Y}}$) Tous les D qui sont A, sont nécessairement contingents B - où "$\mathcal{L}^{\{\}}$ (z)$^{\mathbf{Y}}$ " représente un élément de D, qui est un A, choisi par l'adversaire **Y**.	**Encodage dialectique explicite** **Y** ! A(d_i)$\mathcal{L}^{\{\}}$ (z)=d_i : D **Y** affirme A(d_i), par cette affirmation il choisit d_i comme étant l'une des composantes gauches de z, qui sont A dans D.	**Encodage dialectique explicite** **X** b (d_i) : ($\exists$ y : A_D) B(di) $\leftrightarrow \neg$B(y) **X** affirme que d_i témoigne de B si un certain d_j, choisi par **X**, témoigne de son absence et rend explicite la fonction qui réalise la fonction d'association b.
Encodage dynamique **X** ! (Tout A_D) **LMB**	**Encodage dynamique** **Y** ! A(d_i) Le défi rend explicite la présence d_i : D choisi par **Y** pour tester l'universel	**Encodage dynamique** **X** ! (Quelques A_D) B(d_i) $\leftrightarrow \neg$B **X** affirme que d_i témoins B si certains d témoins son absence.

Affirmation	Défi	Défense
Encodage dialectique explicite **X** b : ($\exists$ y : A_D) B(di)$\leftrightarrow \neg$B(y) .	**Encodage dialectique explicite** **Y** $?_{\exists}$ **Y :** qui est ce y ?. -	**Encodage dialectique explicite** **X** b(di) : B(di)@$t_i \leftrightarrow \neg$B(di)@t_j Où $\mathcal{L}^{\exists}$ (y)=d_i : A_D et $t_i \neq_T t_j$ **X** affirme que d_i est le y qui témoigne également de l'absence de B, mais, bien sûr, à un moment différent de celui où il témoigne de la présence de B. Il se peut aussi que d_i ne soit jamais témoin de B. Ce point sera traité dans notre section sur la plénitude faible.

		Ou **X** b(di) : $B(di)@t_i \leftrightarrow \neg B(d_j)@t_j$ Où $d_j \neq d_i : A_D$ **X** affirme que d_j (différent de d_i) est le y qui témoigne de l'absence de B. Le moment de ce dernier peut ou non être le même que celui du premier.
Encodage dynamique **X** ! $(Quelques A_D)B(di) \leftrightarrow \neg B$	**Encodage dynamique** **Y** Qui est ce A_D ?	**Encodage dynamique** **X** ! $B(di)@t_i \leftrightarrow \neg B(d_i)@t_j$ Où par $t_i \neq_T t_j$ **Ou** **X** ! $B(di)@t_i \leftrightarrow \neg B(d_j)@t_j$ Où $d_j \neq d_i : A_D$

B III. 3.3.2.2 Plénitude

Les engagements de plénitude forte ou faible sont mis en évidence lorsque la bi-implication est analysée plus en détail. Si les deux parties s'engagent à des présences réelles, la plénitude présumée est forte[211], si au moins l'une des parties ne s'engage qu'à un jugement hypothétique, la plénitude présumée est faible.

PLÉNITUDE Encodage dynamique		
Affirmation	**Défi**	**Défense**
X ! $B(di)@t_i \leftrightarrow \neg B(di)@t_j$ Où par $t_i \neq_T t_j$	**Y** ! $B(di)@t_i$ **Ou** **Y** ! $\neg B(di)@t_j$ **Y** conteste la bi-implication en affirmant soit la gauche soit la droite de celle-ci.	**X** ! $\neg B(di)@t_i$ ---------------------- **X** ! $B(di)@t_j$ **X** défend en affirmant le droit si **Y** affirme le gauche et vice versa.

[211] Pour plus de détails voire le dialogue sur la plénitude forte dans Rahman, S. and Seck, A. (2022), pp. 101- 102.

X ! $B(di)@t_i \leftrightarrow \neg B(d_j)@t_j$ Où $d_j \neq d_i : A_D$	**Y** ! $B(di)@t_i$ **Ou** **Y** ! $\neg B(d_j)@t_j$	**X** ! $\neg B(di)@t_i$ -------------------- **X** ! $B(d_j)@t_j$

La Plénitude Faible revient à endosser l'affirmation forte selon laquelle la potentialité impliquée pourrait ne jamais être actualisée par des instances du sujet. De plus, cela revient à affirmer qu'au moins un des côtés de la bi-implication constitue un jugement hypothétique - un jugement basé sur un témoin non actualisé du prédicat à un moment préjugé ou putatif - c'est-à-dire un ensemble d'instants T* définis par rapport à la satisfaction de la condition H.

La notation CTT permet d'exprimer les hypothétiques au niveau du langage objet :

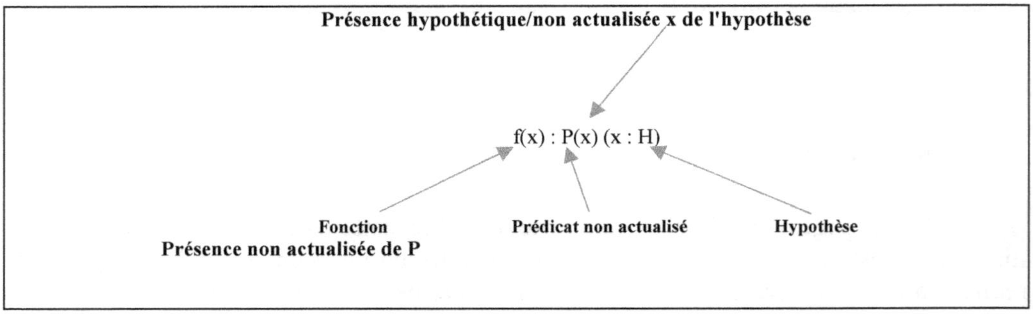

En fait, le raisonnement "purement hypothétique" peut être représenté en supposant un ensemble éventuellement infini d'hypothèses $H_1, ...H_n$. Dans ce cas, la fonction de vérification f est une multifonction, et on obtient $f(x_1, ..., x_n) : P(x) (x_1 : H_1, ..., x_n : H_n)$. Dans la littérature, elle porte assez souvent la notation abrégée $\mathbf{f} : P(\mathbf{x}) (\mathbf{x} : \mathbf{H})$. Cette notation est utilisée pour fournir une notion de modalité en théorie de la preuve (voir Ranta ,1991, pp. 86-88 ; 1994, pp. 145-150).

Afin d'éviter la complexité notationnelle qu'implique le déploiement de ce type d'hypothétique, nous utiliserons la règle dialectique suivante qui laisse pragmatiquement le défi et la défense à un niveau purement non-actualisé : Elle revient à affirmer que la proposition P[**x**] peut être formée ("conçue"), à condition de l'existence de la liste d'hypothèses **H**.

Affirmation	Défi	Défense

X P[**x**] : prop (**x** : **H**) **X** affirme : la proposition P[**x**] peut être formée ("conçue"), à partir de la liste d'hypothèses **H**.	**Y x** : **H** Supposons une telle liste	**X** P[**x**] : prop **X** sous cette hypothèse la proposition [**x**] résulte.

Si nous appliquons cette notation à la contingence nécessaire, nous obtenons l'explication suivante (nous ne montrons que l'encodage dynamique) de la signification dialectique de la Plénitude faible :

PLÉNITUDE FAIBLE **Encodage dynamique**		
Affirmation	**Défi**	**Défense**
X ! $B(d_i)@t_i \leftrightarrow \neg B(di)@t_j$ Par conséquent, t_j pourrait ne pas être différent de t_i. Ceci nous engage à la Plénitude faible : B pourrait être à la fois absent et présent, mais l'un des côtés sera réel et l'autre hypothétique.	**Y** ! $B(d_i)@t_i$ **Ou** **Y** ! $\neg B(d_i)@t_n$ ou "t_n" représente un instant t quelconque, y compris t_i. **Y** conteste la bi-implication en affirmant soit la gauche soit la droite de celle-ci. Si **Y** est convaincu de l'absence de B, il peut choisir un moment arbitraire ou même énoncer l'affirmation plus forte que B **n'est jamais** actualisé par d_i.	**X** ! $\neg B(di)@t^*_j$: prop (**x** : **H**) Où " t^*_j " représente un instant, dans l'ensemble T*, dépendant de **H**. -- **X** ! $B(di)@t^*_j$: prop (x : **H**)
X ! $B(d_i)@t_i \leftrightarrow \neg B(d_j)@t_j$ Dans laquelle $d_j \neq d_i$: A_D	**Y** ! $B(d_i)$ $@t^*_i$: prop (**x**: **H**) **Ou** **Y** ! $(\neg B(d_j)$ @ t_n: prop (x: **H**)	**X** ! $\neg B(d_i)@t^*_i$: prop (**x** : **H**) -- **X** ! $B(d_j)@t^*_j$: prop (**x**: **H**)

Remarquez que les hypothèses **H** peuvent être conçues comme la condition de l'actualisation de B. Par exemple, si B représente la capacité d'alphabétisation, alors **H** peut représenter la condition d'éducation (et d'autres conditions pertinentes). Ainsi, alors que $\neg B(d_i)@t_n$ affirme que d_i n'a jamais réellement acquis la capacité d'alphabétisation, $B(d_i)$ $@t^*_j$ **(x** : **H**) affirme que cette capacité peut encore lui être attribuée, bien que seulement de manière hypothétique, c'est-à-dire à condition que l'on puisse, à un certain moment préjugé ou putatif t_{j*}, supposer que d_i bénéficie de l'éducation.

- En principe, la plénitude faible semble avoir plus de sens lorsqu'elle est appliquée à des capacités acquises plutôt qu'à des capacités "naturelles". Il semble peu plausible de prétendre que je ne rirai jamais, mais il est raisonnable de prétendre qu'aucun humain ne maîtrisera jamais 150 langues.

- Bien que, du point de vue logique, le cas de deux présences différentes de A_D semble ne pas être nécessaire, nous l'avons inclus car il semble que Suhrawardī considère ce cas, comme constituant la forme la plus importante de contingence.
- Suhrawardī ne mentionne explicitement ni la Plénitude forte ni la Plénitude faible, il préfère la démarche la plus prudente consistant à supposer qu'il existe des potentialités qui pourraient ne jamais s'actualiser (du moins, pour un individu), et d'autres qui s'actualisent au moins une fois.

B III. 3.4 La conversion simple

Afin de mettre en œuvre la convertibilité dans le cadre dialectique, nous indexerons la notation des modalités avec les indices distribués selon les configurations suivantes.

	Admettre une simple conversion	**N'admet pas la simple conversion**
Nécessité	$\mathbf{L}^{\Leftrightarrow}$	$\mathbf{L}^{\neg\Leftrightarrow}$
Contingence	$\mathbf{M}^{\Leftrightarrow}$	$\mathbf{M}^{\neg\Leftrightarrow}$

L'explication dialectique de la signification permettra donc de relever d'autres défis, à savoir

1. demander que l'on précise le type de nécessité ou d'imprévu en cause.
2. Exiger à ce que l'on démontre l'application ou non de la convertibilité simple.

Affirmation	**Défi 1**	**Défense1**	**Défi 2**	**Défense2**
X ! (∀ A_D) **LLB**	**Y ? $L^{\Leftrightarrow}$ | $L^{\neg\Leftrightarrow}$** Admet-il une simple conversion ou non ?	**X** ! (∀ A_D) **$LL^{\Leftrightarrow}$** B Il admet une simple conversion.	**Y** ?$^{\Leftrightarrow}$ Exécuter la conversion	**X** ! (∀ B_D) **LLA**
		X ! (∀ A_D) **$LL^{\neg\Leftrightarrow}$** B Il n'admet pas la simple conversion.	**Y ?** $^{\neg\Leftrightarrow}$ Montrer la non-convertibilité.	**X** ! (∃ B_D) **LL¬**A) Il existe au moins un B pour lequel A est impossible.

X ! $(\forall A_D)$ **LM**B	**Y ?** $\mathbf{M}_{\Leftrightarrow} \mid \mathbf{M}\neg_{\Leftrightarrow}$ Admet-il une simple conversion ou non ?	**X** ! $(\forall A_D)$ $\mathbf{LM}^{\Leftrightarrow}$ B Il admet une simple conversion.	**Y** $?^{\Leftrightarrow}$ Exécuter la conversion	**X** ! $(\forall$ **LM** $B_D)$ **LL**A
		X ! $(\forall A_D)$ $\mathbf{LM}^{\neg\Leftrightarrow}$ B Il n'admet pas la simple conversion	**Y ?** $^{\neg\Leftrightarrow}$ Montrer la non-convertibilité.	**X** ! $(\exists$ **LM** $B_D)$ **LL**¬A Il existe au moins un B nécessairement contingent pour lequel A est impossible.

B IV Syllogisme : Les explications dialectiques de la signification en œuvre

Le point de vue relationnel de Suhrawardī sur les modalités qui est développé dans un cadre d'explications de sens dialectiques et discuté ci-dessus, façonne sa conception des syllogismes. Nous analyserons les preuves dans un cadre dialogique tout en suivant la façon dont Suhrawardī les a présentés (bien qu'elles soient souvent assez sommaires) sur la base de ce que nous avons appelé ses explications de sens dialectiques des modalités.

B IV.1 Première figure

Dans l'œuvre de Suhrawardī intitulée *Manṭiq al-talwīḥāt* se trouve une une analyse qui indique comment les explications de sens doivent être déployées dans une preuve. Le texte évoque forme controversée de *Barbara* où la prémisse mineure contient une modalité de possibilité, la prémisse majeure renferme un universel catégorique et la conclusion recèle une possibilité (habituellement notée **XMM**[212] dans la notation aristotélicienne et **MXM** dans celle de l'islam). De plus, l'argument de Suhrawardī préfigure déjà sa principale *règle illuministe* pour la première figure énoncée dans *al-Ishrāq* (1999, pp. 22-23), par laquelle **XMM** est réduit à **MMM**) :

Sachez que la conclusion dans les syllogismes de première figure suit la majeure dans les syllogismes de prémisse mixte, sauf lorsque la mineure est possible et que la majeure est existentielle. Si l'on dit " Possiblement tout J est B " et " Réellement (*bi'l-wujūd*) tout B est A ", on sait par la nature de la possibilité qu'elle peut ne jamais se produire réellement ; ainsi, si le J n'est jamais décrit comme B, il ne s'ensuit pas que le A lui vienne réellement, mais seulement potentiellement, donc c'est possible. *Manṭiq al-talwīḥāt* (1955, p. 35-36), cité et traduit dans Street (2008, p. 170).

212 «M» indique une modalité et «X» l'absence de modalité.

Il semble que l'universel de la prémisse majeure, c'est-à-dire (Chaque B est A) est lu comme affirmant que les instances réelles de A sont prédites des instances réelles de B, alors que si la conclusion doit suivre la prémisse majeure, le terme majeur dans la conclusion doit être une actualisation de A. Cependant, les instances du moyen terme B, que nous obtenons à partir de la première prémisse possiblement tous J est B, c'est-à-dire tous J est possiblement B, pourraient ne pas être une actualisation de B. Donc le moyen terme, s'il est compris de manière univoque dans les deux prémisses, devrait être considéré comme représentant une possibilité.

Dans un tel cas, conclut Suhrawardī, A ne peut être prédit que potentiellement. Cette ligne de pensée conduit Suhrawardī à supposer que dans une preuve d'un tel type de syllogisme, les termes moyens et majeurs ne sont pas des potentialités actualisées (dans les deux prémisses), ce qui nous ramene en fait à la règle d'*al-Ishrāq* pour la première figure selon laquelle un terme apparaissant dans un syllogisme de la première figure est tenu d'avoir la même modalité/non-modalité dans tous les endroits où il apparaît.

Le développement de la preuve esquissée dans le texte suppose en fait que l'universel catégorique de la deuxième prémisse, inclut des capacités non actualisées dans le sujet et le prédicat. Ceci coïncide avec notre remarque précédente selon laquelle, les termes impliqués dans un catégorique peuvent être lus comme admettant des modalités.

Présentons l'argument de Suhrawardī esquissé dans le texte cité ci-dessus, comme un dialogue avec un partisan **P** et un opposant **O**,[213] nous obtenons :

0. **P** ! Je peux montrer que tout élément du domaine de discours D, qui est un J, est possiblement A, ce qui découle des prémisses : I), Tout élément de D qui est J, est possiblement B et II) Tout élément de D qui est B est A.
1. **O** ! Bien, je vous donne les prémisses. Montrez-moi maintenant que le conséquent de la conclusion découle d'une certaine d_i dans le domaine du discours D qui est J – c.a.d. **O** conteste la conclusion avec le coup ! J(d_i)
2. **P** ! Ce que je vais faire, c'est vous montrer que l'aval des prémisses vous obligera à affirmer ce conséquent. Commençons par la première prémisse. Puisque la première prémisse affirme que tout élément du domaine du discours qui est J est possiblement B, et que vous venez de choisir d_i dans le domaine du discours avec votre premier coup (sic coup 1), que B est possible devrait aussi être valable pour

[213] La présentation informelle ci-dessous devrait être suffisante pour suivre le développement d'un dialogue. En annexe, nous donnons un bref aperçu des règles de la logique dialogique. Le lecteur pourra également consulter l'entrée Dialogical Logic de Clerbout and McConaughey dans la Stanford Encyclopedia of Philosophy.

d_i, n'est-ce pas ? – c.a.d. **P** conteste la première prémisse avec le coup **P** $vous_1$: J (d_i) ; où "$vous_1$ " représente l'indication "vous venez d'affirmer la même chose au premier coup.

3 . **O** ! En effet, je dois supposer que d_i est l'un de ceux du domaine du discours qui sont possiblement B. Cependant, remarquez que je n'affirme pas ici que B est actualisé dans d_i, ni que B n'est jamais actualisé. **O** défend la première prémisse avec le coup **O** ! $B(d_i)@ t_i \leftrightarrow \neg B(d_i) @ t_j$ nous sautons les étapes menant à cette réponse, par laquelle l'Opposant a fait le choix de se concentrer sur le même individu lorsqu'il répond **O** ! $(\exists y : A_D) B(d_i) \leftrightarrow \neg B(y)$ au défi **P** $?_\exists$.

4. **P** ! Ok, cependant, la prémisse II stipule que tout élément du domaine du discours qui est B, est A, ceci doit inclure tous les éléments de D qui sont des instances non-actualisées de B, donc prenons à nouveau précisément cette d_i que vous venez de concéder avec votre coup 3 comme étant un B possible non-actualisé. Ce B possible, doit être un A possible, n'est-ce pas ? – c.a.d. **P** conteste la seconde prémisse avec le coup **P** que vous $avez_3$: $B(d_i)@t_i \leftrightarrow \neg B(d_i) @ t_j$

5. **O** ! D'accord. Cet élément du domaine D doit être possiblement A – c.a.d. **O** défend la deuxième prémisse avec le coup **O** ! $A(d_i)@t_{i'} \leftrightarrow \neg A(d_i) @ t_{j'}$.

6. **P** ! Mais c'est exactement ce que vous m'avez demandé de montrer. Vous venez de le concéder avec votre coup 5 – c.a.d. **P** défend la conclusion avec le coup **P** $vous_5$: $A(d_i)@t_{i'} \leftrightarrow \neg A(d_i) @t_{j'}$.

N. B. Remarquez que si au coup 5, au lieu de répondre, **O** décide qu'il souhaite affirmer après tout que d_i n'est jamais B et conteste le coup 4 de **P, P** peut copier le même coup et contester lui-même le coup 3 de **O**. Si **O** répond à ce dernier défi avec le coup correspondant à la Plénitude Forte, alors **P** peut émuler la même réponse pour sa réponse à cette nouvelle version du **5**. Une séquence de coups similaire déclenchera l'aval de **O** à la Plénitude faible. Une fois ceci effectué, le jeu reprendra avec les coups originaux 5 et 6. Cependant, il semble que la manière de Suhrawardī de prouver ce type de syllogismes impliquant la contingence, ne s'engage sur aucun côté de la bi-implication.

Ce développement est basé sur les règles suivantes, que nous reprenons de Rahman et al. (2018, p. 62), adaptées au syllogisme dans McConaughey (2021, chapitre 4.2, tableau 4.9) et présentées sous une forme simplifiée :

1. Règle de départ

Le joueur qui affirme la conclusion coup 0 est le proposant **P.**

2. Règle de développement

Une fois la règle de départ mise en place, chaque joueur joue à son tour un coup selon les explications dialectiques de la signification pour les quantificateurs, les connecteurs, les modalités et les autres coups structurels.

3. La règle socratique

Certaines propositions spécifiques, que nous appelons constituants inanalysables, ne peuvent être affirmées par **P**, sauf si **O** les a affirmées auparavant. **O** peut affirmer de telles propositions lorsque cela est nécessaire. Lorsque **P** affirme une telle proposition, il la justifiera avec l'indication $vous_n$, qui indique que l'affirmation est soutenue par l'endossement de **O** au coup n.

Dans le contexte de la logique de Suhrawardī, les propositions inanalysables comprennent les littéraux positifs et négatifs (c'est-à-dire les propositions élémentaires avec et sans négation). Afin de raccourcir la longueur d'une partie, les expressions de capacités non actualisées telles que $B(di)@t_i \leftrightarrow \neg B(d_j)@t_j$ seront également traitées comme inanalysables. Cependant, techniquement ces expressions peuvent être analysées de manière plus approfondie. Définir de telles expressions comme inanalysables répond à des objectifs purement logiques. Les constituants inanalysables ne peuvent pas être contestés (puisque **O** est autorisé à les affirmer et **P** ne les affirme qu'après que **O** les ait affirmées auparavant).

4. Règle de cohérence pragmatique (concerne principalement la troisième figure)

Lorsque la conclusion défendue par le proposant est particulière et que toutes les prémisses défendues par l'opposant sont universelles, le proposant peut demander à l'opposant d'instancier le sujet d'une prémisse avec l'instance d_i, choisie par **P, à condition que** d_i soit **nouvelle** : défi : **P** ? $_{J(di)}$; défense : **O** ! J (d_i) (pour un universel avec $\{x : D \mid J(x)\}$ comme sujet, et J comme terme du sujet), ceci empêche **O** d'affirmer $J(d_i)$ quand il a endossé avant $J^*(d_i)$ où J et J* sont incompatibles).

5. Règle de **fin**

Le joueur qui affirme ⊥ abandonner, perd immédiatement. Sinon, le joueur qui n'a plus de coup disponible à jouer à son tour perd. [214]

---

[214] **Commentaires sur les règles.**

i) Le raisonnement qui sous-tend la règle socratique est que prouver la conclusion d'un syllogisme dans un cadre dialectique revient à analyser les prémisses de telle sorte que les énoncés qui en résultent sont ceux qui constituent la conclusion. Puisque les prémisses sont énoncées par **O** et la conclusion par **P**, ce dernier, mais pas le premier, est engagé à justifier la conclusion en justifiant chacun des constituants de la conclusion, en les fondants sur des énoncés de **O** impliquant des constituants des prémisses. En d'autres termes, l'utilisation de la règle socratique permet de définir une stratégie gagnante pour **P** (la voie dialectique vers la validité de la preuve) comme une séquence de coups qui forcent **O** à énoncer les constituants des prémisses qui devraient fournir une justification de la conclusion.
Dans les dialogues standards, les constituants inanalysables sont des propositions élémentaires. Dans la logique de Suhrawardī, nous devons ajouter des expressions de capacités non actualisées et aussi des négations métathétiques ajoutées aux propositions élémentaires, puisque le premier fait partie intégrante de sa prise de position sur les propositions contingentes nécessaires et que la seconde concerne sa proposition de traiter les propositions élémentaires négatives comme des propositions affirmatives.

ii) Le raisonnement qui sous-tend la règle de cohérence pragmatique sera commenté lorsque nous aborderons la troisième figure : il s'agit de la manière de traiter les hypothèses ontologiques telles que celles requises par Darapti.

Présentons maintenant l'argument de Suhrawardī sous la forme d'un dialogue qui met en œuvre ces règles, en nous concentrant sur son propre exemple :

Tous les humains sont nécessairement alphabétisés de manière contingente
Tous les êtres alphabétisés sont des marcheurs
Par conséquent, tous les humains sont nécessairement des marcheurs de manière contingente.

Si nous plaçons un syllogisme dans un dialogue, l'idée est que Proposant **P**, affirme que la conclusion est valable si l'adversaire **O**, concède à énoncer les prémisses. Cela donne la notation :

O ! $(\text{Tout}J_D)$**LM**B	**O** ! $(\forall z : \{x : D \mid J(x)\})$ **LM**$B(\mathscr{L}^{\{\}}(z)^{\mathbf{P}})$
O ! $(\text{Tout}B_D)$A	**O** ! $(\forall z : \{x : D \mid B(x)\})$ $A(\mathscr{L}^{\{\}}(z)^{\mathbf{P}})$
-------------------------	---------------------------------------
P ! $(\text{Tout}J_D)$**LM**A	**P** ! $(\forall z : \{x : D \mid J(x)\})$ **LM**$A(\mathscr{L}^{\{\}}(z)^{\mathbf{O}})$[215]

Rappelons que la notation dialectique explicite, indique également quel joueur a la charge de la substitution des variables. Puisque les prémisses sont énoncées par l'opposant, et qu'il s'agit d'universaux, c'est Proposant qui choisira la présence du sujet dont on demande l'énoncé du prédicat. Le double est le cas de l'universel dans la conclusion : puisque la conclusion est énoncée par Proposant, c'est l'opposant qui choisira la présence du sujet dont on demande l'énoncé du prédicat.

En fait, une conséquence de la règle socratique est qu'une stratégie gagnante pour **P** devrait suivre l'idée de laisser **O** choisir en premier et copier-coller ce choix pour

---

iii) La prescription sur le renoncement dans la règle de fin concerne l'interprétation dialogique de la négation. Lorsqu'il conteste une négation telle que ¬A énoncée par le joueur **X**, le challenger **Y** doit maintenant assumer la charge de la preuve et affirmer A. Le défenseur de la négation a deux options, soit contre-attaquer A, soit simplement abandonner et concéder. Cette dernière option est indiquée par le coup **X** ! ⊥ abandonné. Dans les textes aristotéliciens, le coup ⊥ renoncer, correspond à l'utilisation dialectique du terme ἀδύνατον.

[215] Si nous déployons la formalisation **L** (∀x (J(x)⊃ MB(x))), **L** (∀x (B(x)⊃ MA(x))) ⊢ **L** (∀x (J(x) ⊃ MA(x))) et supposons la logique modale contemporaine K : **L** (A⊃ B) ⊢ MA⊃ MB sera nécessaire - voir Movahed (2012 ; p. 9), qui suppose une possibilité unilatérale. Mais cela contrevient à la notion de contingence de Suhrawardī, selon laquelle une contingence n'est ni nécessaire ni impossible.

ses propres défis. Remarquez que **O** est obligé de choisir s'il conteste un universel (affirmé par **P**) ou défend un existentiel affirmé par lui-même.

N.B. Afin de rester proche du texte, nous sautons dans la plupart des dialogues les étapes **X** $(\exists\ y : A_D)\ B(d_i) \leftrightarrow \neg B(y)$ **Y** $?_\exists$. Cependant, ces étapes deviendront importantes dans la deuxième figure en raison de la négation. De plus, nous supposerons que la réponse de **X**, porte sur la présence et l'absence de *B* chez le même individu. Les variantes qui en résultent, déclenchées par l'option d'introduire un deuxième individu, sont assez simples.

O	P
I ! $(\forall z : \{x : D \mid J(x)\})$ **LM**$B(\mathcal{L}^{\{\}}(z))$	! $(\forall z :\{x :D \mid J(x)\})$ **LM**$A(\mathcal{L}^{\{\}}(z))$ 0
II ! $(\forall z : \{x : D \mid B(x)\})\ A(\mathcal{L}^{\{\}}(z))$	
1 ! $J(d_i)$? 0 $\mathcal{L}^{\{\}}(z)=d_i : D$	vous$_5$: $A(d_i)@t_{i'} \leftrightarrow \neg A(d_i)@t_{j'}$ 6
3 ! $B(d_i)@t_i \leftrightarrow \neg B(di)@t_i$	?I ! $J(d_i)$ 2 $\mathcal{L}^{\{\}}(z)=d_i : D$
5 ! $A(d_i)\ @t_{i'} \leftrightarrow \neg A(d_i)@t_{j'}$ (Interprétation possibiliste de l'universel dans II)	?II vous$_3$: $B(di)@t_i \leftrightarrow \neg B(d_i)@t_j$ 4 (Interprétation possibiliste de l'universel en II)
	Le proposant gagne

- Avec le coup 4, **P** déploie une interprétation possibiliste du catégorique universel dans la deuxième prémisse. C'est-à-dire que tout B, est compris comme incluant aussi des cas contingents de B.
- Le dialogue se termine puisque 6 est un constituant inanalysable de la conclusion, à savoir la capacité non actualisée $A(d_i)@t_{i'} \leftrightarrow \neg A(d_j)@t_{j'}$, qui ne peut être contestée, puisque **O** l'a lui-même endossée au coup 5.
- Comme mentionné ci-dessus, si nous préférons ne pas inclure les capacités non actualisées parmi les inanalysables et analyser davantage la bi-implication, le résultat final du dialogue ne changera pas. Il sera seulement un peu plus long : dès que **O** contestera la bi-implication, **P** fera de même. Cependant, cela ne semble pas être la manière dont Suhrawardī développe les syllogismes impliquant des capacités.

O	P
I ! (Tout J_D) **LM** B	! (Tout J_D) **LM** A 0
II ! (Tout B_D) A	
1 ! ? J (d_i) 0	vous$_5$: $A(d_i)@t_{i'} \leftrightarrow \neg A(d_i)@t_{j'}$ 6
3 ! $B(di)@t_i \leftrightarrow \neg B(di)@t_j$	? I vous$_1$: J (d_i) 2
5 ! $A(d_i)@t_{i'} \leftrightarrow \neg A(d_i)@t_{j'}$	? II vous$_3$: $B(di)@t_i \leftrightarrow \neg B(di)@t_j$ 4
	Le proposant gagne

P peut répéter la même séquence de coups pour tout élément arbitraire du discours que **O** choisit de contester l'universel dans la conclusion. En d'autres termes, **P** a une stratégie gagnante pour ce syllogisme, et donc il est valide.

La stratégie peut être vue comme une "récapitulation" et une généralisation qui produit un algorithme pour gagner.[216] Dans notre cas, de manière informelle, la stratégie gagnante se résume à ce qui suit :

1) Que **O** choisisse n'importe quelle instance arbitraire de l'universel dans la conclusion
2) **P** devrait utiliser exactement cette instance, *quelle que soit l'*instance choisie par **O**, pour contester la première prémisse, et forcer **O** à en faire un prédicat *B*.
3) **O** en prédit *B*, mais comme une capacité non actualisée.
4) **P** devrait utiliser exactement cet appui de **O** (que la capacité non-actualisée *B* peut être prédite de l'instance en question), pour contester la deuxième prémisse
5) **O** est forcé de prédire *A,* mais choisit à nouveau de l'endosser comme une capacité non réalisée.
6) **P** peut maintenant utiliser ce dernier avenant pour répondre au défi de la conclusion

- **Appliquez cette séquence pour n'importe quelle di choisie par O au coup 1**

La stratégie gagnante émergente peut être représentée sous la forme d'un calcul séquentiel, où les assertions de **P** doivent être traduites en assertions à droite du style de tour et les assertions de **O** à gauche - Cependant, le point est que ce calcul séquentiel a été généré par la stratégie gagnante produite par le dialogue : c'est l'interaction entre les joueurs qui met en œuvre l'explication dialogique de la signification des modalités, en étoffant la signification de chaque constituant. Le calcul séquentiel n'est que le résultat abstrait fonder sur une *pensée aveugle, pour reprendre les* termes de Leibniz.

Encore une fois, dans le texte *Manṭiq al-talwīḥāt* (1955, p. 35-36) cité plus haut, le sujet et le prédicat de la prémisse majeure (ici la prémisse II), sont tous deux modalisés de fait. Autrement dit, l'universel catégorique comprend des instances réelles et simplement possibles du sujet.

Le fait est que, selon Suhrawardī, le moyen et le terme majeur d'un syllogisme productif de la première figure doivent partager la même modalité à la fois dans ses prémisses et dans sa conclusion. Dans *al-Ishrāq* (1999, p. 22-23), Suhrawardī formule explicitement cela comme une règle et fournit deux exemples, à savoir lorsque, d'une

[216] Comme le souligne McConaughey (2021, p. 140), Kapp (1942, pp. 14-16 and 71) met en évidence l'importance de deux étapes dans un contexte dialectique, l'anticipation et la récapitulation. Ce sont en effet, les éléments qui permettent de construire une stratégie gagnante. Voir aussi Crubellier (2011) qui indique qu'un des premiers sens de syllogismos est précisément la récapitulation.

part, le terme majeur se relie à son sujet par nécessité et d'autre part, lorsqu'il se relie à son sujet par contingence. Ce dernier cas revient à rendre explicite la modalité contingente supposée dans sa discussion du **MXM** (ou **XMM** dans la notation aristotélicienne) dans *Manṭiq al-talwīḥāt* (1955, p. 35-36) :

> Il n'est pas nécessaire de multiplier les modes du syllogisme, en rejetant certains et en acceptant d'autres. De plus, comme le dernier terme mène au premier terme par l'intermédiaire du milieu, les modes de la proposition définitivement nécessaire font partie du prédicat dans l'une ou les deux prémisses, ce qui mène à la majeure. Par exemple, 'Tous les hommes sont nécessairement alphabétisés par contingence, et tous les êtres alphabétisés par contingence sont nécessairement des animaux par nécessité (ou des marcheurs par contingence), donc, tous les hommes sont nécessairement des animaux par nécessité (ou des marcheurs par contingence) (*al-Ishrāq* ,1999, pp. 22-23).

Dans l'un des exemples, le moyen terme est nécessairement contingent, le grand terme est nécessairement nécessaire et également dans les deux prémisses. Quant au second exemple, le moyen terme est nécessairement contingent comme dans le premier exemple, mais le terme majeur est nécessairement contingent. Dans les deux exemples, les modalités des termes sont les mêmes où qu'ils se trouvent.

Élaborons les dialogues pour les deux exemples, mais nous ne montrerons que l'encodage informel :

Nécessairement prédication du sujet dans le majeur

Tous les humains sont nécessairement alphabétisés de manière contingente

Tous les êtres alphabétisés (nécessairement) de manière contingente sont nécessairement des animaux, par nécessité.

Par conséquent, tous les humains sont nécessairement des animaux, par nécessité.

O ! (Tout J_D) **LM** B	**O** ! (∀ z : {x : D | J(x)}) **LM** B($\mathscr{L}^{\{\}}$ (z)$^{\mathbf{P}}$)
O ! (Tout LMB_D) **LL** A	**O** ! (∀ z : {x : D | **LM** B(x)}) **LL** A($\mathscr{L}^{\{\}}$ (z)$^{\mathbf{P}}$)
-------------------------	---
P ! (ToutJ_D) **LL A**	**P** ! (∀ z : {x : D | J(x)}) **LL** A($\mathscr{L}^{\{\}}$ (z)$^{\mathbf{O}}$)

O		**P**	
I ! (Tout J_D) **LM** B		! (Tout J_D) **LL** A	0
II ! (Tout LMB_D) **LL** A			
1 ! ? $J(d_i)$	0	vous$_5$: $A(d_i)$	6
3 ! $B(d_i)@t_i \leftrightarrow \neg B(d_i)@t_j$		? I vous$_1$: $J(d_i)$	2

5 ! A(d_i)		?II vous$_3$: B(d_i)@t $_i \leftrightarrow \neg$B(d_i)@t_j	4
		Le proposant gagne	

• Le dialogue se termine puisque 6 est un constituant inanalysable de la conclusion, à savoir la proposition élémentaire A(d_i), qui ne peut être contestée, puisque **O** l'a lui-même entérinée au coup 5.

Prédication nécessairement contingente du sujet dans la majeure.

Tous les humains sont nécessairement alphabétisés de manière contingente

Tous les êtres alphabétisés (nécessairement) de manière contingente sont nécessairement des marcheurs contingents.

Par conséquent, tous les humains sont des marcheurs contingents par nécessité.

O ! (Tout J_D) **LM** B	**O** ! (∀ z : {x : D | J(x)}) **LM** B($\mathfrak{L}^{\{\}}$ $(z)^{\mathbf{P}}$)
O ! (Tout LM B_D) **LM** A	**O** ! (∀ z : {x : D | **LM** B(x)}) **LM** A ($\mathfrak{L}^{\{\}}$ $(z)^{\mathbf{P}}$)
-------------------------------	--
P ! (Tout J_D) **LM** A	**P** ! (∀ z : {x : D | J(x)}) **LM** A($\mathfrak{L}^{\{\}}$ $(z)^{\mathbf{O}}$)

O		**P**	
I ! (Tout J_D) **LM** B		! (Tout J_D) **LM A**	0
II ! (Tout LMB_D) **LM** A			
1 ! J (d_i) ?	0	vous$_5$: A(d_i)@t $_{i'} \leftrightarrow \neg$A($d_i$)@$t_j$	6
3 ! B(d_i)@t $_i \leftrightarrow \neg$B(d_i)@t_j		? I vous$_1$: J(d_i)	2
5 ! A(d_i)@t $_{i'} \leftrightarrow \neg$A($d_i$)@$t_j$		? II vous$_3$: B(di)@t $_i \leftrightarrow \neg$B(di)@t_j	4
		Le proposant gagne	

• Le dialogue se termine puisque 6 est un constituant inanalysable de la conclusion, à savoir la capacité non actualisée A(d_i)@$t_{i'} \leftrightarrow \neg$A($d_i$)@$t_j$, qui ne peut être contestée, puisque **O** l'a lui-même endossée au coup 5.

Les formes négatives de la première figure ne posent pas de problème si l'on suit la formulation même de Suhrawardī où il place la négation devant la possibilité ou plus précisément comme une impossibilité. Ainsi, l'example de Suhrawardī

Nécessairement il est impossible pour tous les humains qu'ils soient des pierres.
(al-Ishrāq ,1999, p. 23)

peut-être codé comme

(Tous Humains$_D$) **L¬M** Pierres

Cependant, cela semble produire une difficulté dans la deuxième figure.

B IV.2 Deuxième figure

Si la règle selon laquelle les termes doivent être " les mêmes " où qu'ils se trouvent est généralisée pour les trois figures, il pourrait y avoir une difficulté, pour la deuxième figure, dans les cas où le moyenne terme est nié dans l'une des prémisses et non nié dans l'autre. Dans le texte suivant, où Suhrawardī insiste sur le caractère relationnel des modalités, la solution proposée est d'admettre cette différence.

(26) Chaque fois qu'il y a deux propositions universelles avec des sujets différents, et que le prédicat de l'une ne peut être affirmée de l'autre à tous égards, ou à un seul, [...]. La conclusion sera définie et nécessaire, affirmant l'impossibilité d'affirmer son prédicat [sur l'autre sujet] ou la nécessité d'une négation de celui-ci. Ainsi, les affirmations et les négations feront partie du prédicat, comme dans l'exemple : " Tous les hommes sont nécessairement alphabétisés par contingence ", et " Toutes les pierres sont nécessairement alphabétisées par impossibilité ". Nous savons donc que " Tous les hommes sont nécessairement, impossibles qu'ils soient des pierres. " **Ainsi, dans ce mode spécifique, ce n'est pas une condition que les prédicats *soient les* mêmes sous tous les aspects.** Il suffit qu'ils soient identiques dans ce qu'ils partagent en dehors du mode qui est rendu partie intégrante du prédicat, et il est donc permis que les deux modes des deux prémisses soient différents. Ils diffèrent de la première figure en ce que ces deux énoncés sont des propositions telles que ce qui est impossible pour le sujet de l'un des deux est possible pour le sujet de l'autre. Pour chacune des propositions, ce qui est possible pour le sujet de l'une est impossible pour le sujet de l'autre. Leurs deux sujets sont nécessairement incompatibles, ce qui permet de conclure que ces deux énoncés sont des propositions dont les sujets sont nécessairement différents. De même, si le prédicat d'une proposition définie a une **relation contingente** et [le prédicat de] l'autre une relation nécessaire, alors une **relation nécessaire** est impossible pour la première et la contingence est impossible pour l'autre. De même, si le prédicat de l'une a une **relation contingente** et [le prédicat de] l'autre une relation d'impossibilité, *c'est* comme nous l'avions evoqué précédemment (*al-Ishrāq*, 1999, pp. 23-24), notre mise en évidence.

L'exemple qui fournit le motif principal de cette figure est le suivant

Tous les humains sont nécessairement alphabétisés de manière contingente
Nécessairement il est impossible pour toute pierre de lire
Par conséquent, Nécessairement il est impossible pour tous les humains qu'ils soient des pierres.

NB :
Humain est traduit par : J.

Alphabétisé est traduit par : B.
Pierre est traduit par : A.

Étant donné les prémisses, quel que soit l'humain que nous choisissons, cet humain a le potentiel d'être alphabétisé, et quelle que soit la pierre que nous choisissons, il est impossible que cette pierre ait le potentiel d'être alphabétisée. Ainsi, il est impossible pour tout humain de devenir une pierre.

Maintenant, pour que cet argument passe, nous devons permettre au sujet de la deuxième prémisse d'inclure tous les objets qui ont le potentiel de devenir une pierre, précisément le potentiel qui apparaît comme prédicat de la conclusion. Donc, ici encore, le sujet de la deuxième prémisse est supposé inclure à la fois les pierres réelles et les objets ayant le potentiel de devenir des pierres. [217]

Le développement de la preuve dialogique pour cette forme de la deuxième figure fait apparaître ces deux caractéristiques, à savoir, (a) l'occurrence négative et non négative du moyen terme, et (b) l'interprétation "possibiliste" de la quantification universelle dans la deuxième prémisse. En ce qui concerne le deuxième trait, le point est que les présences non (nécessairement) actualisées de la capacité de devenir une pierre, qui instancient le prédicat de la conclusion, doivent être incluses dans le sujet de la deuxième prémisse. Ceci mènera à une contradiction qui fait régler l'incompatibilité des deux sujets des prémisses. [218]

O ! (Tout J_D) **LM**B — **O** ! $(\forall z : \{x : D \mid J(x)\})$ **LM**B$(\mathcal{L}^{\{\}}(z)^{\mathbf{P}})$
O ! (Tout A_D) **L¬M**B — **O** ! $(\forall z : \{x : D \mid A(x)\})$ **L¬M**B$(\mathcal{L}^{\{\}}(z)^{\mathbf{P}})$
------------------------- — ---
P ! (Tout J_D) **L¬M**A — **P** ! $(\forall z : \{x : D \mid J(x)\})$ **L¬M**A $(\mathcal{L}^{\{\}}(z)^{\mathbf{O}})$

O		**P**	
I ! (Tout J_D) **LM** B		! (Tout J_D) **L¬M** A	0
II ! (Tout A_D) **L¬M** B			
1 ! $J(d_i)$?	0	! $\neg(A(d_i)@t_{i'} \leftrightarrow \neg A(d_j)@t_{j'})$	2
3 ! $A(d_i)@t_{i'} \leftrightarrow \neg A(d_j)@t_{j'}$			
5 ! (Quelques A_D) $B(d_i) \leftrightarrow \neg B$		? I ! $vous_1 : J(d_i)$	4
7 ! ¬ ((Quelques A_D) $B(di) \leftrightarrow \neg B$))		? II $vous_3 : A(d_i) \leftrightarrow \neg A(d_j)$ (Interprétation possibiliste de l'universel en II)	6
13 ! ⊥ abandonner		?7 $vous_5$: (QuelquesA_D) $B(di) \leftrightarrow \neg B$	8

[217] Street (2008, p. 171) fait remarquer que cet argument est très proche de la propre défense d'Ibn Sīnā des camestres modaux.
[218] Les preuves de ce syllogisme dans un cadre qui fait usage de la logique modale contemporaine, peuvent nécessiter K4 (axiome de transitivité) et K5 axiome ou K5 et Barcan - voir Movahed (2012, p. 13).

9 Qui est ce A_D ? 8	$B(di)@t_i \leftrightarrow \neg B(d_j)@t_j$ 12
11 $B(di)@t_i \leftrightarrow \neg B(d_j)@t_j$	?5Qui est ce A_D ? 10
	Le proposant gagne

- La négation en 7 oblige **P** à énoncer le double de cette affirmation au coup 8. Le défi de **O** au coup 9 est de demander à **P** de choisir un individu qui n'est pas une instance B. **P** retardera son choix jusqu'à ce que **O** ait fait le sien avant. Une fois ceci accompli, il peut forcer **O** à se contredire. Dans un souci de variation, nous avons considéré le cas où **O** choisit ici un individu différent. C'est cette possibilité pour **P** de retarder son choix qui rend souhaitable de rendre explicite les coups qui expliquent pourquoi la bi-implication dans 5 et 7 partagent le même minutage ou timing.
- Le dialogue se termine puisque **O abandonne** au coup 13, après que **P** a contesté le coup 7 qui contredit la propre approbation de **O** de $B(d_i) \leftrightarrow \neg B(d_j)$ au coup 5. Remarquez que lorsque, au coup 3, ! $A(d_i)@t_{i'} \leftrightarrow \neg A(d_j)@t_{j'}$, **O a** contesté la négation de **P** énoncée au coup 2, **P** n'a pas abandonné. Il a plutôt utilisé l'appui de **O** sur $A(d_i)@t_{i'} \leftrightarrow \neg A(d_j)@t_{j'}$ pour contester la deuxième prémisse.

B IV.3 Troisième figure

La troisième figure présente quelques difficultés liées aux négations dans les prémisses, à l'existentiel dans la conclusion et au fait que l'exemple ne semble pas mentionner les modalités ou pas si clairement que cela.

Et si les deux prémisses contiennent des négations, alors les deux négations doivent faire partie des deux prédicats. On devrait dire : "Tous les hommes sont des non-oiseaux, et tous les hommes sont des non-chevaux." La conclusion sera affirmative : "Quelque chose décrit comme un non-oiseau est un non-cheval."

[...]

Par conséquent, il n'est pas nécessaire que chacun des deux soit décrit par l'autre, mais il sera nécessaire que quelque chose de l'un soit décrit par l'autre.

[...]

La validité du syllogisme ne dépendra que de ceci : la certitude qu'une chose est décrite par deux choses. Il diffère de la première figure en ce que les deux énoncés sont des propositions à l'intérieur desquelles se trouve un individu décrit par chaque prédicat et à l'intérieur desquelles se trouve un individu décrit par les deux prédicats. Par conséquent, un individu décrit par un prédicat est également décrit par l'autre. C'est tout ce qu'il y a à dire sur ces deux propositions, et nous pouvons nous dispenser de longues discussions (*al-Ishrāq* ,1999, pp. 25).

L'exemple mentionné semble être un syllogisme non-modal, qui à première vue semble défier le dictum d'Aristote selon lequel il n'y a pas de conclusion à partir de deux prémisses négatives. Cependant, la méthode de Suhrawardī consiste à intégrer la négation dans le prédicat, à les traiter comme des formes affirmatives et à obtenir un cas de ce que l'on appelle dans la tradition aristotélicienne le *darapti :*

Tous les humains sont des non-oiseaux
Tous les humains ne sont pas des chevaux
Par conséquent, certains non-oiseaux ne sont pas des chevaux

L'élucidation qui s'ensuit, conduit certains interprètes comme Movahed (2012, p14) à supposer une relation nécessairement nécessaire qui peut ensuite être éliminée.

Par conséquent, il n'est pas nécessaire que chacun des deux soit décrit par l'autre, mais il sera nécessaire que quelque chose de l'un soit décrit par l'autre (al-Ishrāq, 1999, pp. 25).

Dans notre cadre, une telle lecture donne

O ! (Tout J_D) ¬B	**O** ! $(\forall z : \{x : D \mid J(x)\}) \neg B(\mathscr{L}^{\{\}}(z)^{\mathbf{P}})$
O ! (Tout J_D) ¬A	**O** ! $(\forall z : \{x : D \mid J(x)\}) \neg A(\mathscr{L}^{\{\}}(z)^{\mathbf{P}})$

Maintenant, en gardant la modalité tacite, l'intérêt de ces quelques lignes est qu'elles suggèrent que la validation du syllogisme découle d'une sorte d'Ars inveniendi[219], par lequel la conclusion est construite, en choisissant un individu qui est témoin des deux propriétés exprimées par les Termes-Prédicats dans les prémisses, puis en créant à partir de cet individu l'ensemble de tous ceux de ces individus qui jouissent de ces deux propriétés. En effet, l'ensemble résultant est ce à quoi équivaut l'existentiel certains non-oiseaux ne sont pas des chevaux. En d'autres termes, l'existentiel (convertible)

$(\exists z : \{x : \text{Animaux} \mid \neg\text{Oiseaux}(x)\}) \neg\text{Cheval}(\mathscr{L}^{\{\}}(z))$

revient à construire l'ensemble des animaux -non oiseaux, qui ne sont pas des chevaux), plus précisément le -type intensionnel :

219 Ars inveniendi : pour certains il signifie l'art de trouver, (latin pour "art de l'invention"), désigne l'art de découvrir des vérités de manière mathématique. Selon Gottfried Leibniz, posséder l'ars inveniendi, c'était posséder la caractéristique essentielle de la logique formelle et du calcul mathématique, à savoir la découverte de vérités vi formae (en vertu de la forme) (Marciszewski, Witold (1984)). George Pólya a écrit que l'ars inveniendi est une classe générale de méthodes qui recoupe l'heuristique, mais qui n'était "pas très clairement circonscrite, appartenant à la logique, ou à la philosophie, ou à la psychologie, souvent décrite, rarement présentée en détail...". Le but de l'heuristique est d'étudier les méthodes et les règles de la découverte et de l'invention" (Pólya, George (1945). How to Solve it. Princeton, NJ : Princeton University Press.)

$\{z : \{x : \text{Animaux} \mid \neg\text{Oiseaux}(x)\} \mid \neg\text{Cheval}(\mathcal{L}^{\{\}}(z))\}$.

Le moyen terme des deux prémisses nous indique lequel, des animaux qui ne sont ni des oiseaux ni des chevaux, il faut choisir pour spécifier l'ensemble, à savoir : choisir les animaux qui sont des humains (plutôt que des insectes). Maintenant, l'existentiel dans la conclusion implique deux problèmes principaux qui doivent être traités :

1) l'hypothèse ontologique habituelle requise par Darapti
2) devons-nous conserver la structure sujet-prédicat ou plutôt relier, dans la conclusion, les termes mineurs et majeurs avec une conjonction ?

En ce qui concerne la première question, rappelons que le point de vue de Suhrawardī sur les propositions définitivement nécessaires implique l'hypothèse selon laquelle les instances du sujet doivent être actuelles. En d'autres termes, le sujet doit être présent.

La manière habituelle de mettre cela en œuvre est d'ajouter comme troisième prémisse un existentiel qui assure le sujet des prémisses mineures et majeures qu'il n'est pas vide (voir Movahed, 2012, p. 14), ou au lieu d'une prémisse, on ajoute un existentiel (ou même un prédicat d'Existence) survenant dans le conséquent des universaux (voir Hodges , 2016, p. 159).

Cependant, cela ne rend pas justice au fait que l'engagement ontologique doit être compris comme faisant partie de la signification contextuellement délimitée des propositions définitivement nécessaires. L'énoncé d'un universel nécessaire engage **O** à la présence du sujet. Néanmoins, dans un contexte où **O** a énoncé deux universaux avec les mêmes sujets, alors une fois que **O** a endossé un témoin du sujet, **P** peut maintenant utiliser cet endossement afin de contester le second universel : **O** a affirmé après tout que chaque témoin du terme-sujet jouit de la propriété exprimée par le terme-prédicat.

De plus, la spécification précise de l'ensemble qui constitue la conclusion, doit être construite à partir des endossements de **O** pendant l'interaction dialogique. Le **temps** est ici essentiel, mais, comme nous le verrons brièvement dans la section suivante, il s'agit ici du temps impliqué dans la construction comme le souligne Ardeshir (2008), plutôt que du temps résultant, attaché aux présences des termes.

Il y a deux façons de mettre en œuvre cette approche de la prise de position de Suhrawardī sur *Darapti,* à savoir :

- le déploiement de la méthode d'ecthèse de Suhrawardī dans la conclusion afin d'*universaliser l'existentiel,* comme dans le cas de *Darii* discuté ci-dessus.
- le déploiement de la *règle* dite *de la cohérence pragmatique,* qui met l'accent sur la dynamique du cadre dialectique.

LE DARAPTI EST UNIVERSALISE

Cela semble être la solution envisagée par Suhrawardī, en raison de sa position sur la priorité épistémique des universaux, mentionnée ci-dessus. Selon cette solution, nous spécifions l'ensemble des non-oiseaux et séparons l'ensemble ; par exemple, des non-oiseaux qui sont des êtres rationnels : En conséquence, nous remplaçons le terme *non-oiseaux* par (*non-oiseaux* qui sont) des *êtres rationnels* et nous obtenons

Tous les humains sont (sauf les oiseaux qui sont) des êtres rationnels.
Tous les humains ne sont pas des chevaux

La première prémisse admet une conversion simple et nous obtenons le syllogisme de Barbara

Tous les (animaux qui ne sont pas des oiseaux qui sont) êtres rationnels sont des humains.
Tous les animaux qui sont des humains ne sont pas des chevaux.
Par conséquent, tous les êtres rationnels (autres que les oiseaux) sont des non-chevaux.

$$(\forall\ u : \{z : \{x : \text{Animaux} \mid \neg\text{Oiseaux}\ (x)\} \mid \text{Rationnel}\ (\mathcal{L}^{\{\}}\ (z))\})\ \text{Humains}(u)$$
$$(\forall\ z : \{x : \text{Animaux} \mid \text{Humains}\ (x)\})\ \neg\text{Chevaux}(z)$$

$$(\forall\ w : \{z : \{x : \text{Animaux} \mid \neg\text{Oiseaux}\ (x)\} \mid \text{Rationnel}\ (\mathcal{L}^{\{\}}\ (z))\})\ \neg\text{Chevaux}(w)$$

N.B. : pour des raisons de simplicité de notation, nous n'avons pas présenté la structure logique supplémentaire de u, z et w dans les conséquences des universaux.

Clairement, l'existentiel Certains (non-oiseaux qui *sont) des êtres rationnels sont des non-chevaux* de la conclusion originale s'obtient en subalternisant la conclusion du *Barbara* :

Une chose décrite comme un non-oiseau est un non-cheval. al-Ishrāq (1999, pp. 25)

C'est-à-dire

Quelque chose (à savoir, les *êtres rationnels*), *décrit comme un non-oiseau est un non-cheval.*

Puisque nous pouvons utiliser la même procédure pour les non-chevaux, nous obtenons :

Par conséquent, un individu décrit par un prédicat est également décrit par l'autre (*al-Ishrāq*, 1999, pp. 25).

Comme mentionné dans notre discussion sur *Darii,* choisir comment spécifier les non-oiseaux, est arbitrairement fourni. Ici, le résultat, *êtres rationnels,* convertit avec *homme.*

Comme le souligne Movahed (2010, p. 15), la méthode n'est pas assez générale du point de vue de la logique. Il est clair que nous ne pouvons pas toujours supposer que l'ensemble pertinent (le -type) peut être spécifié d'une manière appropriée (voir Movahed, 2010, p. 15). En fait, cela montre que la logique de Suhrawardī suppose un langage entièrement interprété. Il est vrai qu'il n'est pas toujours évident de savoir à quoi doit ressembler la spécification et s'il est toujours possible d'en trouver une qui convienne. Cela relève du contexte.

Néanmoins, soulignons que l'introduction d'un moyen pour traiter l'engagement ontologique n'est pas non plus une démarche logique, c'est-à-dire qu'elle n'est pas non plus motivée syntaxiquement. De plus, la *logique de la présence*, du moins dans notre reconstruction, semble préfigurer plusieurs principes du constructivisme, selon lesquels l'affirmation d'un existentiel engage à exposer une instance.

DARAPTI ET LA REGLE DE COHERENCE PRAGMATIQUE

Rappelons ici la *règle de la cohérence pragmatique* introduite par Zoe McConaughey (2021, chapitre 4.2, tableau 4.9), qui met en œuvre à la fois la vision d'Aristote et celle de Suhrawardī selon laquelle les engagements ontologiques sont des engagements contextuellement limités :

Règle de cohérence pragmatique :

Lorsque la conclusion défendue par le proposant est particulière et que toutes les prémisses défendues par l'opposant sont universelles, le proposant peut demander à l'opposant d'instancier le sujet d'une prémisse avec l'instance d_i, choisie par **P, à condition que** d_i soit **nouvelle** : défi : **P** ? $_{J(di)}$; défense : **O** ! J (d_i) (pour un universel avec {x : D | J(x)} comme sujet, et J comme terme du sujet), ceci empêche **O** d'affirmer J(d_i) quand il a endossé avant J*(d_i) où J et J* sont incompatibles)

En ce qui concerne la deuxième question, logiquement parlant, nous pouvons adopter les deux options. Cependant, l'analyse de la conjonction semble contrevenir à la formulation même de la conclusion de Suhrawardī, à savoir :

La conclusion sera affirmative : "Quelque chose décrit comme un non-oiseau est un non-cheval"(Ishrāq, 1999, pp. 25).

Ainsi, la conclusion de cette forme négative de *Darapti* est codée comme suit :

	Encodage explicite	**Encodage dynamique**
Sans modalité explicite	$(\exists z : \{x : D \mid \neg A(x)\})\ \neg B(\mathscr{L}^{\{\}}(z))$	(Certains $\neg A_D$) $\neg B$
Avec modalité explicite	$(\exists z : \{x : D \mid \mathbf{LL}\neg A(x)\})\ \mathbf{LL}\neg\ (\mathscr{L}^{\{\}}(z))$	(Quelques $\mathbf{LL}\neg A_D$) $LL\neg B$

En mettant tout ensemble, nous obtenons l'exemple même de Suhrawardī :
Tous les humains sont nécessairement des non-oiseaux par nécessité
Tous les humains sont nécessairement des non-chevaux par nécessité
Par conséquent, certains nécessairement non-oiseaux par nécessité sont nécessairement des non-chevaux par nécessité.

O ! (ToutJ_D)$\mathbf{LL}\neg B$
O ! (ToutJ_D) $\mathbf{LL}\neg A$

P ! (Quelques $\mathbf{LL}\neg \mathbf{A}_D$) $\mathbf{LL}\neg B$

O ! $(\forall z : \{x : D \mid J(x)\})\ \mathbf{LL}\neg B(\mathscr{L}^{\{\}}(z)^{\mathbf{P}})$
O ! $(\forall z : \{x : D \mid J(x)\})\ \mathbf{LL}\neg A(\mathscr{L}^{\{\}}(z)^{\mathbf{P}})$

P ! $(\exists z : \{x : D \mid \mathbf{LL}\neg \mathbf{A}(x)\})\ \mathbf{LL}\neg B(\mathscr{L}^{\{\}}(z)^{\mathbf{P}})$

O		**P**	
I ! (Tout J_D) LL $\neg B$		! (Quelques $\mathbf{LL}\neg\mathbf{A}_D$) **LL** $\neg B$)	0
II ! (Tout J_D) $\mathbf{LL}\neg A$			
1 ? $\mathscr{L}^{\exists}$?	0	Vous$_5$: $\neg A(d_i)$	8
3! $J(d_i)$		? II c? $_{J(di)}$ (Utilisation de la règle de cohérence pragmatique)	2
5 ! $\neg A(d_i)$		? II vous$_3$: $J(d_i)$	4
7 ! $\neg B(d_i)$		? I vous$_3$: $J(d_i)$	6
9 ? $R^{\exists}$?	0	Vous$_7$: $\neg B(d_i)$	10
		Le Proposant gagne	

- Le dialogue suit les étapes de la construction de la conclusion suggérée par Suhrawardī : Au lieu de choisir immédiatement un animal qui n'est pas un oiseau, le Proposant, déploie la règle de cohérence pragmatique et demande à **O** d'endosser que d_i est un des humains qui ne sont pas des oiseaux. Ensuite, **P** demande à **O** d'approuver que ce même humain n'est pas non plus un cheval. Ce n'est qu'après ces endossements que **P** a maintenant la connaissance de la présence d'un animal particulier, à savoir un humain ; ce témoin étant à la fois un non-oiseau et un non-cheval.

- Le dialogue se termine puisque 10 est un constituant inanalysable de la conclusion, à savoir le littéral négatif $\neg B(di)$, qui ne peut être contesté, puisque **O** lui-même l'a endossé au coup 7.
- Remarquez que si nous préférons ne pas distinguer les littéraux négatifs des autres négations et les traiter comme des négations habituelles, le résultat final des dialogues ne changera pas. Il sera seulement un peu plus long : dès que **O** contestera $\neg A(d_i)$, **P** fera de même avec $\neg B(d_i)$. Cependant, cela ne semble pas être ce que Suhrawardī a en tête lorsqu'il déploie des négations métathétiques pour produire des affirmations.

Movahed suggère d'autres configurations modales pour la troisième figure et préfère utiliser la forme conjonctive pour la conclusion (2012, p.14). Cette dernière contrevient au fait que le terme mineur est censé être le sujet et le majeur le prédicat de la conclusion. Concernant le premier, nous n'avons pas trouvé de renfort textuel dans *al-Ishrāq*. Cependant, Movahed pourrait avoir à l'esprit d'autres sources. Quoi qu'il en soit, le cadre présenté ci-dessus peut traiter plusieurs de ces combinaisons.

B V Temps, intuition et construction dialectique : Remarques très brèves

Dans son excellent article intitulé *"Brouwer's notion of intuition and theory of knowledge by presence",* Ardeshir (2008) discute de la manière dont l'*intuition* au sens de la construction a priori browerienne peut être enrichie par la notion de *connaissance par la présence de* Suhrawardī :

Le titre de cette philosophie [*al-Ishrāq*] provient de la racine arabe *sharq*, qui signifie " lever ", en particulier " lever du soleil ". Le terme est également lié au mot arabe signifiant "Orient", qui représente une forme de pensée philosophique spécifiquement orientale, forme de pensée en contraste avec la raison cognitive, basée sur la connaissance intuitive et immédiate.

Nous soutenons que la théorie de l'intuition dans l'intuitionnisme de Brouwer peut être interprétée dans la théorie *élargie* de la " connaissance par la présence « (Ardeshir , 2008, pp. 116-117) .

En outre, Ardeshir (2008, p. 118) propose un autre problème intéressant : il est bien connu que le *Livre des preuves* d'Abū'l-Barakāt al-Baghdādī, a eu une influence importante sur Suhrawardī. Or, al-Baghdādī rejette la notion de temps d'Aristote et d'Ibn Sīnā comme mesure du changement et défend une conception *a priori* de celui-ci. Suhrawardī semble tenir les deux conceptions du temps, l'une attachée à la connaissance par la présence : l'expérience *a priori* du *maintenant*, qui est immédiate et non linguistique et l'autre liée à la connaissance par la représentation et la correspondance, qui est liée à la notion aristotélicienne du temps. Ainsi, ma propre expérience en tant qu'être contingent, a deux faces : *mon expérience de moi étant maintenant*, et *l'histoire de ces expériences.*

Ardeshir (2008) développe une interprétation de la conjugaison des deux aspects du temps dans le *Hikmat al-Ishrāq* de Suhrawardī. Une discussion détaillée de cette lecture dans le contexte du cadre dialectique développé ici doit être laissée pour un travail ultérieur. Faisons quelques suggestions qui pourraient ouvrir la voie à ce travail futur.

Comme nous l'avons souligné dans l'introduction, les explications de sens les plus pertinentes des modalités de Suhrawardī se trouvent dans le troisième discours de *Hikmat al-Ishrāq*, qui est relative à l'étude des questions dialectiques. Cela a motivé l'interprétation dialectique de sa logique, où les présences, qui sont témoins d'une proposition, sont distinguées de la proposition dont elles sont témoins. Néanmoins, elles doivent être pensées ensemble.

Cela peut être compris comme rendant la " relation illuminative " appelée *al-iḍāfat al-ishrāqīyah*, qu'Ardeshir (2008, p. 123) indique comme la manière dont la connaissance par la présence et la connaissance par correspondance/représentation sont liées dans l'œuvre de Suhrawardī.

- La reconstruction théorique du type constructif contribue à exprimer l'instance de présence ou de témoignage de manière explicite au niveau du langage objet. Mais l'expérience de la *présence* et l'expérience de ce qui est expérimenté sont toutes deux saisies en même temps, probablement d'abord de manière non articulée. De plus, comme mentionné ci-dessus, l'utilisation des instances de témoignage de l'expression quantifiée n'est rendue explicite que pendant les règles qui prescrivent comment développer l'interaction dialectique associée à une assertion quantifiée. Ce n'est qu'au cours de la preuve que les instances temporisées apparaissent au premier plan.
- Le cadre dialectique proposé, ajoute la conscience de soi de la présence comme coup spécial, à savoir ce que nous avons appelé la règle socratique qui prescrit l'utilisation de $vous_n$, et indique que l'affirmation de **P** est soutenue par l'endossement de **O** au coup *n*, et qu'il **(P)** adhère lui-même à la connaissance véhiculée par l'endossement de **O**. Ou mieux encore qu'il fasse sienne : la connaissance médiatisée devient désormais **connaissance immédiate des présences inanalysables**.

En d'autres termes, le temps *a priori* d'al-Baghdādī, est celui qui régit la succession des coups au cours de l'interaction. L'opposant fixe le temps du changement attaché aux potentialités définissant une potentialité et le *maintenant*, est le coup où le Proposant fait l'expérience de la présence en s'appropriant, le savoir gagné au cours de l'interaction dialectique en déclenchant un acte de conscience immédiat : l'intime conviction éclairante du savoir. Ainsi dans la section suivante, nous étudierons comment mettre en œuvre la double dimension du temps dans son épistémologie à travers l'interaction dialectique.

C TROISIEME PARTIE : SUHRAWARDI EN DEHORS DE SUHRAWARDI

LA LOGIQUE DE LA PRESENCE ET LES MODALITES DEONTIQUES DANS ET AU-DELA DE LA PENSEE ISLAMIQUE

Dans cette partie C, basée sur un article en préparation avec le Prof. Shahid Rahman et d'autres, nous explorons les possibilités d'appliquer l'épistémologie de la présence de Suhrawardī en dehors de son propre contexte historique et systématique. En effet, nous sommes convaincus que les idées de Suhrawardī sur la temporalité et la modalité ne sont pas seulement fructueuses pour une analyse du travail de ses prédécesseurs, mais qu'elles offrent également de nouvelles voies pour une compréhension épistémologique de la logique - c'est-à-dire une perspective dans laquelle la logique est conçue comme la théorie et la méthode d'acquisition de la connaissance par la démonstration.

Puisque, pour Suhrawardī, la présence constitue la source première de la connaissance, la démonstration s'enracine dans les témoins réels des propriétés attribuées au terme sujet. En d'autres termes, témoigner de la réalisation effective d'une propriété, y compris potentielle, est le rôle que jouent les présences dans un cadre logique et épistémologique. En fait, ces témoins doivent être conçus comme des instanciations de la propriété attribuée, de telle sorte que témoin et propriété se trouvent dans une relation interne inséparable. Cependant, ce n'est que dans un processus postérieur et abstrait que la présence et la propriété sont articulées en tant que sujet et prédicat.

Dans le cas des attributions de capacités ou de potentialités, l'intuition de Suhrawardī conduit à la perspective que les présences, plutôt que les propositions qu'elles fondent, sont celles qui doivent être temporalisées et que cette temporalisation doit être rendue explicite au cours d'une démonstration dialectique durant laquelle un répondant produit une justification pour les attributions individuelles ou génériques de propriétés. L'idée est que les présences réelles sont des créatures du temps, et non les propositions qu'elles instancient.

Dans un contexte épistémologique, les propositions expriment des schémas abstraits de réponse (ou type de réponse) a une enquête, à laquelle nous pourrions associer à la notion de *maṭlūb* مطلوب (problème, objectif, enquête) d'al-Fārābī, une enquête résolue par une vérification. Comme nous l'avons déjà mentionné, lorsque les présences sont produites pour justifier des affirmations dans un contexte épistémologique, elles ne fournissent pas seulement la source de la connaissance, ou un témoin d'une proposition, ou une instance pour un concept, dans ces contextes les présences vérifient une loi scientifique universelle.

La temporalité est mise en évidence lorsque les présences sont produites afin de fonder une revendication de connaissance en réponse à un examen critique et publique. Il s'agit à notre avis de l'une des contributions les plus importantes de Suhrawardī à la logique temporelle lancée par Ibn Sīnā - une contribution qui semble avoir été négligée dans la littérature consacrée à son œuvre.

En fait, les reconstructions contemporaines standard ne possèdent pas la puissance expressive nécessaire pour mettre en œuvre cette vision de la logique de la présence. Une reconstruction contemporaine, nécessairement anachronique, requiert le développement d'un nouveau cadre dialectique modal-temporel, dans lequel les présences abritent explicitement le langage de l'objet utilisé au cours d'une démonstration. Dans une telle reconstruction, la justification des propositions et des propriétés (entendues comme des fonctions propositionnelles) est basée sur les présences, intérieurement inséparables des propositions dont elles sont les témoins. Pour une telle reconstruction, nous avons étendu le cadre appelé *Immanent Reasoning*, développé par Rahman et al. (2018), qui combine la logique dialogique avec la Théorie Constructive des Types.

Mais nous aimerions maintenant appliquer aussi le cadre de Surhrawadī pour analyser les catégories déontiques islamiques telles que développées par Ibn Ḥazm, qui, comme le montrent Rahman, Zidani et Young (2018) devrait être compté comme le véritable père de la logique déontique. Dans une telle reconstruction, les catégories déontiques affectent les schémas d'action, réalisés par des performances individuelles réelles. Ainsi, selon cette approche, les présences constituent en fait des performances qui exécutent un type d'actions.

Si les performances des types d'actions déontiques doivent être temporalisées et en même temps conçues comme satisfaisant ces types déontiques tels que l'obligation, l'interdiction et la recommandation, il semble que nous devions supposer que l'action déontique peut être ou ne pas être exécutée. Cela signifie que, au-delà du cadre de Suhrawardī, la temporalisation des performances doit supposer un temps ramifié dans lequel, à un moment donné, l'action est choisie pour être exécutée ou non.

Rahman, Granström et Farjami (2019) ont montré comment une telle approche offre une nouvelle approche des modalités déontiques qui évite les paradoxes standards de la logique déontique contemporaine. Dans les articles que nous venons de mentionner, les modalités déontiques d'Ibn Ḥazm ne sont ni explicitement liées au cadre dialectique ni au cadre temporel qui façonnent ces modalités, en particulier dans les contextes juridiques. Cela c'est la tâche que nous visons, dans le présent chapitre ou plus précisément, nous nous contentons de poser les premiers jalons de la résolution d'une telle tâche

Comme mentionné dans la conclusion de ce chapitre, l'approche offre une nouvelle logique déontique qui peut être généralisée pour des contextes éthiques et juridiques au-delà de la pensée islamique

N.B. Les sections 1.1 à 1.5 ont été extraites de Rahman, Zidani et Young (2018) et Rahman, Granström et Farjami (2019).

- Ma contribution, au-delà du cadre théorique général, qui est le fruit du travail de Rahman, Zidani, Seck, Drissi et Boussad, est d'avoir développé les règles dialogiques et les dialogues, en particulier ceux qui concernent à la fois l'adaptation de la règle Socratique – afin de mettre en évidence les liens conceptuels établis lors de l'interaction d'un dialogue – et les jeux pour les approches temporelles.

C 1. 1 Brèves remarques sur les modalités déontiques contemporaines et anciennes

Depuis *Meaning and Necessity* de Kripke (1980), il a été rendu public que les premières affirmations concernant la richesse de la sémantique des mondes possibles pour exprimer plusieurs formes de nécessité doivent être nuancées - au moins dans le cas où la logique modale propositionnelle est étendue avec des quantificateurs.

En fait, dès les années soixante, les interprétations de la nécessité déontique fondées sur les mondes possibles, telles qu'elles ont été développées par von Wright (1951, 1963), se sont heurtées à une multitude d'énigmes philosophiques et logiques qui ont menacé le cadre dès le départ, et ce déjà au niveau propositionnel[220]. Bien qu'à première vue la notion de monde possible, une situation contre factuelle, semble offrir un instrument attrayant pour saisir le contenu d'une déclaration normative prescrivant la façon dont le monde *devrait être*, il est désormais évident que la sémantique fonctionnelle de la vérité standard qui sous-tend les modalités de style Kripke n'a aucun moyen direct de traiter la dynamique requise par la logique des actions et des prescriptions[221]. Les actions ne sont en principe pas porteuses de vérité, et un appel aux mondes possibles n'explique pas en soi l'incidence dans le monde réel d'une prescription d'action. Après tout, le fait que je grille les feux rouges sera sanctionné dans un état du monde réel après l'infraction, et non dans un monde virtuel possible. Bien entendu, la nécessité déontique est une sorte de nécessité. C'est simplement que la sémantique standard de la théorie des modèles ne semble pas être l'instrument adéquat pour traiter la dimension temporelle impliquée dans la notion de norme, ou que des raffinements importants sont nécessaires.

On peut dire que la sémantique des mondes possibles en général et la logique déontique standard contemporaine en particulier sont le fruit tardif du *tournant propositionnel* lancé par les stoïciens. En effet, ce sont les stoïciens qui, dans le cadre d'une ontologie dynamique constituée d'événements et d'actions, ont proposé d'étendre ou peut-être même de remplacer l'approche relationnelle de la nécessité d'Aristote par une approche propositionnelle, dans laquelle les connecteurs et les règles d'inférence

220 Pour des aperçus récents de ces défis, voir Hilpinen et McNamara (2013).

221 *La logique épistémique dynamique* prend au sérieux le défi dynamique - cf. van Ditmarsh et alii (2007). Cependant, elle partage avec la logique modale *statique* la perspective méta-logique sur la signification. En conséquence, les effets propositionnels des actions, les changements fonctionnels de vérité dans le modèle, sont décrits au niveau méta. Alors que dans le cadre de la logique épistémique dynamique, les expressions pour les annonces publiques (c'est-à-dire les assertions) sont intégrées dans le langage-objet, leur contenu, tel que la *proposition p est vraie*, est établi au niveau méta (voir Baltag, Moss et Solecki 1998). Il ne semble pas que, dans ce type d'approches, les prescriptions soient des éléments de première classe du domaine du monde réel.

jouaient le rôle du terme-relation aristotélicien régi par la métaphysique des essences et la logique du syllogisme[222].

La perspective propositionnelle sur la nécessité causale a permis aux juristes romains, et à Cicéron en particulier, de transférer différentes formes de causalité naturelle dans le domaine du raisonnement juridique. Cela a contribué à la création de la notion de *ratio legis,* la cause qui fonde une décision juridique[223]. On pourrait peut-être comprendre la théorie stoïcienne des signes comme un moyen de rassembler une notion générale de cause à effet s'appliquant à la fois aux normes et aux événements.

Deux problèmes principaux se sont alors posés.

1. Alors que l'approche prédicative d'Aristote garantissait la pertinence du contenu, la construction propositionnelle rendait difficile le resserrement de la cause et de l'effet avec des moyens purement de vérités fonctionnelles. Rappelons les disputes très connues sur la façon de définir une implication qui exprime la causalité.
2. Elle a soulevé la question de l'écart entre les normes en tant que prescriptions (et leur actualisation) et les propositions entendues comme porteuses de vérité, en particulier dans le contexte du raisonnement juridique.

Ces lacunes évoquent le problème épistémologique plus large de la manière de relier la théorie et l'expérience ou la théorie et la praxis. La tradition arabe, particulièrement sensible aux questions relatives à la *praxis*, a compris que l'interface théorie-praxis devait être étudiée sous l'angle de la dyade *prescription-actualisation*, précisément dans les contextes chers aux stoïciens, à savoir l'éthique et la jurisprudence. La nouvelle vision de la tradition arabe a conduit aux étapes audacieuses suivantes :

- Les prescriptions sont comprises comme des prescriptions de **faire** plutôt que comme des prescriptions qui nous font passer d'un état de choses à un autre: *Tun Sollen* plutôt que *Sein Sollen.*
- Les événements, mais aussi les actions, sont des habitants de premier ordre de l'univers du discours. Les actions et les prescriptions présentent un lien de contenu qui donne lieu à une classification des types d'actions. Le raisonnement déontique est un raisonnement par le contenu.
- Les prescriptions de faire sont intégrées dans un système de jugements hypothétiques impliquant des implications où les actions, l'actualisation des prescriptions, font l'objet d'une prédication: les actions sont porteuses de qualifications

---

222 Pour une discussion approfondie sur le point de vue relationnel d'Aristote sur les modalités, voir Malink (2013), qui propose également une reconstruction formelle basée sur ce qu'il appelle une *sémantique de préordre méréologique.*

223 Le concept de *droit conditionnel* en droit romain, l'une des formes les plus importantes de normes juridiques en droit civil, est également pertinent pour le développement de la nécessité déontique dans les contextes juridiques : une obligation, telle que l'obligation de payer une somme d'argent fixe, est subordonnée à certaines conditions futures (fixées par le bienfaiteur en faveur d'un bénéficiaire).

telles que conforme à la loi ou la violation de la loi[224]. De même, les événements sont qualifiés comme devant nécessairement se produire, pouvant se produire ou ne se produisant pas du tout.

- Les normes présupposent la liberté de choix : une prescription de faire présuppose la possibilité de choisir entre effectuer ou non l'action prescrite par la norme.
- La dimension temporelle des notions déontiques condensées dans le principe selon lequel *toutes les actions sont permises à moins d'être interdites par la loi,* a nécessité le déploiement d'un système dialectique d'argumentation appelé *qiyās* qui a régi l'intégration dans le système juridique d'une qualification déontique explicite et actualisée (éventuellement différente de *permise*) pour un nouveau type d'actions[225].

Il est certain que les analogies entre les concepts déontiques, temporels et modaux ont une longue et riche histoire avant leur résurgence dans la logique déontique contemporaine[226]. Des lacunes importantes sont néanmoins présentes dans la littérature sur ses sources historiques, même dans les synthèses les plus récentes, notamment en ce qui concerne les contributions développées au sein de la jurisprudence islamique[227]. C'est encore le cas malgré le fait qu'il existe des travaux sur l'influence du stoïcisme sur les penseurs arabes en général, et sur la classification morale des actes comme étant *obligatoires*, *interdits, recommandables*, *répréhensibles* et *neutres*, y compris les études de van Ess (1964) et de Jadaane (1968)[228]. En fait, Gutas (1994) montre que les

---

[224] La notion d'*assertions conditionnelles* a servi de base aux développements plus sophistiqués, au sein de la tradition islamique, des implications (y compris les bi-implications), ou *sharṭiyya muttaṣila*, et des disjonctifs, ou *sharṭiyya munfaṣila*. Pour une récente étude approfondie de la notion de *sharṭiyya*, voir Hasnawi et Hodges (2016, section 2.4.3, p. 63-65).

[225] Pour une étude approfondie de la théorie des *qiyās*, voir Young (2018). La forme canonique du *qiyās* est celle préconisée pour trouver la *'illa*, ou "facteur occasionnel", qui a déclenché la décision juridique (telle que *légalement valide*) ou la qualification déontique (telle qu'interdite ou *obligatoire*) d'un cas connu et la transférer au nouveau cas. Le "facteur occasionnel", *'illa*, est l'analogue islamique du concept de *ratio legis* mentionné ci-dessus.

[226] En fait, Knuuttila (1993, p. 182) observe que Pierre Abélard (1079-1144) et d'autres philosophes du haut Moyen Âge ont souvent adopté une forme inversée de la réduction de Leibniz en définissant les concepts modaux au moyen de concepts déontiques. Selon cette caractérisation, la nécessité est considérée comme ce que la nature exige, la possibilité est identifiée à ce que la nature permet, et l'impossibilité à ce que la nature interdit.

[227] Voir, par exemple, Knuuttila (1981) et l'excellent essai de Hilpinen et McNamara (2013, p. 14), qui, bien qu'ils discutent de l'occurrence des concepts déontiques dans la jurisprudence islamique classique, ne mentionnent pas les premiers témoignages du parallélisme entre les concepts déontiques et modaux dans cette tradition.

[228] Jadaane (1968, p. 184-189) discute et relativise de manière convaincante l'affirmation forte de Van den Bergh (1954, réimprimé en 1987, vol. II, p. 117 des notes) selon laquelle les notions d'*obligatoire*, de *recommandable*, de *répréhensible* et d'*interdit* de la jurisprudence islamique correspondent (respectivement) aux notions stoïciennes de *recte factum*, *commodum,*

conditions d'une évaluation fondée de l'influence du stoïcisme sur les penseurs islamiques ne sont pas encore réunies. En effet, Gutas (1994) montre clairement que des études comme celles qui viennent d'être mentionnées ne sont pas étayées par des preuves provenant des sources.

Selon nous, c'est précisément dans le contexte de la jurisprudence islamique que la contribution de la tradition arabe à la modalité et à sa logique doit être étudiée et réfléchie[229].

C 1.2 Ibn Ḥazm de Cordoue sur la nécessité déontique et naturelle

Leibniz est considéré à juste titre comme l'un des penseurs les plus importants dans l'établissement d'un lien entre la logique et le raisonnement juridique. En particulier en raison de ses premiers travaux sur l'analyse logique du droit conditionnel (1664-1669), qui impliquent de distinguer une forme particulière de jugement hypothétique qu'il appelle l'*implication morale,* et de ses travaux ultérieurs (en 1671) liant la nécessité modale aux obligations juridiques et à la probabilité. Dans ce contexte, on a souvent prétendu que la logique déontique contemporaine était née dans les *Elementa Juris Naturalis* de Leibniz en 1671 - voir Von Wright (1981, p. 3). En fait, il est vrai que Leibniz déclare explicitement dans cet ouvrage que le *transfert* entre les concepts déontiques et modaux peut être effectué de la manière suivante :

Modal	Déontique
possible, elle est intelligible.	(*licitum*) autorisé
nécessaire, sa négation n'est pas intelligible.	(*debitum*) obligatoire
Si ce n'est pas le cas, sa négation est intelligible.	(*indebitum*) inadmissible
impossible, elle n'est pas intelligible.	(*illicitum*) interdit

L'influence des travaux de Leibniz est indéniable ; cependant la revendication historique sur la naissance de la logique déontique est inexacte. Lameer (1994, pp. 240-241, et 2013, p. 417) souligne cette inexactitude en indiquant que les perspectives d'al-Fārābī et d'Ibn Ḥazm semblent être le premier témoignage enregistré d'un transfert des concepts déontiques vers les concepts modaux[230].

incommodum et *peccatum*. Dans la même note de bas de page, Van den Bergh (1954, vol. II, p. 118 des notes) souligne que les théologiens islamiques ont associé la notion déontique de *permissible* à la modalité *pas logiquement impossible*. Van den Bergh n'approfondit toutefois pas la question. Gutas (1994) développe une analyse critique approfondie des évaluations hâtives de Van den Bergh et de Jadaane.

229 Cf. Rahman, Zidani et Young (2018).

230 Lameer (2013, p. 306) reconnaît Gutas (1988, p. 270) pour la référence à Ibn ḥazm.

En effet, la défense passionnée et acharnée de la logique dans le raisonnement juridique du penseur controversé Ibn Ḥazm de Cordoue (384-456/994-1064) (ʿAlī ibn Aḥmad ibn Saʿīd ibn Ḥazm ibn Ghālib ibn Ṣāliḥ ibn Khalaf ibn Maʿdān ibn Sufyān ibn Yazīd al-Fārisī al-Qurṭubī), a entraîné des conséquences durables dans le domaine du raisonnement juridique. En outre, son livre intitulé "*Faciliter la compréhension des règles de la logique et introduction à celles-ci, avec des expressions courantes et des exemples juridiques*" (*Kitāb al-Taqrīb li-ḥadd al-manṭiq wa-l-mudkhal ilayhi bi-l-alfāẓ al-ʿāmmiyya wa-l-amthila al-fiqhiyya*), composé en 1025-1029, a été bien connu et discuté pendant et après son époque ; et il a ouvert la voie aux études qui ont donné au raisonnement démonstratif une place privilégiée dans les méthodes d'acquisition des connaissances en général et dans la prise de décision juridique en particulier.

En fait, la défense de la logique par Ibn Ḥazm s'est concentrée sur son rôle dans la prise de décision dans des contextes juridiques. Cela l'a conduit à plaider en faveur d'un système logique qui s'opposait aux conceptions "formalistes" de son époque. Dans *al-Taqrīb,* Ibn Ḥazm rejette explicitement l'utilisation de dispositifs syntaxiques pour l'analyse des arguments logiques et tente de développer un langage entièrement interprété sur lequel les arguments sont construits. Si la logique doit jouer un rôle dans la pratique juridique réelle, elle doit être fondée sur l'étude de cas réels paradigmatiques de décisions juridiques. Pour ce faire, il entreprend une étude approfondie des notions déontiques et de leurs contreparties modales, ce qui fait de lui l'un des pères de la logique des normes.

L'extrait suivant de l'ouvrage d'Ibn Ḥazm, *al-Taqrīb li-Ḥadd al-Manṭiq wa-l-Mudkhal ilayhi bi-l-Alfāẓ al-ʿĀmmiyya wa-l-Amthila al-Fiqhiyya*, éd. Aḥmad b. Farīd b. Aḥmad al-Mazīdī, (Beyrouth : Manshūrāt Muḥammad ʿAlī Bayḍūn, Dār al-Kutub al-ʿIlmiyya, 2003), pp. 83-84, constitue la principale source historique du parallélisme entre les modalités déontique et aléthique au sein de la tradition arabe.

Traduit en anglais par Walter Edward Young[231] et nous l'avons par la suite traduit en français.

Chapitre sur les éléments *(ʿanāṣir)*
Sachez que les éléments *(ʿanāṣir)* de toutes les choses (*ashyāʾ*) - c'est-à-dire leurs classes en ce qui concerne les affirmations (*ikhbār*) à leur sujet - sont de trois classes, il n'y en a pas de quatrième.
[Ils sont soit nécessaires (*wājib),* étant tels qu'ils sont nécessaires et manifestes, soit parmi ceux qui doivent être, comme le lever du soleil chaque matin, et ce qui est semblable, tels qu'ils sont

[231] D'après Rahman, Zidani et Young (2018).

appelés dans les lois de Dieu "obligatoires" (*farḍ*) et "contraignants" (*lāzim*) ;)
ou possible (*mumkin*), c'est-à-dire ce qui pourrait être ou ne pas être, comme notre anticipation qu'il pleuvra demain, et d'autres choses semblables, appelées dans la loi de Dieu "licites" *(ḥalāl*) et "permises" (*mubāḥ*) ;
ou impossible (*mumtani'*) étant tel qu'il n'y a pas manière (de le réaliser), comme le fait pour un humain de rester sous l'eau pendant un jour entier, ou de vivre un mois sans manger, ou de marcher dans les airs sans un artifice astucieux, et d'autres choses de ce genre. Et c'est ce genre de choses qui, si nous les voyions se manifester chez un homme, nous saurions qu'il est un prophète ; et cette catégorie est appelée dans les lois de Dieu "interdit" *(ḥarām*) et "prohibé" (*maḥẓūr*).
De plus, le possible (*mumkin*) est divisé en trois classes, il n'y en a pas de quatrième :
et le possible proche (*mumkin qarīb*), comme la possibilité d'une pluie sur une condensation de nuages dans les deux mois de *Kānūn*,[232] ou la victoire d'un grand nombre de courageux sur un petit nombre de lâches ;
et le possible éloigné (*mumkin ba'īd*), qui comme la défaite d'un grand nombre de courageux face à un petit nombre de lâches, et comme la prise en charge du califat par un cuveur *(ḥajjām*) [c'est-à-dire un praticien de la ventouse], et ce qui est de cet ordre ;
et le purement possible (*mumkin maḥḍ*), dont les deux extrêmes sont égaux, comme quelqu'un qui se tient debout - soit il marche, soit il s'assoit - et ce qui lui ressemble.
De même, nous constatons que cette classe moyenne [c'est-à-dire le *mumkin*, correspondant au *mubāḥ*] est, dans les lois de Dieu, divisée en trois classes : recommandée-permise (*mubāḥ mustaḥabb*) ; réprouvée-permise (*mubāḥ makrūh*) ; et uniformément permise (*mubāḥ mustawin*) n'ayant aucune tendance vers l'un ou l'autre des deux côtés.
Quant au recommandé-permis (*mubāḥ mustaḥabb), il est* tel que lorsqu'on l'accomplit on est récompensé (*ujirta*), mais si on le néglige on ne commet pas de péché (*lam ta'tham*) et on n'est pas récompensé ; comme le fait de prier deux cycles de prières surérogatoires, volontairement.
Et pour ce qui est du réprouvé-permis (*mubāḥ makrūh), il est* tel que lorsqu'on le fait on ne commet pas de péché et on n'est pas

[232] C'est-à-dire décembre et janvier.

récompensé, mais si on le néglige on est récompensé ; et c'est comme le fait de manger en étant allongé, et autres choses de ce genre.
Et pour ce qui est de la permission égale (*al-mubāḥ al-mustawī*), elle est telle que lorsqu'on la fait ou qu'on la néglige, on ne commet pas de péché et on n'est pas récompensé ; et c'est comme teindre son vêtement de la couleur qu'on veut, et comme monter sur la bête de somme qu'on veut, et ainsi de suite.

Les unités de base de la logique déontique islamique sont ce que nous pourrions appeler, par anachronisme terminologique, des *impératifs hétéronomes*. L'intérêt des *impératifs hétéronomes* est de développer une logique des normes dans laquelle l'analyse du contenu des qualifications déontiques telles que l'*obligatoire*, l'*interdit*, le *permis*, le *facultatif*, est mise en pratique afin de justifier le transfert d'une décision juridique d'un cas connu à un cas inconnu. Les notions déontiques islamiques qualifient l'accomplissement d'actions comme méritant d'être *récompensées (à différents degrés)*, *sanctionnées* ou *ni l'une ni l'autre*. Dans un cadre plus moderne et plus général, nous pourrions utiliser les qualifications de *conforme à la loi*, de *violation de la loi* et de *neutralité juridique* (ni *conforme* ni *violation de la loi*) à la place[233] - sur la base desquelles l'agent peut être sanctionné ou non.[234] . D'autres possibilités sont *sanctionnées par la loi*, *non sanctionnées par la loi* et *juridiquement neutres*, ou dans le cadre d'une approche de la valeur de la loi; *juridiquement* digne, *juridiquement indigne*, *juridiquement neutre*[235].

C 1.3 Les impératifs hétéronomes d'Ibn Ḥazm[236]

Les juristes musulmans ont identifié cinq qualifications déontiques pour une action. Ibn Ḥazm les définit comme suit[237] :

1 ***wājib, farḍ, lāzim***. L'action obligatoire est celle qui :
Si nous le faisons, nous sommes récompensés.
Si nous ne le faisons pas, nous sommes sanctionnés.

2 ***ḥarām, maḥẓūr***. L'action interdite est celle qui :

[233] L'idée de remplacer la *récompense* et la *sanction* par conforme à *la loi* et l'*infraction à la loi* a été suggérée à Rahman par Zoe McConaughey.
[234] Il convient de noter que, selon cette interprétation, bien qu'une prestation ne puisse être ni conforme ni contraire à la loi, l'agent de la prestation sera sanctionné si sa prestation enfreint la loi.
[235] Les systèmes de valeurs du raisonnement juridique sont souvent considérés comme étant en concurrence avec les systèmes logiques.
[236] Toute cette section est basée sur Rahman, Zidani et Young (2018).
[237] Ibn Ḥazm (1926-1930, vol. 3, p. 77) ; idem (1959, p. 86 ; 2003, p. 83-4).

Si nous le faisons, nous sommes sanctionnés.
Si nous ne le faisons pas, nous sommes récompensés.

3 ***mubāḥ mustaḥabb***. L'action permise recommandée est celle qui :
Si nous le faisons, nous sommes récompensés.
Si nous ne le faisons pas, nous ne sommes ni sanctionnés ni récompensés.

4 ***mubāḥ makrūh***. L'action permise réprouvée est celle qui :
Si nous ne le faisons pas, nous sommes récompensés.
Si nous le faisons, nous ne sommes ni sanctionnés ni récompensés.

5 ***mubāḥ mustawin***. L'action uniformément permise est celle qui :
Si nous le faisons, nous ne sommes ni sanctionnés ni récompensés.
Si nous ne le faisons pas, nous ne sommes ni sanctionnés ni récompensés.

Il convient de noter que la classification suppose que la *récompense* et la *sanction* sont incompatibles mais non contradictoires. Certaines actions ne peuvent être ni récompensées ni sanctionnées ; ce dernier point est crucial pour l'introduction des valeurs et des degrés.

Notons également que si la notion de *sanction* correspond au vocabulaire de la jurisprudence européenne contemporaine, la notion de *récompense* à l'œuvre dans la classification des actions semble trouver son origine dans le domaine de la théologie[238]. L'idée est simplement que, comme l'a minutieusement développé Hallaq (2009), le Qur'ān constitue le "fondement" inséparable de l'émergence de la morale et du droit islamique. Néanmoins, une interprétation non théologique de la *récompense* dans certains contextes juridiques est possible, comme dans le cas du droit conditionnel, où l'on peut dire qu'un bénéficiaire est "récompensé" par un bien, si une certaine condition, spécifiée par le bienfaiteur, a été remplie.

En fait, l'extension par Ibn Ḥazm de la modalité *mubāḥ-permissibilité* dans les catégories du recommandé et du répréhensible est atypique. Toutes les formes de "permissibilité" ont une valeur ; c'est-à-dire qu'en termes de faire ce qui est recommandé ou de ne pas faire ce qui est répréhensible, les deux dépassent la valeur neutre du "même permis", tout en n'atteignant pas encore la valeur de faire ce qui est obligatoire et de ne pas faire ce qui est interdit. En même temps, ni le fait de faire ce qui est répréhensible, ni le fait de négliger ce qui est recommandé ne descendent en dessous de la valeur neutre du "également permis", qui, toujours au-dessus de l'état de faire ce qui est interdit et de négliger ce qui est obligatoire, reste fermement au milieu.

---

[238] Cf. Hartmann (1992, pp. 74-75).

C 1.4 Contingence déontique : Liberté et hétéronomie : Le *devoir* présuppose le *pouvoir*

L'approche suivante est basée sur l'idée que les caractéristiques les plus marquantes des impératifs déontiques énumérés ci-dessus sont les suivantes :

Hypothèse de liberté de choix, ou *takhyīr* : le fait que l'on puisse choisir d'effectuer ou non une action.

L'hétéronomie des impératifs : le fait que la manière dont les actions sont qualifiées par une récompense ou une sanction dépend des choix effectués[239].

Ces deux conditions sont liées à l'idée de responsabilité qui est au cœur de la conception de l'obligation d'Ibn Ḥazm. Ce point a été souligné par Hourani (1985, p. 175) comme suit :

Le fait qui nous intéresse dans un récit historique est que, dans tous les contextes éthiques, [Ibn Ḥazm] *considère l'homme comme responsable de ses propres actions et susceptible d'être récompensé et puni en conséquence.*

La responsabilité se manifeste par le fait qu'un individu juridiquement responsable peut non seulement choisir de faire ou de ne pas faire un certain type d'action, mais il peut également choisir de ne pas choisir du tout ; les actions doivent être subordonnées à nous : nous ne devons pas nécessairement accepter le choix. En effet, la récompense et la sanction dépendent toutes deux des choix effectués.

En fait, la jurisprudence islamique explicite les présupposés de l'application d'une qualification déontique. En effet, les classifications telles que l'obligatoire, l'interdit et le permis, qui fondent une décision juridique (*ḥukm* : حكم) pour une action particulière (par exemple, *il est interdit de manger du porc*), présupposent ce qui suit :

a) la personne qui accomplit une action est légalement responsable (*mukallaf* مكلف) ;

b) l'action en question est une action pour laquelle la liberté de choisir de l'accomplir ou non a été accordée (l'octroi de cette liberté de choix est appelé *takhyīr* : تخيير).

Il est à noter que cette approche est assez différente des études actuelles en logique déontique qui incluent, comme axiome, l'implication $OA \rightarrow MA$ - où "**O**" signifie

[239] Le terme "hétéronomie" qu'on doit à Kant, est principalement utilisé en philosophie pour décrire des normes, dont le fait de les suivre implique l'obtention d'un objectif tel que la compensation ou l'évitement d'une punition.

"obligatoire" et "**M**" "possible", connu comme le principe selon lequel *Doit implique Peut*, et également appelé *principe de Kant (Sollen-Können-Prinzip)*[240]. Or, notre analyse de la conception islamique nous amène à constater ce qui suit :

- Toute qualification déontique, et pas seulement l'obligatoire, **présuppose plutôt qu'elle n'implique** que l'action qualifiée peut être choisie[241].

Ainsi, *Doit présuppose Peut*. Cependant, il semble que dans la littérature sur la jurisprudence islamique, il y a trois façons de définir le permis, à savoir :

1) Le permis se décline sous les trois formes mentionnées ci-dessus, ce qui revient à définir le permis comme les actions dont l'accomplissement n'est ni obligatoire ni interdit.

2) Est permise toute action qui n'est pas sanctionnée lorsqu'elle est accomplie. Cela revient à définir le permis comme les actions dont l'accomplissement n'est pas interdit.

3) Est permise toute action qui n'est pas sanctionnée lorsqu'elle n'est pas accomplie. Cela revient à définir la permissivité comme les actions qu'il n'est pas obligatoire d'accomplir.

Nous nous concentrerons sur la première classification, puisque l'analyse logique des autres classifications suit la première.

Notez, que,

---

240 Cf. Prior (1958), von Wright (1963, pp. 108-116, 122-125), Hilpinen (1981a, pp. 14-15), Chellas (1974), al-Hibri (1978, p. 18-21), Hilpinen et McNamara (2013, p. 38).

241 Remarquez que l'analyse de Hintikka (1981, p. 86) du principe de Kant est assez proche de notre vision du rôle du *takhyīr* - bien qu'il parle de **conséquence non logique** plutôt que de présupposition.

> *Notre résultat est en soi très simple, et peut même sembler trivial - une fois qu'il a été établi. (Tous les devoirs devraient être remplis. Il devrait donc être possible de les remplir). Quoi qu'il en soit, la possibilité que le principe "sollen-können" ait été, dès le départ, conçu, même si c'est de manière vague et inarticulée, comme l'expression d'une conséquence déontique plutôt que d'une conséquence logique, confère un intérêt supplémentaire à nos observations. Ce principe a été mis en évidence dans la philosophie morale par Kant. Nous devons donc nous demander comment il l'a conçu. Les explications de Kant ne se distinguent pas par leur lucidité, mais le lien entre le principe "le devoir implique le pouvoir" et le concept de liberté constitue en tout cas un courant de pensée incontestable et récurrent chez Kant (voir par exemple Critique de la liberté). (Voir par exemple Critique de la raison pure A 807, Critique de la raison pratique, 1ère édition, p. 54). Pour Kant, la liberté morale réside dans le fait même qu'un homme peut agir de la manière dont il doit agir.*

d’une part,

la structure logique suggérée par cette classification est celle d'un jugement hypothétique, telle que si face au choix entre exécuter ou ne pas exécuter une certaine action, nous sommes récompensés ou sanctionnés en fonction de ce choix ;

d’autre part,

la structure conceptuelle et éthique suggérée par cette classification est que ces mêmes choix façonnent la contingence déontique des schémas d'action et en même temps elles gouvernent les attributions de responsabilité.

C 1.5 Les impératifs déontiques et l’analyse des hypothèses

D’après les analyses de Rahman, Zidani et Young (2018) la forme logique de l’affirmation **W (Obligatoire)**A_1 est la suivante :

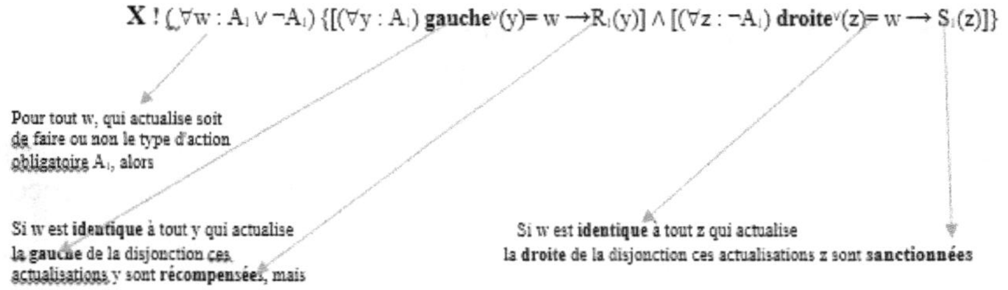

Cela donne lieu aux analyses suivantes :

***wājib, farḍ, lāzim* (واجب،فرض،لازم)**

Obligatoire : Pour tout *w*, tel que w revient à faire ou ne pas faire l’action obligatoire A_1, alors si *w* est identique à tout y qui actualise la gauche de la disjonction, cette actualisation y est récompensée, et si w est identique à tout *z* qui actualise la droite de la disjonction, cette actualisation est sanctionnée.

$$(\forall w : A_1 \vee \neg A_1) \{[(\forall y : A_1)\ \mathbf{gauche}^{\vee}(y)=x \rightarrow : R_1(y)\ ] \wedge [\ (\forall z : A_1)\ \mathbf{droite}^{\vee}(z)=x \rightarrow S_1(z)\ ]\}$$

ḥarām, maḥẓūr (حرام،محظور):

Intérdit : Pour tout w, tel que w revient à faire ou ne pas faire l’action interdite A_2, alors si w est identique à tout y qui actualise la gauche de la disjonction, cette actualisation y est sanctionnée, et si w est identique à tout z qui actualise la droite de la disjonction, cette actualisation est récompensée.

$$(\forall w : A_2 \vee \neg A_2) \{[(\forall y : A_2)\ \mathbf{gauche}^{\vee}(y)=x \rightarrow S_2(y)] \wedge [(\forall z : A_2)\ \mathbf{droite}^{\vee}(z)=x \rightarrow R_2(z)]\}$$

Mubāḥ mustaḥabb (مباح مستحبّ):

Recommandé : Pour tout w, tel que w revient à faire ou ne pas faire l'action (recommandée) A_3, alors si w est identique à tout y qui actualise la gauche de la disjonction, cette actualisation y est récompensée, et si w est identique à tout z qu'il actualise la droite de la disjonction, cette actualisation n'est ni sanctionnée et ni récompensée.

$$(\forall w : A_3 \vee \neg A_3)\{[(\forall y : A_3)\ \mathbf{gauche}^{\vee}(y)=x \rightarrow R_3(y)] \wedge [(\forall z : A_3)\ \mathbf{droite}^{\vee}(z)=x \rightarrow S_3(z) \wedge R_3(z))]\}$$

Mubâh makrūh (مباح مكروه):

Répréhensible : Pour tout w, tel que w revient à faire ou ne pas faire l'action (Répréhensible) A_4, alors si w est identique à tout y qui actualise la gauche de la disjonction, cette actualisation y n'est ni récompensée et ni sanctionnée, et si w est identique à tout z qui actualise la droite de la disjonction, cette actualisation est récompensée.

$$(\forall w : A_4 \vee \neg A_4)\{[(\forall y : A_4)\ \mathbf{gauche}^{\vee}(y)=x \rightarrow S_4(y) \wedge R_4(y))] \wedge [(\forall z : A_4)\ \mathbf{droite}^{\vee}(z)=x \rightarrow R_4(z)]\}.$$

mubāḥ mustawin (مباح مسطوين):

Neutre : Pour tout w, tel que w revient à faire ou ne pas faire l'action neutre A_5, alors si w est identique à tout y qui actualise la gauche de la disjonction, cette actualisation y n'est ni récompensée et ni sanctionnée, et si w est identique à tout z qui actualise la droite de la disjonction, cette actualisation n'est ni récompensée et ni sanctionnée.

$$(\forall w : A_5 \vee \neg A_5)\{[(\forall y : A_5)\ \mathbf{gauche}^{\vee}(y)=x \rightarrow S_5(y) \wedge R_5(y))] \wedge [(\forall z : A_5)\ \mathbf{droite}^{\vee}(z)=x \rightarrow S_5(z) \wedge R_5(z))]\}.$$

C 2 La Signification dialectique locale des impératifs déontiques

Dans ce tableau le challenger **Y** défie l'universel dans les impératifs déontiques, en choisissant l'exécution ou la performance « a » qui indique que cette exécution ou performance actualise ou bien la **gauche** ou bien la **droite** de la disjonction.

	La Signification Dialectique Locale des impératives		
Affirmation déontique	**Forme logique de l'affirmation déontique**	**Défi**	**Défense**
X ! WA_1 **A_1 est Obligatoire/ Wâjib**	**X**! $(\forall w : A_1 \vee \neg A_1)[(\forall y : A_1)$ $\textbf{gauche}^{\vee}(y)=w \rightarrow R_1(y)] \wedge [(\forall z : \neg A_1)$ $\textbf{droite}^{\vee}(z)= w \rightarrow S_1(z)]$	**Y** ! $a : A_1 \vee \neg A_1$ Le challenger **Y** défie l'universel dans les impératives déontiques, en choisissant l'exécution « a » qui indique que cette exécution actualise ou bien la gauche ou bien la droite de la disjonction.	$[(\forall y : A_1)$ $\textbf{gauche}^{\vee}(y)=a \rightarrow R_1(y)] \wedge [(\forall z : \neg A_1)$ $\textbf{droite}^{\vee}(z)=a\ S_1(z)]$ Si l'action a actualise la gauche de la disjonction, cette actualisation est récompensée. ET Si a actualise la droite de la disjonction, cette actualisation est sanctionnée.
X ! HA_2 **A_2 est interdit/ Ḥarâm**	**X**! $(\forall w : A_2 \vee \neg A_2)[(\forall y : A_2)$ $\textbf{gauche}^{\vee}(y)=w \rightarrow S_2(y)] \wedge [(\forall z : \neg A_2)$ $\textbf{droite}^{\vee}(z)= w \rightarrow R_2(z)]$	**Y**! $a : A_2 \vee \neg A_2$	$[(\forall y : A_2)$ $\textbf{gauche}^{\vee}(y)=a \rightarrow S_2(y)] \wedge [(\forall z : \neg A_2)$ $\textbf{droite}^{\vee}(z)= a \rightarrow R_2(z)]$ Si l'action a actualise la gauche de la disjonction, cette actualisation est sanctionnée. ET Si a actualise la droite de la disjonction, cette actualisation est récompensée.
X ! $MM_{SH}A_3$ **A_3 est Recommandé/ Mubâh.mustaḥabb**	**X**! $(\forall w : A_3 \vee \neg A_3)(\forall y : A_3)$ $\textbf{gauche}^{\vee})= w \rightarrow R_3(y)] \wedge [(\forall z : \neg A_3)$ $\textbf{droite}^{\vee}(z)= w \rightarrow \neg S_3(z) \wedge \neg R_3(z)]$	**Y**! $a : A_3 \vee \neg A_3$	$[(\forall y : A_3)$ $\textbf{gauche}^{\vee}(y)= a \rightarrow R_3(y)] \wedge [(\forall z : \neg A_3)$ $\textbf{droite}^{\vee}(z)= a \rightarrow (\neg S_3(z) \wedge \neg R_3(z)]$ Si l'action a actualise la gauche de la disjonction, cette actualisation est récompensée. ET Si a actualise la droite de la disjonction, cette actualisation n'est ni récompensée et ni sanctionnée.
X ! $MM_{KR}A_4$ **A_4 est Répréhensible/ Mubâh makrūh**	**X**! $(\forall w : A \vee \neg A_4)[(\forall y : A_4)$ $\textbf{gauche}^{\vee}(y)=w \rightarrow [\neg R_4(y) \wedge \neg S_4(y)][(\forall z : \neg A_4)$ $\textbf{droite}^{\vee}(z)=w \rightarrow R_4(z)]$	**Y** ! $a : A_4 \vee \neg A_4$	$[(\forall y : A_4)$ $\textbf{gauche}^{\vee}(y)=a \rightarrow [\neg R_4(y) \wedge \neg S_4(y)]$ $[(\forall z : \neg A_4)$ $\textbf{droite}^{\vee}(z)= a \rightarrow R_4(z)]$ Si a actualise la gauche de la disjonction, cette actualisation n'est ni récompensée et ni sanctionnée. ET Si l'action A_4 actualise a par la droite de la disjonction, cette actualisation est récompensée.
X ! $MM_{SW}A_5$	**X**! $(\forall w : A \vee \neg A_5)[(\forall y : A_5)$ $\textbf{gauche}^{\vee}(y)=w \rightarrow \neg R_5(y) \wedge \neg S_5(y)][(\forall z : \neg A_5)$ $\textbf{droite}^{\vee}(z)=w \rightarrow \neg S_5(z)] \wedge \neg R_5(z)]$	**Y** ! $a : A_5 \vee \neg A_5$	$[(\forall y : A_5)$ $\textbf{gauche}^{\vee}(y)=w\ \neg R_5(y) \wedge \neg S_5(y)]$ $[(\forall z : \neg A_5)$ $\textbf{droite}^{\vee}(z)= w \rightarrow \neg S_5(z)] \wedge \neg R_5(z)]$

A_5 est (Neutre/ Mubâh mustawin)A_5			Si a actualise la gauche ou la droite de la disjonction, cette actualisation sera équivalente par rapport à la disjonction, c'est-à-dire elle ne sera ni récompensée et ni sanctionnée dans les côtés de la disjonction.

Dans les dialogues ci-dessous, nous utilisons une variante de la règle socratique. Nous autorisons **O** à contester une affirmation α de **P,** si **O** n'a pas énoncé la même proposition auparavant – même si **P** ! α prend l'une des formes suivantes, **P** ! $\neg R_i(a)$ ou **P** ! $\neg S_i(a)$ ou **P** ! $\neg R_i(a) \land \neg S_i(a)$ – dans ce cas le défi prend la forme **O** ? α. La réponse du proposant à une telle contestation prend la forme P $vous_n$: A, ce qui revient à dire que vous (l'adversaire) avez déjà énoncé un même témoin de présence de la proposition avec votre coup n. De plus, par souci de simplicité, nous avons réduit au strict minimum l'utilisation explicite de ces raisons et instructions locales prescrites par les règles dialectiques pour les connexions logiques. Le lecteur peut, s'il le souhaite, les ajouter en consultant l'annexe.

- Le point philosophique de cette adaptation de la **Règle Socratique** est que, contrairement à la règle formelle, le dialogue doit être développé en tenant compte du contenu de l'affirmation en question. Dans ce type de dialogue, il ne s'agit pas seulement de la force logique de l'inférence d'identité, mais plutôt de la **manière dont l'analyse conceptuelle des prémisses** permet de comprendre **pourquoi** le dialogue aboutit à la conclusion exprimée par la thèse. De plus, cette adaptation est liée au concept d'***inanalysable***, utilisé dans les sections sur le syllogisme temporel. Cependant, comme il se doit, cette version met l'accent sur le contenu éthique et juridique d'expressions telles que ***ni Sanctionné et ni Récompensé*** en tant que **totalité**.

En outre, rappelons que nous utilisons la notation suivante pour classifier les différents types d'actions :

A_1 indique que A est un type d'actions obligatoires telles que faire les prières, etc.

Ainsi, $\neg A_1$ indique que le type d'actions obligatoires A n'est pas accompli.

A_2 indique que A est un type d'actions interdites telles que tuer une personne, etc.

Ainsi, $\neg A_2$ indique que le type d'actions interdites A n'est pas accompli.

A_3 indique que A est un type d'actions recommandées telles que se brosser les dents avant la prière, etc.

Ainsi, $\neg A_3$ indique que le type d'actions recommandées A n'est pas accompli.

A_4 indique que A est un type d'actions répréhensibles telles que gesticuler exagérément en priant, etc.

Ainsi, $\neg A_4$ indique que le type d'actions répréhensibles A n'est pas accompli.

A_5 indique que A est un type d'actions neutres telles que dîner ensemble, etc.

Ainsi, $\neg A_5$ indique que le type d'actions neutres A n'est pas accompli.

C 3 Dialogues sur modalités déontiques

NB : notation

Modalités déontiques	**Obligatoire/ Wâjib**	**Interdit/Ḥarâm**	**Recommandé/ Mubâh.mustaḥabb**	**Répréhensible/ Mubâh makrūh**	**Neutre/ Mubâh mustawin**
Abréviations	$\mathbf{WA_1}$	$\mathbf{HA_2}$	$\mathbf{MM_{SH}A_3}$	$\mathbf{MM_{KR}A_4}$	$\mathbf{MM_{SW}A_5}$

C 3.1 Dialogues sur quelques types d'actions A_3

$\mathbf{MM_{SH}A_3}$

Dialogue 1

Coups	Opposante	Proposant	Coups
	Prémisse 1 MMA_3 $(\forall w : A_3 \vee \neg A_3)(\forall y : A_3)$ **gauche**$^{\vee}(y)=x \rightarrow R_3(y) \wedge (\forall z : \neg A_3)$ **droite**$^{\vee}(z)=x \rightarrow S_3(z) \wedge R_3(z)$ Face au choix de faire le type d'action recommandé, si l'individu actualise le type d'action A_3, avec la performance « a », cette performance sera récompensée ($R_3(a)$), si « a » actualise $\neg A_3$, cette performance ne sera pas ni récompensée ni et sanctionnée $\neg R_3(a)$ et $\neg S_3(a)$.	! $\neg R_3(a) \wedge \neg S_3(a)$ L'exécution ou la performance de l'actualisation « a » du type d'action $\neg A$ n'est ni récompensée et ni sanctionnée.	0

	Prémisse 2 $a : \neg A_3$ Prémisse 3 $\mathbf{droite}^{\vee}(a) = a$ (en supposant $a : A_1 \vee \neg A_1$) Cette affirmation confirme le choix de la droite de la disjonction.		
1	$? \neg S_3 (a) \wedge \neg R_3(a)$	$Vous_{11} : \neg S_3(a) \wedge \neg R_3(a)$	12
5	$[(\forall y : A_3)\ \mathbf{gauche}^{\vee}(y) = a \rightarrow R_3(y)] \wedge [(\forall z : A_3)\ \mathbf{droite}^{\vee}(z) = a \rightarrow (\neg S_3(z) \wedge \neg R_3(z)]$	Prémisse 1 $a : A_3 \vee \neg A_3$	2
3	$? \vee$ 2	$a : \neg A_3$	4
7	$(\forall z : A_3)\ \mathbf{droite}^{\vee}(z) = w \rightarrow (\neg S_3(z) \wedge \neg R_3(z)$	5 ? $\wedge 2$	6
9	$\mathbf{droite}^{\vee}(a) = a \rightarrow \neg S_3 (a) \wedge \neg R_3(a)$	7 $a : \neg A_3$	8
11	$\neg S_3(a) \wedge \neg R_3(a)$	9 $\mathbf{droite}^{\vee}(a) = a$	10
		P gagne	

Bien entendu, il existe d'autres possibilités, à savoir que **P** pourrait affirmer que la performance « a » de l'action recommandé doit être ni récompensée et ni sanctionnée en dépit du fait que A_3 a été exécutée. Dans ce cas, le **P** perdra certainement. Cela montre la signification dialogique de la recommandation. Nous développons également une des autres possibilités, qui donnent lieu au dialogue suivant :

$MM_{SH}A_3$

Dialogue 2

Coups	Opposante	Proposant	Coups
	Prémisse 1MMA$_3$ $(\forall w : A_3 \vee \neg A_3)(\forall y : A_3)\ \mathbf{gauche}^{\vee}(y) = x \rightarrow R_3(y) \wedge (\forall z : \neg A_3)\ \mathbf{droite}^{\vee}(z) = x \rightarrow S_3(z) \wedge R_3(z)$ Prémisse 2 $a : A_3$ Prémisse 3 $\mathbf{gauche}^{\vee}(a) = a$ (en supposant $a : A_1 \vee \neg A_1$)	$! \ \neg S_3(a) \wedge \neg R_3(a)$ L'exécution ou la performance de l'actualisation « a » du type d'action A_3 n'est ni récompensée et ni sanctionnée.	0
1	$? \neg S_3(a) \wedge \neg R_3(a)$	???	
5	$[(\forall y : A_3)\ \mathbf{gauche}^{\vee}(y) = a \rightarrow R_3(y)] \wedge [(\forall z : \neg A_3)$	Prémisse 1 $a : A_3 \vee \neg A_3$	2

	droite$^{\vee}$(z)= a → (¬S_3(z) ∧ ¬R_3(z)]		
3	? ∨ 2	a : A_3	4
7	(∀y : A_3) **gauche**$^{\vee}$(y)= w→ R_3(y)	5 ? ∧1	6
9	**gauche**$^{\vee}$(a)= a→R_3(a)	7 a : A_3	8
11	R_3(a))	9 **gauche**$^{\vee}$(a)	10
	O gagne		

C 3.2 Dialogues sur d'autres types d'actions

C 3. 2. 1 Obligatoire/ Wâjib

WA_1

Dialogue 1

	Obligatoire/ Wâjib		
Coups	Opposante	Proposant	Coups
	Prémisse 1 ! **W**A_1 (∀w : A_1∨¬A_1)(∀y:A_1) **gauche**$^{\vee}$(y)=w→R_1(y) ∧ (∀z : ¬A_1) **droite**$^{\vee}$(z)= w→ S_1(z) Face au choix entre faire le type d'action obligatoire ou ne pas le faire, si la performance « a » actualise le type d'action A_1, « a » est récompensée (R_1(a)), si la performance « a » actualise ¬A_1, « a » est sanctionnée (S_1(a)). Prémisse 2 a : A_1 Face au choix entre faire ou ne pas faire A_1, l'individu a choisi de le faire. Dans le contexte de la logique de la présence de Suhrawardī, «a » représente une présence qui témoigne que le type d'action obligatoire A_1 est actualisé par une performance. Prémisse 3 **gauch**e$^{\vee}$(a)= a (en supposant a : A_1 ∨ ¬A_1) Le choix revient à l'affirmation de la gauche de la disjonction.	! R_1(a) La performance « a » de l'action A_1 est récompensée.	0
1	? R_1(a)	Vous$_{11}$: R_1(a)	12
5	[(∀y : A_1) **gauche**$^{\vee}$(y)=a → R_1(y)] ∧ [(∀z : ¬A_1) **droite**$^{\vee}$(z)=a → S_1(z)]	Prémisse 1 a : A_1 ∨ ¬A_1	2
3	?∨ 2	a : A_1	4
7	[(∀y : A_1) **gauche**$^{\vee}$(y)=a → R_1(y)]	5 ? ∧1	6
9	**gauche**$^{\vee}$(a)=a→R_1(a)	7 a : A_1	8

11	$R_1(a)$	9 **gauche**$^{\vee}(a)$= a	10
		P gagne	

WA_1
Dialogue 2

	Obligatoire/ Wâjib		
Coups	Opposante	Proposant	Coups
	Prémisse 1 ! **W**A_1 $(\forall w : A_1 \vee \neg A_1)(\forall y{:}A_1)$ **gauche**$^{\vee}(y)=w \to R_1(y) \wedge (\forall z : \neg A_1)$ **droite**$^{\vee}(z)= w \to S_1(z)$ Prémisse 2 a : A_1 Prémisse 3 **gauche**$^{\vee}(a)$= a (en supposant a : $A_1 \vee \neg A_1$)	! $S_1(a)$ La performance « a » de l'action A_1 est sanctionnée.	0
1	? $S_1(a)$	???	
5	$[(\forall y : A_1)$ **gauche**$^{\vee}(y)=a \to R_1(y)] \wedge [(\forall z : \neg A_1)$ **droite**$^{\vee}(z)=a \to S_1(z)]$	Prémisse 1 a : $A_1 \vee \neg A_1$	2
3	?$\vee$ 2	a : A_1	4
7	$[(\forall y : A_1)$ **gauche**$^{\vee}(y)=a \to R_1(y)]$	5 ? $\wedge$1	6
9	**gauche**$^{\vee}(a)=a \to R_1(a)$	7 a : A_1	8
11	$R_1(a)$	9 **gauche**$^{\vee}(a)$= a	10
	O gagne		

WA_1
Dialogue 3

	Obligatoire/ Wâjib		
Coups	Opposante	Proposant	Coups
	Prémisse 1 ! **W**A_1 $(\forall w : A_1 \vee \neg A_1)(\forall y{:}A_1)$ **gauche**$^{\vee}(y)=w \to R_1(y) \wedge (\forall z : \neg A_1)$ **droite**$^{\vee}(z)= w \to S_1(z)$ Prémisse 2 a : $\neg A_1$ Prémisse 3 **droite**$^{\vee}(a)$= a (en supposant a : $A_1 \vee \neg A_1$)	! $S_1(a)$ La performance « a » de l'action $\neg A_1$ est sanctionnée.	0
1	? $S_1(a)$	Vous$_{11}$: $S_1(a)$	12
5	$[(\forall y : A_1)$ **gauche**$^{\vee}(y)=a \to R_1(y)] \wedge [(\forall z : \neg A_1)$ **droite**$^{\vee}(z)=a \to S_1(z)]$	Prémisse 1 a : $A_1 \vee \neg A_1$	2

3	?$\vee$ 2	a : $\neg A_1$	4
7	$[(\forall z : \neg A_1)\ \mathbf{droite}^{\vee}(y)=a \rightarrow R_1(z)]$	5 ? $\wedge$2	6
9	$\mathbf{droite}^{\vee}(a)=a \rightarrow S_1(a)$	7 a : $\neg A_1$	8
11	$S_1(a)$	9 $\mathbf{droite}^{\vee}(a)= a$	10
		P gagne	

C 3.2. 2 Interdit/ Ḥarâm

HA_2

Dialogue 1

	Interdit/ Ḥarâm		
Coups	Opposante	Proposant	Coups
	Prémisse 1 ! **H**A_2 $(\forall w : A_2 \vee \neg A_2)\ (\forall y : A_2)\ \mathbf{gauche}^{\vee}(y)=w \rightarrow S_2(y) \wedge (\forall z : \neg A_2)\ \mathbf{droite}^{\vee}(z)= w \rightarrow R_2(z)$ Face au choix entre faire le type d'action interdite ou ne pas le faire, si la performance « a » actualise le type d'action A_2, « a » est sanctionnée ($S_1(a)$), si la performance « a » actualise $\neg A_1$, « a » est récompensée ($R_1(a)$). Prémisse 2 a : A_2 Face aux deux choix, l'individu a préféré d'actualiser le type d'action interdit. Prémisse 3 $\mathbf{gauche}^{\mathbf{v}}(a) = a$ (en supposant a : $A_2 \vee \neg A_2$) Le choix revient à l'affirmation de la gauche de la disjonction.	! S_2 (a) La performance « a» de l'action A_2 est sanctionnée.	0
1	? S_2 (a)	Vous$_{11}$: S_2 (a)	12
5	$[(\forall y : A_2)\ \mathbf{gauche}^{\mathbf{v}}(a)=a \rightarrow S_2(y) \wedge (\forall z : \neg A_2)\ \mathbf{droite}^{\mathbf{v}}(a) = a \rightarrow R_2(z)]$	Prémisse 1 a : $A_2 \vee \neg A_2$	2
3	? $\vee$ 2	a : A_2	4
7	$[(\forall y : A_2)\ \mathbf{gauche}^{\mathbf{v}}(a) = a \rightarrow S_2(y)$	5 ? $\wedge$1	6
9	$\mathbf{gauche}^{\mathbf{v}}(a) = a \rightarrow S_2(a)$	7 a : A_2	8
11	$S_2(a)$	9 $\mathbf{gauche}^{\mathbf{v}}a=a$	10
		P gagne	

HA_2

Dialogue 2

	Interdit/ Ḥarâm		
Coups	Opposante	Proposant	Coups

	Prémisse 1 ! $\mathbf{H}A_2$ $(\forall w : A_2 \vee \neg A_2)\ (\forall y : A_2)\ \mathbf{gauche}^{\vee}(y)=w \rightarrow S_2(y) \wedge (\forall z : \neg A_2)\ \mathbf{droite}^{\vee}(z)= w \rightarrow R_2(z)$ Prémisse 2 $a : \neg A_2$ Prémisse 3 $\mathbf{droite}^{\vee}(a) = a$ (en supposant $a : A_2 \vee \neg A_2$)	! $R_2(a)$ La performance « a » de l'action $\neg A_2$ est récompensée.	0
1	?$R_2(a)$ 0	Vous$_{11}$: $R_2(a)$	12
5	$[(\forall y : A_2)\ \mathbf{gauche}^{\vee}(a)=a \rightarrow S_2(y) \wedge (\forall z : A_2)\ \mathbf{droite}^{\vee}(a) = a \rightarrow R_2(z)]$	Prémisse 1 $a : A_2 \vee \neg A_2$	2
3	?$\vee$ 2	$a : \neg A_2$	4
7	$(\forall z : A_2)\ \mathbf{droite}^{\vee}(a) = a \rightarrow R_2(z)$	5 ? $\wedge 2$	6
9	$\mathbf{droite}^{\vee}(a) = a \rightarrow R_2(a)$	7 $a : \neg A_2$	8
11	$R_2(a)$	9 $\mathbf{droite}^{\vee}(a) = a$	10
		P gagne	

C 3. 2. 3 Répréhensible/ Mubâh makrūh.

$\mathbf{MM_{KR}A_4}$

Dialogue 1

		Répréhensible/ Mubâh makrūh	
Coups	Opposante	Proposant	Coups
	Prémisse 1 ! $\mathbf{MM_{KR}A_4}$ $(\forall w : A \vee \neg A_4)(\forall y : A_4)\ \mathbf{gauche}^{\vee}(y)=w \rightarrow [\neg R_4(y) \wedge \neg S_4(y)] \wedge (\forall z : \neg A_4)\ \mathbf{droite}^{\vee}(z)=w \rightarrow R_4(z)$ Face au choix entre faire le type d'action répréhensible ou non, si la performance « a » actualise le type d'action A_4, l'actualisation « a » n'est ni récompensée et ni sanctionnée. Et si la performance « a » actualise le type d'action $\neg A_4$, « a » est récompensée. Prémisse 2 $a : \neg A_4$ Prémisse 3 $\mathbf{droite}^{\vee}(a)=a$ (en supposant $a : A_4 \vee \neg A_4$)	! $R_4(a)$ L'actualisation de « a » du type d'action $\neg A_4$ est récompensée.	0

	Le choix revient à l'affirmation de la droite de la disjonction.		
1	? R_4 (a)	11 $Vous_{11}$: R_4 (a)	12
5	$[(\forall y : A_4)$ **gauche** $^{v}(a)=a \rightarrow \neg R_4 (y) \wedge \neg S_4)(y) \wedge (\forall z : A_4)$ **droite**$^{v}(a)=a \rightarrow R_4 (z)]$	Prémisse 1 a : $A_4 \vee \neg A_4$	2
3	?$\vee$ 2	a : A_4	4
7	$(\forall z : A_4)$ **droite**$^{v}(a)=a \rightarrow R_4(z)$	5 ? $\wedge$2	6
9	**droite**$^{v}(a)=a \rightarrow R_4 (a)$	7 a : A_4	8
11	R_4 (a)	9 **droite**$^{v}(a)=a$	10
		P gagne	

$MM_{KR}A_4$
Dialogue 2

		Répréhensible/ Mubâh makrūh	
Coups	Opposante	Proposant	Coups
	Prémisse 1 ! **$MM_{KR}A_4$** $(\forall w : A \vee \neg A_4)(\forall y : A_4)$ **gauche**$^{v}(y)=w \rightarrow [\neg R_4(y) \wedge \neg S_4(y)]$ $[(\forall z : \neg A_4)$ **droite**$^{v}(z)=w \rightarrow R_4(z)]$ Prémisse 2 a : A_4 Prémisse 3 **gauche**$^{v}(a) = a$ (en supposant a : $A_4 \vee \neg A_4$) Le choix revient à l'affirmation de la gauche de la disjonction.	! $\neg R_4(a) \wedge \neg S_4(a)$ L'actualisation de « a » du type d'action A_4 est récompensée.	0
1	? $\neg R_4(a) \wedge \neg S_4 (a)$	$Vous_{11}$: $\neg R_4(a) \wedge \neg S_4 (a)$	12
5	$[(\forall y : A_4)$ **gauche**$^{v}(a)=a \rightarrow \neg R_4(y) \wedge \neg S_4(y) \wedge (\forall z : A_4)$ **droite**$^{v}(a)=a \rightarrow R_4 (z)]$	Prémisse 1 a : $A_4 \vee \neg A_4$	2
3	? $\vee$ 2	a : A_4	4
7	$(\forall y : A_4)$ **gauche**$^{v}(a)=a \rightarrow \neg R_4(y) \wedge \neg S_4(y)$	5 ? $\wedge$1	6
9	**gauche**$^{v}(a)=a \rightarrow \neg R_4(a) \wedge S_4(a)$	7 a : A_4	8
11	$\neg R_4 (a) \wedge \neg S_4 (a)$	9 **gauche**$^{v}(a)=a$	10
		P gagne	

C 3.2. 4 Neutre/ Mubâh mustawin

$MM_{SW}A_5$
Dialogue 1

		Neutre/Mubâh mustawin	
Coups	Opposante	Proposant	Coups

	Prémisse 1 ! $\mathbf{MM_{SW}A_5}$ $(\forall w : A \vee \neg A_5)[(\forall y : A_5)$ **gauche**$^{v}(y)=w \rightarrow \neg R_5(y) \wedge \neg S_5(y)] \wedge [(\forall z : \neg A_5)$ **droite**$^{v}(z)=w \rightarrow \neg S_5(z)] \wedge \neg R_5(z)]$ Face au choix entre faire le type d'action neutre ou non, si la performance « a » actualise le type d'action A_5, « a » n'est ni récompensée et ni sanctionnée. Et si la performance « a » actualise le type d'action $\neg A_5$, « a », n'est aussi ni récompensée et ni sanctionnée. Prémisse 2 a : A_5 Prémisse 3 **gauche**$^{v}(a) = a$ (en supposant a : $A_5 \vee \neg A_5$) Le choix revient à l'affirmation de la gauche de la disjonction.	$!\neg R_5(a) \wedge \neg S_5(a)$ L'actualisation « a » du type d'action A_5 n'est ni récompensée et ni sanctionnée.	0
1	? $(\neg R_5 \wedge \neg S_5(a))$	Vous$_{11}$: $\neg R_5(a) \wedge \neg S_5(a)$	12
3	$[(\forall y : A_5)$ **gauche**$^{v}(a) = a \rightarrow (\neg R_5 \wedge \neg S_5(y)) \wedge (\forall z : A_5)$ **droite**$^{v}(a) = a \rightarrow (\neg R_5 \wedge \neg S_5(a))(z)]$	Prémisse 1 a : $A_5 \vee \neg A_5$	2
5	? $\vee$ 2	a : A_5	4
7	$(\forall y : A_5)$ **gauche**$^{v}(a)=a \rightarrow \neg R_5(y) \wedge \neg S_5(y)$	3 ? $\wedge$1	6
9	**gauche**$^{v}(a) = a \rightarrow (\neg R_5 \wedge \neg S_5(a))$	7 a : A_5	8
11	$\neg R_5(a) \wedge \neg S_5(a)$	9 **gauche**$^{v}(a) = a$	10
		P gagne	

$\mathbf{MM_{SW}A_5}$

Dialogue 2

NB : Dans le deuxième dialogue, le choix d'un type d'action neutre $\neg A_5$, produit le même résultat si l'individu choisit la droite de la disjonction. Davantage au cours du dialogue le proposant demandera le conjoint 2 de la prémisse 1 et en fin de compte le résultat sera le même.

C 4 Temporalité et modalités déontiques : actions temporelles

La notion de contingent chez Suhrawardī est guidée par deux grands principes aristotéliciens sur le temps qu'il partage avec Ibn Sīnā et la plupart des post- d'Ibn Sīnā, à savoir :

1- Le temps est un présupposé logique du contingent - c'est-à-dire qu'étant donné une paire de propositions exprimant deux attributs incompatibles de la même substance, leur vérité doit être relativisée temporellement (si l'on veut éviter la contradiction) ;

2- L'expérience du contingent est une présupposition épistémologique du temps. De plus, ajoute Suhrawardī', le témoignage mental d'une expérience du contingent est une présupposition épistémique de l'existence cf. *al-Ishrāq* (1999, p. 16).

En d'autres termes, la dimension temporelle est constitutive du sens de la notion d'attributions de contingence chez Suhrawardī. En outre, si l'on examine attentivement les textes de Suhrawardī, il apparaît clairement que les conditions temporelles ne sont pas comprises ici de manière propositionnelle, ni comme des implications, ni comme des indices qui saturent une fonction propositionnelle, ce qui ferait d'ailleurs du temps une substance (en contravention avec le premier principe aristotélicien sur le temps mentionné plus haut). Les conditions temporelles sont des paramètres contextuels qui peuvent être explicités afin d'enrichir une assertion qui a déjà un contenu,[242] plutôt que de compléter le sens d'une fonction propositionnelle.

Cela suggère que les présences, plutôt que les propositions, sont les premiers porteurs de la temporalité. Ceci est d'une importance majeure dans le domaine des normes éthiques et/ou juridiques.

Une norme, telle que l'obligation de prier, est en quelque sorte atemporelle. Ce qui est temporel, ce sont les réalisations de cette norme, qu'il s'agisse de l'accomplir ou de l'omettre. Par exemple, la prière de Fatima le vendredi 27 octobre 2023 remplit l'obligation de prier, mais Zayd ne la remplit pas. L'accomplissement sera alors récompensé maintenant ou dans le futur et l'omission sanctionnée.

Plus généralement, s'il existe une performance x témoignant que l'obligation de faire le type d'action A_1, est en train d'être remplie, alors x sera temporalisé. La temporalisation est mise en œuvre par une fonction temporelle τ qui prend ce x et produit un moment t qui est un élément de l'ensemble **T** des moments temporels, et ces moments, selon le contexte, peuvent être définis comme des heures, des jours, des mois, etc.

En d'autres termes, si x est l'une de ces performances, l'évaluation de $\tau(x)$ est identique (dans l'ensemble **T**) à un certain t_n, qui indique le moment où l'obligation a été remplie,

Il y a une présence x qui témoigne de l'accomplissement du type d'action obligatoire A_1

$$(\exists x{:}A_1)\tau(x)=_T t_n$$

[242] Nous devons l'*enrichissement de l'*expression à Recanati (2017).

et cette présence x peut être chronométrée comme se produisant à t_n

Notation adverbiale

Une façon de simplifier la notation est la suivante : si "@" représente un opérateur monadique qui enrichit une proposition avec des moments, $A@t_i$ exprime une construction adverbiale. Dans notre contexte, l'adverbial @ qui apparaît dans $A@t_i$ encode le résultat de la fonction temporelle définie sur les performances (ou actualisations) du type d'action A.

Maintenant, si « a » est une performance particulière qui remplit le type d'actions obligatoires A_1, et t_k est le moment précis où « a » a été effectuée, alors, selon la définition de l'obligation, « a » sera récompensée. De plus, cette récompense aura lieu à un moment t_k (peu ou longtemps) après que « a » a été exécutée.

Ainsi donné,

$$a : A_1$$
$$\tau(a) =_T t_k$$

on obtient les notations adverbiales

$$A_1@t_{k'}$$

puis, $Ra@t_j>t_k$

Choix et solutions alternatives

Les choix d'un agent déterminent des cours d'événements alternatives après l'instant d'énonciation t_0, de sorte que, quel que soit l'avenir, une histoire particulière h (une suite linéaire d'instants) se réalisera à un moment donné où le choix se concrétisera[243].

Comme nous le verrons dans la dernière section de notre étude, la ramification des cours d'événements alternatifs produits par un choix façonne le concept de plénitude dans le contexte des actions. Ainsi, si le choix produit l'histoire **réelle** h_1 sur laquelle l'obligation A_1 est remplie à un certain moment $t_1>t_0$; il existe un cours alternatif (non actualisé) d'événements h_2 sur lequel A_1 n'est pas rempli au moment " **jumeau** " $t_{i*} >t_0$.
- en supposant que les deux histoires h_i et h_j traversent t_0 , alors $t\ h_{0/i}$, $t\ h_{0/j}$

[243] Cela suppose que le flux temporal a une structure ramifiée.

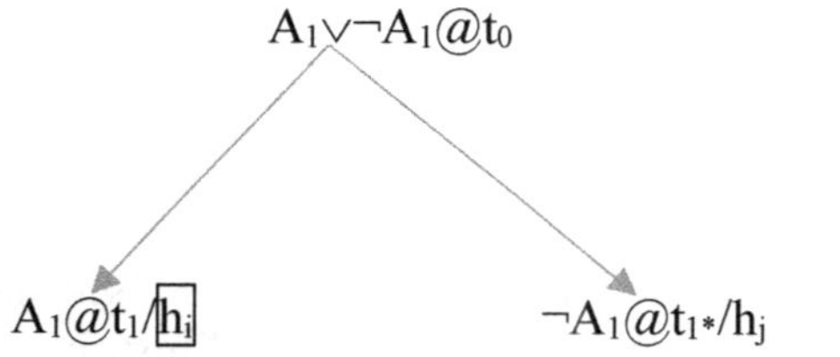

Le carré dans lequel s'inscrit h_i indique que h_i est le déroulement effectif des événements, et 't_0' indique le point de référence auquel le choix a été fait.

Affirmation déontique	Forme logique de l'affirmation déontique	Défi	Défense
X ! Obligatoire/ Wâjib A_1	**X** ! $(\forall w : A_1 \vee \neg A_1)$ $[(\forall y : A_1)$ **gauche**$^{\vee}(y)=w \rightarrow R_1(y)] \wedge [(\forall z : \neg A_1)$ **droite**$^{\vee}(z)= w \rightarrow S_1(z)]$	**Y** ! a : $A_1 \vee \neg A_1 @ti$ Dans ce cas, t_i est choisis par **Y**	X! $[(\forall y : A_1)$ **gauche**$^{\vee}(y)=a \rightarrow R_1(y)@t_j>t_i/\boxed{h_1}] \wedge [(\forall z : \neg A_1)$ **droite**$^{\vee}(z)=a \rightarrow S_1(z)@tj>t/\boxed{h_2}]$ t_j/h_1 et t_{j*}/h_2 ont été choisis par **X.** Alors, la défense indique que si « a » actualise la gauche, alors cette actualisation doit être récompensée dans un moment t_j dans l'histoire h_1 future (par rapport à t_i). La défense indique aussi que si « a » actualise la droite, alors cette actualisation doit être sanctionnée dans un moment t_j* dans l'histoire h_2 future (par rapport à t_i)
X ! Interdit/ Ḥarâm A_2	X ! $(\forall w : A_2 \vee \neg A_1)$ $[(\forall y : A_2)$ **gauche**$^{\vee}(y)= w \rightarrow S_2(y)] \wedge [(\forall z : \neg A_2)$ **droite**$^{\vee}(z)= w \rightarrow R_2(z)]$	**Y** ! a : $A_2 \vee \neg A_2 @t_i$	X! $[(\forall y : A_2)$ **gauche**$^{\vee}(y)=a \rightarrow S_2(y))@t_j>t_i/\boxed{h_1}] \wedge [(\forall z : \neg A_2)$ **droite**$^{\vee}(z)=a \rightarrow R_2(z)@tj^*>t/\boxed{h_2}]$
X ! Recommandé/ Mubâh.mustaḥabb A_3	X ! $(\forall w : A_3 \vee \neg A_3)$ $[(\forall y : A_3)$ **gauche**$^{\vee}(y)= w \rightarrow R_3(y)] \wedge [(\forall z : \neg A_3)$ **droite**$^{\vee}(z)= w \rightarrow (\neg S_3 \wedge \neg R_3)(z)]$	**Y** ! a : $A_3 \vee \neg A_3 @t_i$	X! $[(\forall y : A_3)$ **gauche**$^{\vee}(y)=a \rightarrow R_3(y))@t_j>t_i/\boxed{h_1}] \wedge [(\forall z : \neg A_3)$ **droite**$^{\vee}(z)=a \rightarrow \neg S_3(z) \wedge \neg R_3(z)$ $@tj^*>t/\boxed{h_2}]$
X ! Répréhensible/ Mubâh makrūh A_4	X ! $(\forall w : A_4 \vee \neg A_4)$ $[(\forall y : A_4)$ **gauche**$^{\vee}(y)= w \rightarrow (\neg R_4 \wedge \neg S_4)(y)] \wedge [(\forall z : A_4)$ **droite**$^{\vee}(z)= w \rightarrow (R_4)(z)]$	**Y** ! a : $A_4 \vee \neg A_4 @t_i$	X ! $[(\forall y : A_4)$ **gauche**$^{\vee}(y)=a \rightarrow \neg R_4(y) \wedge \neg S_4(y))@t_j>t_i/\boxed{h_1}] \wedge [(\forall z : \neg A_4)$ **droite**$^{\vee}(z)=a \rightarrow R_4(z)$ $@tj^*>t/\boxed{h_2}]$
X ! Neutre/ Mubâh mustawin A_5	X ! $(\forall w : A_5 \vee \neg A_5)$ $[(\forall y : A_5)$ **gauche**$^{\vee}(y)= w \rightarrow (\neg R_5 \wedge \neg S_5)(y)] \wedge [(\forall z : \neg A_5)$ **droite**$^{\vee}(z)= w \rightarrow (\neg R_5 \wedge \neg S_5)(z)]$	**Y** ! a : $A_5 \vee \neg A_5 @t_i$	X ! $[(\forall y : A_5)$ **gauche**$^{\vee}(y)=a \rightarrow \neg R_5(y) \wedge \neg S_5(y))@t_j>t_i/\boxed{h_1}] \wedge [(\forall z : \neg A_5)$ **droite**$^{\vee}(z)=a \rightarrow (\neg R_5(z) \wedge \neg S_5)(z)@tj^*>t/\boxed{h_2}]$

Cela donne la formulation adverbiale des règles pour la signification locale ci-dessous. Cependant, remarquez qu'il n'y a pas d'histoire associé au défi a : $A_1 \vee \neg A_1 @ t_i$ du $\forall w : A_1 \vee \neg A_1$. Le fait est que, tant qu'on n'a pas encore identifié avec précision quel côté de la disjonction a été choisi, on ne sait pas qui, parmi ces cours actuels d'événements qui traversent t_i, est l'histoire précise, produite par le choix. Notez aussi qu'il est également possible de ne pas inclure toutes les indications temporelles dans les règles, mais de ne les ajouter qu'au cours de l'élaboration d'un jeu. Le raisonnement qui sous-tend cette idée est que la temporalité façonne les mouvements concrets, plutôt que les mouvements abstraits. Cela nécessite d'ajouter des règles structurelles pour la temporalisation des mouvements au cours d'une partie. Nous avons décidé de ne pas le faire pour des raisons de simplicité.

Une autre fois, dans les dialogues ci-dessous, nous nous autorisons **O** (et seulement **O**) à contester une affirmation de **P**, si **O** n'a pas énoncé la même proposition (ou la négation d'une proposition) auparavant.

C 4. Quelques Dialogues temporels

WA_1

Dialogue 1

Coups	Opposante	Proposant	Coups
	Prémisse 1 X ! $(\forall w : A_1 \vee \neg A_1)$ $[(\forall y : A_1)$ **gauche**$^{\vee}(y) = w \rightarrow R_1(y)] \wedge [(\forall z : \neg A_1)$ **droite**$^{\vee}(z) = w \rightarrow S_1(z)]$ Face aux deux choix de réaliser des types d'actions obligatoires A_1, si la performance « a » de A_1 est faite à l'heure prescrite, elle sera récompensée et si la performance « a » de $\neg A_1$ n'est pas faite à l'heure prescrite, elle sera sanctionnée. Supposons que l'heure prescrite du type d'action A_1 est 14h15mn. Prémisse 2 a : $A_1 @ 14h15mn/\boxed{h_1}$ La performance « a » de A_1 est actualisée à 14H15mn dans l'histoire$_1$.	$R_1(a) @ ti > 14h15mn/\boxed{h_1}$ La performance ou l'exécution « a» du type d'action A_1 est récompensée.	

	Prémisse 3 $\mathbf{gauche}^{\vee}(a)= a$ Le choix correspond à l'affirmation de la gauche de la disjonction.		
1	? $R_1a)@ti>14h15mn/\boxed{h_1}$ 0	Vous$_{11}$ $R_1(a)@ti>14h15mn/\boxed{h_1}$	12
5	$[(\forall y : A_1)\ \mathbf{gauche}^{\vee}(y)=a\rightarrow R_1(a)@ti>14h15mn/\boxed{h_1}] \wedge [(\forall z : \neg A_1)\ \mathbf{droite}^{\vee}(z)=a\rightarrow S_1(z)@ti^{*}>14h15mn/\boxed{h_2}]$	Prémisse 1 $a:A_1\vee\neg A_1@14h15mn$	2
3	? $\vee$ 2	$A:A_1@14h15mn/\boxed{h_1}$	4
7	$(\forall y: A_1)\ \mathbf{gauche}^{\vee}(y)=a\rightarrow R_1(a)@\ ti>14h15mn/\boxed{h_1}$	5 ? $\wedge 1$	6
9	$\mathbf{gauche}^{\vee}(a)=a\rightarrow R_1(a)@ti>14h15mn/\boxed{h_1}$	$a : A_1\ @14H15mn/\boxed{h_1}$	
11	$R_1(a)@ti>14h15mn/\boxed{h_1}$	9 $\mathbf{gauche}^{\vee}(a)= a$	0
		P gagne	

$MM_{SW}A_5$

Dialogue 2

Coups	Opposante	Proposant	Coups
	Prémisse 1 **X**! $(\forall w : A_5\vee\neg A_5)[(\forall y : A_5)\mathbf{gauche}^{\vee}(y)= w\rightarrow(\neg R_5(y) \wedge \neg S_5)(y)] \wedge [(\forall z :\neg A_5)\mathbf{droite}^{\vee}(z)= w\rightarrow (\neg R_5(z)\wedge\neg S_5(z)]$ Supposons l'heure prescrite du type d'action A_5 est 20h. Prémisse 2 $a : A_5@20h/\boxed{h_1}$ Le fait d'exécuter A_5 dans l'histoire$_1$ à l'heure indiquée actualise « a ». Prémisse 3 $\mathbf{gauche}^{\vee}(a)=a$ Ce choix correspond à l'affirmation de la gauche de la disjonction.	$\neg R_5(a)\wedge\neg S_5(a)@t_j> 20h/\boxed{h_1}$ La performance ou l'exécution « a» du type d'action A_5 dans l'histoire$_1$ à l'heure indiquée ne sera ni récompensée et ni sanctionnée.	0
1	? $\neg R_5(a)\wedge\neg S_5(a)@t_j> 20h/\boxed{h_1}$	Vous$_{11}$:$\neg R_5(a) \wedge \neg S_5(a)@tj>20h/\boxed{h1^{244}}$	12
5	$[(\forall y : A_5)\ \mathbf{gauche}^{\vee}(y)=a\rightarrow\neg R_5(y)\wedge\neg S_5(y))@t_j>t_i/h_1] \wedge[(\forall z : \neg A_5)\ \mathbf{droite}^{\vee}(z)=a\rightarrow\neg R_5(z)\wedge\neg S_5(z)@tj^{*}>t/h_2]$	Prémisse 1 $a : A_5\vee\neg A_5@20h$	2
3	? $\vee$ 2	$a : A_5@20h/\boxed{h_1}$	4
7	$(\forall y : A_5)\ \mathbf{gauche}^{\vee}(y)=a\rightarrow\neg R_5(y)\wedge \neg S_5(y))@t_j>t_i/h_1$	5? $\wedge 1$	6
9	$\mathbf{gauche}^{\vee}(a)=a\rightarrow\neg R_5(a)\wedge\neg S_5(a)@tj>20h/\boxed{h_1}$	7 $a : A_5@20h/\boxed{h_1}$	8
11	$\neg R_5(a)\wedge \neg S_5(a)@tj>20h/\boxed{h_1}$	9 $\mathbf{gauche}^{\vee}(a)=a$	10
		P gagne	

244 Inanalysable

$MM_{SW}A_5$

Dialogue 3

Dans le cas de la modalité déontique neutre (Mubâh mustawin), **P** peut perdre dans les cas suivants. En supposant que l'action A_5 a été effectuée alors **P** affirme l'une des thèses :

1. $R(a) \wedge \neg S(a)$
2. $\neg R(a) \wedge S(a)$
3. $R(a) \wedge S(a)$
4. $R(a)$
5. $S(a)$
6. $\neg R(a)$
7. $\neg S(a)$.

Les mêmes dialogues peuvent se produire si A_5 n'a pas été actualisé, c.a.d. si « a » actualise $\neg A_5$. Développons seulement une de ces possibilités.

Coups	**Opposante**	**Proposant**	Coups
	Prémisse 1 **X**! $(\forall w : A_5 \vee \neg A_5)[(\forall y{:}A_5)$ **gauche**$^{\vee}(y)= w \rightarrow (\neg R_5 \wedge \neg S_5)(y)] \wedge [(\forall z{:}\neg A_5)$ **droite**$^{\vee}(z)= w \rightarrow (\neg R_5 \wedge \neg S_5(z)]$ Prémisse 2 A : $\neg A_5 @ 20h/\boxed{h_2}$ Prémisse 3 **droite**$^{\vee}(a)=a$	$R_5 @ t_j > 20h/\boxed{h_2}$ La performance ou l'exécution « a» du type d'action $\neg A_5$ dans l'histoire$_2$ à l'heure indiquée sera récompensée.	0
1	$?\ R_5(a) @ t_j > 20h/\boxed{h_2}$	???	
5	$[(\forall y : A_5)$ **gauche**$^{\vee}(y)=a \rightarrow \neg R_5(y) \wedge \neg S_5(y) @ t_j > t_i/\boxed{h_1}]$ $\wedge [(\forall z{:}\neg A_5)$ **droite**$^{\vee}(z)=a \rightarrow \neg R_5(z) \wedge \neg S_5(z) @ tj^* > t/\boxed{h_2}]$	Prémisse 1 a : $A_5 \vee \neg A_5 @ 20h$	2
3	$?\ \vee$ 2	a : $\neg A_5 @ 20h/\boxed{h_2}$	4
7	$[(\forall z : \neg A_5)$ **droite**$^{\vee}(z)=a \rightarrow \neg R_5(z) \wedge \neg S_5(z) @ tj^* > t/\boxed{h_2}$	5? $\wedge 2$	6
9	**droite**$^{\vee}(a)=a \rightarrow \neg R_5 \wedge \neg S_5(a) @ tj > 20h/\boxed{h_2}$	7a : $\neg A_5 @ 20h/\boxed{h_2}$	8
11	$\neg R_5(a) \wedge \neg S_5(a) @ tj > 20h/\boxed{h_2}$	9 **droite**$^{\vee}(a)=a$	10
	O gagne.		

C 5 Remarques sur la plénitude et le libre-arbitre

Dans la partie précédente (B) on a souligné que la *logique de la présence* de Suhrawardī est le résultat de l'inclusion de l'expérience des présences comme constitutive de la notion de modalités, façonnée par une théorie dialogique de la signification.

D'une part, Rahman et Boussad (2024, à paraître) ont développé l'idée que le cadre de Suhrawardī propose également une nouvelle perspective épistémologique, qui a d'importantes conséquences philosophiques. En bref, les propositions définitivement nécessaires [al-ḍarūriyya al-batāta], ces propositions que Suhrawardī considère comme les seules conduisant à la certitude, sont régies par la force causale de l'essence du sujet pour la formation des attributions de contingence nécessaire : il est nécessaire que les humains aient la capacité de lire, mais cette capacité (bien qu'elle ne soit pas toujours actualisée), peut être attribuée à chaque humain, uniquement parce qu'il est un être rationnel.

Notez que cette force causale contraste avec la description temporellement conditionnée du sujet qui constitue les waṣfī-propositions d'Ibn Sīnā. Rappelons le célèbre exemple d'Ibn Sīnā : "Celui qui écrit bouge ses doigts tout le temps qu'il écrit. Il est clair que le prédicat "bouge ses doigts" est limité au fait contingent que les individus visés par le quantificateur écrivent : il ne s'applique pas en raison de l'essence de ces individus, à savoir le fait qu'ils sont rationnels - si l'attribution est causée par la propriété essentielle de l'individu, l'attribution, bien sûr, est réputée fausse.

D'autre part, d'un point de vue métaphysique, cette démarche de Suhrawardī revient à faire dépendre l'attribution de la contingence nécessaire *du principe de raison suffisante* (le principe qui établit que chaque événement a une cause pour son existence et son non-existence) et de la plénitude (le principe qui établit que chaque possibilité s'actualise au moins une fois). Le principe de suffisance et la version temporelle du principe de plénitude articulent le lien entre l'épistémologie et la logique de la présence avec les objectifs généraux de la philosophie illuministe de Suhrawardī.

En fait la notion de plénitude générique de Suhrawardī fournit une analyse nuancée de la question du déterminisme : puisque la force causale à l'œuvre dans la plénitude générique s'applique à une espèce dans son ensemble, elle ne se distribue pas par rapport aux présences individuelles de cette espèce ; alors, la notion de plénitude générique impliquée par le principe de la raison suffisante ne se distribue pas non plus individuellement. Il semble donc que la Plénitude générique ne suppose pas une forme forte de déterminisme.

Ce que la plénitude générique exige est :

(1) ce que Perloff et Belnap (2011) appellent une forme locale d'(in)déterminisme limitée à un moment donné où l'actualisation ou la non-actualisation a été vérifiée - et qui ne s'engage pas à des affirmations impliquant tous les cours possibles d'événements traversant ce moment ;

(2) une position générique en ce qui concerne l'individu qui actualisera ou non la capacité attribuée.

Ainsi, alors que dans le contexte des attributions de capacités, la raison suffisante garantit que toute attribution de contingence nécessaire - c'est-à-dire l'existence d'une relation nécessaire mais contingente entre le sujet et le prédicat - doit être attribuée potentiellement à chaque instance du sujet, dans le contexte de l'attribution de capacités acquises, la plénitude générique garantit qu'elle doit s'actualiser au moins une fois, mais pas nécessairement par chaque individu.

Pour en revenir au cadre des modalités déontiques, l'intérêt de la plénitude est que chaque modalité déontique exige que l'un des deux choix impliqués, à savoir accomplir ou ne pas accomplir le type d'action en jeu, soit un choix concevable. C'est pourquoi une forme faible de plénitude est nécessaire dans des contextes éthiques et légaux.

En outre, puisque cela implique que chaque être humain a le choix entre effectuer ou non l'action récompensable/recommandée, il semble que nous devions considérer la possibilité de choisir le mal ou de mal agir comme un attribut nécessaire mais contingent des êtres humains.

À ce stade de la discussion, il semble que le fait de faire le mal ou, plus généralement, de mal agir, sous-tend le concept de libre arbitre supposé par les catégories déontiques de la punition et de la récompense et par les attributions de responsabilité.

Nous ne pourrions pas être sanctionnés ou récompensés si les modalités déontiques ne permettaient pas de choisir l'acte répréhensible. C'est en cela que consiste notre contingence en tant qu'êtres moraux.

C Conclusion partielle

Les modalités déontiques au-delà de la jurisprudence islamique

L'un des principaux objectifs de cette étude est de proposer une nouvelle approche de la logique déontique qui

1- ne fait pas appel à la sémantique des mondes possibles, comme le fait la logique déontique standard (SDL),

2- est en même temps compatible avec l'idée que les catégories déontiques dans les contextes éthiques et juridiques assument la responsabilité des choix que nous faisons,

3- les qualifications déontiques telles que vertueux (mérite d'être récompensé) ou blâmable (mérite d'être sanctionné) ne qualifient pas un type d'action, mais l'accomplissement effectif d'un type d'action,

4- la nouvelle approche devrait être appliquée aux contextes éthiques et juridiques en général, c'est-à-dire qu'elle ne devrait pas être limitée à l'éthique ou à la jurisprudence islamique.

Les deux premiers points ont été mis en œuvre par une analyse logique selon laquelle les normes éthiques et juridiques ont la forme d'une hypothétique dont l'antécédent est constitué par le choix d'accomplir ou non l'action prescrite par la norme. En outre, ces choix sont compris comme déterminant un cours d'action précis (ou histoire) dans une structure temporelle ramifiée ou divisée (préfigurée par les options disponibles). Cette stratégie met l'accent sur la distinction entre la nécessité causale, à l'œuvre dans les approches déterministes de la nature, et la nécessité déontique, qui présuppose le non-déterminisme afin d'attribuer une responsabilité éthique et juridique. Cela permet d'éviter les paradoxes déontiques habituels dans la logique déontique standard qui résultent de l'utilisation de la sémantique des mondes possibles de type Kripke pour la notion de nécessité ontologique ou causale.

Le troisième point applique et généralise la logique de la présence de Suhrawardī aux actions. En effet, si dans le contexte de l'épistémologie, les présences constituent les vérificateurs effectifs des états de choses, dans le domaine déontique, les présences constituent l'actualisation des types d'actions. Ces actualisations, en fait des performances, qui accomplissent (ou non) les prescriptions de la norme.

En ce qui concerne le quatrième point, soulignons que si cette nouvelle approche doit être appliquée aux contextes éthiques et juridiques en général, c'est-à-dire sans se limiter à l'éthique ou à la jurisprudence islamique, la généralisation suivante peut être introduite en remplaçant les qualifications déontiques de Récompense (R(a)) et de Sanction (S(a)) comme suit :

- dans les contextes éthiques : Vir(a) - c'est-à-dire "l'exécution « a » du type d'action A_i est qualifiée de vertueuse" et Blm(a) - c'est-à-dire "l'exécution a du type d'action A_i est qualifiée de blâmable".

- dans les contextes juridiques : Rsp(a) - c'est-à-dire "la performance « a » du type d'action A_i est qualifiée de conforme à la loi" et Vl(a) - c'est-à-dire "la performance «a » du type d'action A_i est qualifié d'être contraire à la loi ou sa violation".

- Si nous considérons que « Loi » concerne à la fois les lois éthiques et juridiques, la dernière formulation peut être considérée comme exprimant les formes les plus générales de qualifications déontiques pour l'exécution d'actions.

Une caractéristique importante de l'utilisation du cadre dialectique par Suhrawardī est qu'il le déploie pour rendre la signification des connecteurs modaux et logiques. Cela a pour conséquence que le cadre dialectique est celui de dialogues purement antagonistes.

Cependant, il est important d'avoir des dialogues coopératifs, en particulier dans le cas de l'argumentation juridique islamique. En effet, l'utilisation des dialogues coopératifs semble être l'un des aspects saillants de l'argumentation juridique islamique :

Ultimately, and most importantly, a truly dialectical exchange – though drawing energy from a sober spirit of competition – must nevertheless be guided by a cooperative ethic wherein truth is paramount and forever trumps the emotional motivations of disputants to "win" the debate. This truth-seeking code demands sincere avoidance of fallacies; it views with abhorrence contrariness and self-contradiction. This alone distinguishes dialectic from sophistical or eristic argument, and, in conjunction with its dialogical format, from persuasive argument and rhetoric. And to repeat: dialectic is formal – it is an ordered enterprise, with norms and rules, and with a mutually-committed aim of advancing knowledge. Young (2017, p.1)

Les coups coopératifs peuvent être considérés comme des suggestions de l'enseignant pour corriger la thèse ou certaines faiblesses de l'étudiant. Rahman et Iqbal (2019, chapitre 2) ont étudié le dialogue coopératif dans le contexte des qiyās.

Dans un travail en préparation nous étendons les dialogues pour les modalités déontiques islamiques en ajoutant des coups où l'opposant peut suggérer une nouvelle thèse - par exemple, si le proposant affirme à tort que l'actualisation d'une action recommandée donnée ne doit être ni récompensée ni sanctionnée, l'opposant peut suggérer de changer la thèse, en produisant des arguments en faveur d'une révision de la thèse. Le dialogue reprend alors avec une nouvelle thèse. La même chose peut se produire si la thèse est correcte mais que le proposant ne fournit pas les meilleurs coups dialectiques disponibles pour la justifier.

Une telle approche permet de conférer aux dialogues leur rôle fondamental, à savoir celui d'une entreprise collective visant à atteindre : signification, savoir et vérité.

Conclusion Generale

La pensée de Suhrawardī était méconnue dans le monde occidental, jusqu'à ce qu'Henry Corbin a entreprit l'édition et la traduction de ses œuvres. Pour Hossein Ziai la pensée de Suhrawardī n'avait pas encore fait l'objet d'une étude systématique, une recherche approfondie de son œuvre n'en est qu'à ses débuts. Ceci est surprenant dans la mesure où Suhrawardī (549/1155-587/1191) fut l'un des penseurs les plus influents après Ibn Sīnā et aussi parce que nous disposons maintenant d'éditions et de traductions fiables des sources.

En fait, ce qui nous restait comme une tâche urgente[245] était d'étudier ses vues sur sa logique et son épistémologie dans le contexte de sa critique de l'essentialisme d'Ibn Sīnā, qui a été largement négligé dans la littérature consacrée à son œuvre.

En fait, la clé de voûte de notre thèse, centrée sur son *Ḥikmat al-Ishrāq*, *Philosophie de l'illumination* et à la lumière de la conception du temps comme *environnement du maintenant*, est que la logique et l'épistémologie de Suhrawardī développent un cadre dans lequel l'expérience de la présence fonde les lois générales impliquant la nécessité et la temporalité.

Ces lois générales qui, selon lui, sont les seules à fournir une certitude (scientifique) sont le résultat d'un processus qui commence par une expérience personnelle, et qui, par différentes étapes d'abstraction, fournit la définition, le concept, la contingence et la plénitude (le principe selon lequel chaque possibilité doit se réaliser une fois) - voir Tianyi Zhang (2018) et Kaukua (2013, p. 322).

A travers cette thèse, nous avons pratiquement réussi à :

- l'intégration de son épistémologie de la présence dans la logique par le moyen dialectique. L'approche dialectique constitue en fait le fond ou l'arrière-plan que nous suivons pour la reconstruction de la logique et de la théorie du syllogisme de Suhrawardī. Cela explique comment la structure dialectique donne une double dimension temporelle aux propositions dans un syllogisme. On a **le temps de l'évènement** et **le temps de succession de coups** dans le dialogue. Quand dans un dialogue, une présence est temporalisée dans un coup *n* il peut être réactualisé dans un coup postérieur.

Cette réactualisation revient :

[245] En dehors des études philologiques de ses textes.

D'une part à faire l'expérience d'un événement passé comme étant un maintenant avec toute sa durée, mais en même temps le moment abstrait (mathématique) de l'énonciation nous rappelle qu'il s'agit d'une expérience du passé.

D'autre part, l'engagement à justifier une affirmation nécessite l'expérience de l'anticipation, qui requiert l'expérience du futur aussi dans le maintenant, qui, à nouveau, par un processus conceptuel abstrait, indexe l'événement sur un moment postérieur à celui dans lequel l'anticipation est vécue.

Outre ces résultats, nous avons essayé de répondre à des points essentiels soulevés dans la littérature consacrée à son œuvre.

Suhrawardī rejette-t-il l'approche des penseurs péripatéticiens de son époque qui réduisent le savoir à la connaissance par définition ? Oui, sans aucun doute.

La logique de Suhrawardī est-elle compatible avec l'essentialisme comme le prétend Street (2008) ? Oui, sans aucun doute.

Cependant, la logique de l'illumination présente des caractéristiques originales intéressantes qui lui sont propres, à savoir :

- **L'épistémologie de l'illumination** présuppose que la source de tout connaissance, est l'expérience de la présence. L'expérience de la présence est l'expérience du maintenant.
- **La logique de l'illumination** façonne la connaissance comme émergeant de l'expérience de la présence.
- **La théorie de la signification** qui sous-tend la logique de Suhrawardī rend explicite l'expérience de la présence en l'intégrant au langage objet. Mieux, elle est façonnée par des règles qui prescrivent la manière de construire un contre-exemple. Nous appelons ces règles *d'explications dialectiques de la signification.*

Un autre résultat important de notre thèse est celui développé dans la partie C. Dans cette partie, nous avons montré comment la logique et l'épistémologie de Suhrawardī peuvent être appliquées au-delà de ses propres objectifs en offrant un cadre pour les catégories déontiques dans la jurisprudence et l'éthique islamiques et aussi, plus généralement, pour le développement d'une nouvelle approche de la logique déontique qui peut également s'appliquer au-delà de la pensée islamique.

Dans cette partie intitulée Suhrawardī en dehors Suhrawardī. Les modalités déontiques dans et au-delà de la pensée Islamique, on propose une nouvelle logique déontique qui ne fait pas appel à la sémantique des mondes possibles, comme le fait la logique déontique standard (SDL),

est en même temps compatible avec l'idée que les catégories déontiques dans les contextes éthiques et juridiques assument la responsabilité des choix que nous faisons,

Les qualifications déontiques telles que vertueux (mérite d'être récompensé) ou blâmable (mérite d'être sanctionné) ne qualifient pas un type d'action, mais l'accomplissement effectif d'un type d'action,

la nouvelle approche devrait être appliquée aux contextes éthiques et juridiques en général, c'est-à-dire qu'elle ne devrait pas être limitée à l'éthique ou à la jurisprudence islamique. Cela nécessite une généralisation et une extension des qualifications des actions Récompensées et Sanctionnées, ce qui peut être réalisé de la manière suivante : *RsL(a)* - c'est-à-dire "la performance a du type d'action A_i est qualifiée de conforme à la Loi" et *CrL(a)* - c'est-à-dire "la performance a du type d'action A_i est qualifié d'être contraire à la Loi"- on considère que « Loi » concerne à la fois les lois éthiques et juridiques, selon le contexte.

Le rôle du Principe de Plénitude ((le principe, rappelons-nous, qui affirme que toute possibilité doit se réaliser au moins une fois) dans ce contexte est que chaque modalité déontique exige que l'un des deux choix impliqués, à savoir accomplir ou ne pas accomplir le type d'action en jeu, soit un choix concevable.

En outre, puisque cela implique que chaque être humain a le choix entre effectuer ou non l'action récompensable/recommandée, il semble que nous devions considérer la possibilité de choisir le mal ou de mal agir comme un attribut nécessaire mais contingent des êtres humains.

Ainsi, il semble que le fait de faire le mal ou, plus généralement, de mal agir, sous-tende le concept de libre arbitre supposé par les catégories déontiques de la punition et de la récompense.

Nous ne pourrions pas être sanctionnés ou récompensés si le libre arbitre présupposé par les actions humaines dans les contextes éthiques et juridiques ne permettait pas de choisir l'acte répréhensible. C'est en cela que consiste la nature de notre contingence en tant qu'êtres moraux.

Une caractéristique importante de l'utilisation du cadre dialectique par Suhrawardī est qu'il le déploie pour rendre la signification des connecteurs modaux et logiques. Cela a pour conséquence que le cadre dialectique est celui de dialogues purement antagonistes.

Cependant, il est important d'avoir des dialogues coopératifs, en particulier dans le cas de l'argumentation juridique islamique. En effet, l'utilisation des dialogues coopératifs semble être l'un des aspects saillants de l'argumentation juridique islamique :

Ultimately, and most importantly, a truly dialectical exchange – though drawing energy from a sober spirit of competition – must nevertheless be guided by a cooperative ethic wherein truth is paramount and forever trumps the emotional motivations of disputants to "win" the debate. This truth-seeking code demands sincere avoidance of fallacies; it views with abhorrence contrariness and self-contradiction. This alone distinguishes dialectic from sophistical or eristic argument, and, in conjunction with its dialogical format, from persuasive argument and rhetoric. And to repeat: dialectic is formal – it is an ordered enterprise, with norms and rules, and with a mutually-committed aim of advancing knowledge. Young (2017, p.1)

Les coups coopératifs peuvent être considérés comme des suggestions de l'enseignant pour corriger la thèse ou certaines faiblesses de l'étudiant. Rahman et Iqbal (2019, chapitre 2) ont étudié le dialogue coopératif dans le contexte des qiyās.

Dans un travail en préparation nous étendons les dialogues pour les modalités déontiques islamiques en ajoutant des coups où l'opposant peut suggérer une nouvelle thèse - par exemple, si le proposant affirme à tort que l'actualisation d'une action recommandée donnée ne doit être ni récompensée ni sanctionnée, l'opposant peut suggérer de changer la thèse, en produisant des arguments en faveur d'une révision de la thèse. Le dialogue reprend alors avec une nouvelle thèse. La même chose peut se produire si la thèse est correcte mais que le proposant ne fournit pas les meilleurs coups dialectiques disponibles pour la justifier.

Une telle approche permet de conférer aux dialogues leur rôle fondamental, à savoir celui d'une entreprise collective visant à atteindre : signification, savoir et vérité.

La présente étude doit être aussi lue comme une sorte de prélude à une exploration plus approfondie impliquant des questions historiques et systématiques telles que :

- L'étude de l'héritage de certains de ses principaux prédécesseurs tels que les œuvres d'Abū'l-Barakāt al-Baghdādī (1080-1165). Notamment dans le *Livre des preuves* d'al-Baghdādī (cf. Ziai ,1990, pp. 19-20) , (Street 2008, p. 166) et *al-Baṣā'ir dans Les aperçus* de Sahlān Sāwī ; les commentaires de son œuvre, entre autres , par : Ibn Kammuna, Shahrazuri, Shirazi, Ibn Rizi, al-Albhari, Allamah Hilli, al-Jurjani, Ibn Abi Jumbur Ahsa'i, al-Dawani, al-Dashtaki, Abd am-Razzaq, Mulla Sadra, Isma'il Ankaravi, al-Harawi et Hazin Lahiji.

- Une discussion de la conception de Suhrawardī sur la **causalité**, selon laquelle :

1) la *contingence* est causée par une essence,

2) les causes sont ontologiquement mais pas temporellement antérieures à leurs effets,

3) les causes peuvent être composées et inclure des conditions d'accomplissement, y compris l'hypothèse de l'absence de preuve du contraire (cf. Walbridge et Ziai, 1999, introduction p. XXV).

Une nouvelle recherche aussi importante serait d'étudier dans la philosophie post-classique, la notion du temps chez les successeurs d'Ibn Sīnā, et de le comparer avec celui de Suhrawardī.

En fait, il existe deux courants si nous pouvons le dire ainsi, dans l'étude du temps après Ibn Sīnā. Certains penseurs comme al-Rāzī ont parfois critiqué la pensée d'Ibn Sīnā, en soutenant *l'inexistence du temps*. D'autres penseurs comme al- Ṭūsī défendent Ibn Sīnā en soutenant *l'existence du temps*. Quoi qu'il en soit, force est de reconnaitre que l'influence de la pensée d'Ibn Sīnā, fit tellement importante auprès de ses successeurs.

Il semble que Suhrawardī défend une position intermédiaire par rapport aux positions que nous venons d'énumérer. Nous expérimentons uniquement le présent et nous construisons le temps en plaçant le présent dans un intervalle, produit par notre esprit, où il devient le *maintenant* qui fournit le moment de repère pour déterminer *l'avant* et *l'après*. Or, cette construction est une condition nécessaire à l'acquisition des connaissances scientifiques. Du point de vue purement métaphysique et théologique, la ***présence vécue dans le maintenant*** est la seule source d'existence et de connaissance.

Rappelons encore une fois le quadruple rôle des présences dans sa philosophie de l'Illumination, à savoir :

Un rôle *épistémique*, puisque l'expérience d'une présence, en tant qu'expérience ***vécue***, constitue en même temps la source première de la connaissance et de la conscience de soi.

Un rôle *métaphysique théologique,* lorsque l'expérience d'une présence, en tant qu'instanciation, est conçue comme instanciant un concept ou une catégorie et finalement cela conduit à reconnaitre que nous sommes sa propre création.

Un rôle *logique*, puisque l'expérience d'une présence (directe ou indirecte), en tant que ***témoin***, justifie des assertions impliquant des quantificateurs et des modalités.

Un rôle *épistémologique,* puisque l'expérience d'une présence, en tant que ***vérificateur***, constitue la source de la certitude scientifique.

Nous concluons en suggérant que l'une des motivations les plus importantes pour le développement de l'épistémologie de la présence est peut-être la réponse à la question de savoir si Dieu a ou non connaissance des individus en tant que des particuliers.

Selon le point de vue de Suhrawardī, la présence d'un individu donne une connaissance de l'individu en tant que particulier. Cependant, Dieu[246] n'a pas seulement l'expérience de la présence, mais aussi cette présence est vécue comme étant Sa propre création. Ce vécu conduit à comprendre les individus comme des instanciations des universaux – cf. Kaukua (2013).

Pour revenir à nous-mêmes, nous acquérons une certitude lorsque nous faisons l'expérience de notre présence comme étant la nôtre. Dans cette expérience, nous avons le vécu que nous sommes Sa création.

[246]Dieu détient non seulement la connaissance des particuliers et des universaux des individus, mais aussi de tout ce qui est dans l'Univers : Coran sourate 6, verset 59 :
وَعِندَهُۥ مَفَاتِحُ ٱلْغَيْبِ لَا يَعْلَمُهَآ إِلَّا هُوَ ۚ وَيَعْلَمُ مَا فِى ٱلْبَرِّ وَٱلْبَحْرِ ۚ وَمَا تَسْقُطُ مِن وَرَقَةٍ إِلَّا يَعْلَمُهَا وَلَا حَبَّةٍ فِى ظُلُمَٰتِ ٱلْأَرْضِ وَلَا
رَطْبٍ وَلَا يَابِسٍ إِلَّا فِى كِتَٰبٍ مُّبِينٍ .
En plus, nous estimons que si quelqu'un a créé quelque chose, il doit avoir, au minimum une maîtrise de sa création. Puisque que Dieu nous dit explicitement dans le coran dans la sourate 55, verset 3 qu'Il a créé l'homme. Donc, pour nous, Dieu ne peut pas ignorer les particuliers de l'homme qui est Sa propre Création.

ANNEXE

L'EXPLICATION DIALOGIQUE DE LA **SIGNIFICATION**[247]

	SIGNIFICATIO N LOCALE I :	**SYNTHES E**	
	Déplacements	**Défi**	**Défense**
Conjonction	**X** ! $A \wedge B$	**Y** ? $L^{\wedge}$ ou **Y** ? $R^{\wedge}$	**X** $p_1 : A$ (resp.) **X** $p_2 : B$
Quantificatio n existentielle	**X** ! $(\exists x : A)B(x)$	**Y** ? $L^{\exists}$ ou **Y** ? $R^{\exists}$	**X** $p_1 : A$ (resp.) **X** $p_2 : B(p_1)$
Disjonction	**X** ! $A \vee B$	**Y** ?$^{\vee}$	**X** p_1: ou **X** $p_2 : B$
Implication	**X** ! $A \supset B$	**Y** $p_1 : A$	**X** $p_2 : B$
Quantificatio n universelle	**X** ! $(\forall x : A)B(x)$	**Y** $p_1 : A$	**X** $p_2 : B(p_1)$
Négation	**X** ! $\neg A$ Également exprimé comme **X** ! $A \supset \bot$	**Y** $p_1 : A$	**X** $p_2 : \bot$

[247] Voir Rahman (2018 et al. Chapitre 4)

	SIGNIFICATION LOCALE II :	ANALYSE	
	Déplacements	**Challenge**	**Defence**
Conjonction	**X** $p: A \wedge B$	**Y** $? L^{\wedge}$ ou **Y** $? R^{\wedge}$	**X** $L^{\wedge}(p) : A$ (resp.) **X** $R^{\wedge}(p) : B$
Quantification existentielle	**X** $p: (\exists x: A)B(x)$	**Y** $? L^{\exists}$ ou **Y** $? R^{\exists}$	**X** $L^{\exists}(p) : A$ (resp.) **X** $R^{\exists}(p) : B(L^{\exists}(p))$
Disjonction	**X** $p : A \vee B$	**Y** $?^{\vee}$	**X** $L^{\vee}(p) : A$ ou **X** $R^{\vee}(p) : B$
Implication	**X** $p: A \supset B$	**Y** $L^{\supset}(p) : A$	**X** $R^{\supset}(p) : B$
Quantification universelle	**X** $p: (\forall x: A)B(x)$	**Y** $L^{\forall}(p) : A$	**X** $R^{\forall}(p) : B(L^{\forall}(p))$
Négation	**X** $p: \neg A$ Également exprimé comme **X** $p: A \supset \bot$	**Y** $L^{\neg}(p) : A$ **Y** $L^{\supset}(p) : A$	**X** $R^{\neg}(p) : \bot$ **X** $R^{\supset}(p) : \bot$
Falsum	**X** $p : \bot$ (Étant donné **Y** ! ***C***)	**Y** *vous l'avez dit* $(n): C$[248]	-

[248] En fait, puisque falsum implique une proposition élémentaire plutôt qu'un connecteur, il devrait être régi par des règles structurelles. Voir la règle structurelle SR7 ci-dessous. La lecture de l'énoncé du **falsum** comme renoncement découle des éléments suivants (Keiff, 2007).

	SIGNIFICATION GLOBALE : COMME DEVELOPPER UN DIALOGUE[249]
RÈGLE DE DÉPART	Le joueur qui énonce le coup 0 de la thèse est Proposant **P.** *En syllogistique, la thèse est un énoncé complexe par lequel Proposant s'engage sur la conclusion à condition que l'adversaire s'engage sur les prémisses initiales comme récapitulation pour une justification).* Le jeu commence avec l'adversaire **0** énonçant ces prémisses (coups *l.n* pour *ensuite les* prémisses). Proposant **P** énonce ensuite la conclusion au coup 2
RÈGLE DE DÉVELOPPEMENT	Une fois la règle de départ mise en œuvre, chaque joueur joue à son tour un coup selon les règles de défi et de défense prescrites par la signification locale de l'expression en jeu, et selon les autres règles structurelles précisées ci-dessous.
RÈGLE SOCRATIQUE	Proposant **P** ne peut pas énoncer une expression inanalysable si elle n'est pas explicitement soutenue par l'indication vous$_{i,}$ où i est le coup auquel l'adversaire **O** a énoncé cette même expression : vous$_{i,}$ indique que son énoncé est soutenu par l'aval de **O** au coup n, et qu'il (**P**) adhère lui-même à la connaissance véhiculée par l'aval de **O**. Dans le contexte de la logique de Suhrawardī, les expressions inanalysables comprennent les littéraux positifs et négatifs (c'est-à-dire les propositions élémentaires avec et sans négation). Afin de raccourcir la longueur d'une pièce, les expressions de capacités non actualisées telles que $B(d_i)@t_i \leftrightarrow \neg B(d_j)@t_j$ seront également traitées comme inanalysables. Cependant, si, pour une raison philosophique quelconque, ces expressions peuvent être analysées de manière plus approfondie. Définir de telles expressions comme inanalysables répond à des objectifs purement logiques. Les constituants inanalysables ne peuvent pas être contestés (puisque **O** est autorisé à les énoncer lorsque c'est nécessaire et que **P** ne les énonce qu'après que **O** les ait approuvés en les énonçant auparavant).
RÈGLE DE COHÉRENCE PRAGMATIQUE	Lorsque la conclusion défendue par le proposant est particulière et que toutes les prémisses défendues par l'opposant sont universelles, le proposant peut demander à l'opposant d'instancier le sujet d'une prémisse avec l'instance d_i, choisie par **P, à condition que** d_i soit **nouvelle** : défi : **P** ?$_{J(di)}$; défense : **O** ! J (d_i) (pour un universel avec {x : D | J(x)} comme sujet, et J comme terme sujet), (ceci empêche **O** d'énoncer J(d_i) quand il a endossé devant un certain J*(d_i) où J et J* sont incompatibles).
REGLE DE FIN	Le joueur qui affirme ⊥ abandonner, perd immédiatement. Sinon, le joueur qui n'a plus de coup disponible à ce tour perd.

[249] Ces règles sont essentiellement celles développées par McConaughey (2021, chapitre 4.2.2) pour le syllogisme d'Aristote. Nous les avons légèrement adaptées à notre contexte, à savoir la règle socratique.

INDEX

Index 1 : Mots clés

Adamson, 213, 221, 224
al- Ṭūsī, 201, 223
Andrade, 110
Ardeshir, 96, 98, 156, 160, 161
Aristote, 28, 31, 63, 75, 76, 80, 85, 86, 93, 99, 106, 108, 109, 110, 111, 112, 116, 154, 158, 160, 205, 209, 210, 211, 216
Baghdādī, 43, 47, 74, 78, 160, 161, 200, 210
Bobzien, 113
Corbin, 23, 26, 36, 39, 41, 49, 51, 54, 62, 63, 64, 65, 80, 87, 88, 91, 95, 197, 209, 211, 221, 222
Crubellier, 29, 108, 110, 123, 131, 149, 209, 211
Daşdemir, 103
Ebbinghaus, 109, 112
El-Rouayheb, 111, 119
épistémologie, 26, 30, 34, 50, 68, 76, 78, 79, 80, 81, 88, 89, 94, 95, 96, 97, 98, 100, 110, 113, 125, 197
Fakhr al-Din al-Maridini, 25
Fine, 111
Fitting, 123
Ghazālī, 41, 49, 50, 51, 53, 58, 59, 60, 61, 69, 70, 71, 72, 73, 74, 75, 76, 78, 82, 213, 215, 218, 223
Griffel, 23, 35, 46, 47, 50, 58, 59, 60, 78, 79, 121, 122, 220
Hasnawi, 111, 112
Hodges, 111, 156
Hossein Ziai, 26, 39, 50, 67, 73, 91, 197, 209, 222
Ibn Ḥazm, 164
Ibn Sīnā, 23, 26, 27, 57, 85, 88, 89, 92, 95, 96, 98, 100, 103, 104, 112, 121, 123, 126, 128, 132, 153, 160, 197, 210, 213, 214, 216, 217, 219, 221, 224
Kant, 99
Kaukua, 26, 81, 92, 97, 123, 197
Lion, 109
logique, 24, 25, 26, 30, 34, 35, 41, 62, 63, 65, 66, 88, 89, 91, 92, 94, 95, 96, 97, 100, 106, 108, 109, 110, 111, 112, 113, 117, 118, 123, 125, 127, 131, 132, 133, 135, 136, 142, 144, 146, 147, 153, 155, 157, 158, 161, 197, 198, 205
Lorenzen, 109, 112
Lukasiewicz, 109, 111
Marion, 108, 109, 110
McCall, 110
McConaughey, 108, 109, 110, 131, 144, 145, 149, 158, 205
Mehdi, 80, 220
Miller, 112
Morewedge, 100
Mousavian, 95, 98, 224
Movahed, 96, 108, 119, 123, 147, 153, 155, 156, 158, 160
présence, 25, 27, 28, 29, 30, 34, 35, 50, 78, 79, 80, 81, 86, 88, 89, 91, 92, 93, 94, 96, 97, 98, 99, 107, 108, 109, 113, 116, 117, 122, 125, 126, 127, 128, 129, 130, 134, 135, 138, 140, 147, 148, 156, 158, 160, 161, 197, 198
Rahman, 29, 57, 78, 100, 108, 109, 121, 123, 145, 203, 219, 223, 225

Rückert, 109, 110
Seck, 78, 85, 98
Smiley, 109
Stern, 113
Street, 34, 96, 106, 108, 111, 118, 122, 143, 153, 198, 200, 223
Strobino, 112, 126, 132
SUHRAWARDI, 91
Suhrawardī, 24, 25, 26, 27, 28, 29, 30, 34, 35, 39, 40, 41, 44, 45, 46, 47, 48, 49, 50, 51, 52, 53, 54, 55, 56, 57, 58, 59, 60, 62, 63, 64, 65, 66, 67, 68, 70, 71, 73, 74, 75, 76, 79, 80, 81, 85, 87, 88, 89, 91, 92, 93, 94, 95, 96, 97, 98, 100, 102, 103, 104, 106, 107, 108, 109, 112, 113, 116, 117, 118, 119, 120, 122, 123, 124, 126, 132, 133, 134, 135, 136, 138, 142, 143, 144, 146, 147, 148, 149, 151, 152, 154, 156, 157, 158, 159, 160, 161, 186, 197, 198, 201, 205, 213, 214, 215, 216, 217, 219, 224, 225
Sundholm, 133
temps, 30, 34, 42, 48, 49, 50, 53, 62, 64, 85, 86, 87, 89, 93, 94, 95, 97, 99, 101, 111, 117, 121, 136, 156, 160, 161, 186, 197, 201, 212
Thom, 109, 111, 118
Tony Street, 23, 91, 92, 98
Walbridge, 23, 29, 36, 39, 43, 46, 50, 51, 60, 80, 81, 91, 95, 96, 118, 121, 124, 201, 209, 218, 222
Wisnovsky, 95, 98
Young, 112, 212, 220, 222
Zarepour, 96, 121, 219
Zhang, 26, 92, 95, 97, 98, 99, 100, 123, 197
Ziai, 29, 42, 49, 50, 51, 66, 95, 96, 97, 108, 118, 124, 200, 201, 214, 222

Index 2 : Noms

Adamson, 213, 222, 225
al- Ṭūsī, 201, 224
Andrade, 110
Ardeshir, 96, 98, 156, 160, 161
Aristote, 28, 31, 63, 75, 76, 80, 85, 86, 93, 99, 106, 108, 109, 110, 111, 112, 116, 154, 158, 160, 205, 210, 211, 212, 217
Baghdādī, 43, 47, 74, 78, 160, 161, 200, 211
Bobzien, 113
Corbin, 23, 26, 36, 39, 41, 49, 51, 54, 62, 63, 64, 65, 80, 87, 88, 91, 95, 197, 209, 211, 212, 222, 223
Crubellier, 29, 108, 110, 123, 131, 149, 210, 212
Daşdemir, 103
Ebbinghaus, 109, 112
El-Rouayheb, 111, 119
épistémologie, 26, 30, 34, 50, 68, 76, 78, 79, 80, 81, 88, 89, 94, 95, 96, 97, 98, 100, 110, 113, 125, 197
Fakhr al-Din al-Maridini, 25
Fine, 111
Fitting, 123
Ghazālī, 41, 49, 50, 51, 53, 58, 59, 60, 61, 69, 70, 71, 72, 73, 74, 75, 76, 78, 82, 213, 216, 219, 224
Griffel, 23, 35, 46, 47, 50, 58, 59, 60, 78, 79, 121, 122, 221
Hasnawi, 111, 112
Hodges, 111, 156
Hossein Ziai, 26, 39, 50, 67, 73, 91, 197, 209, 222

Ibn Ḥazm, 164
Ibn Sīnā, 23, 26, 27, 57, 85, 88, 89, 92, 95, 96, 98, 100, 103, 104, 112, 121, 123, 126, 128, 132, 153, 160, 197, 210, 214, 215, 217, 218, 220, 222, 225
Kant, 99
Kaukua, 26, 81, 92, 97, 123, 197
Lion, 109
logique, 24, 25, 26, 30, 34, 35, 41, 62, 63, 65, 66, 88, 89, 91, 92, 94, 95, 96, 97, 100, 106, 108, 109, 110, 111, 112, 113, 117, 118, 123, 125, 127, 131, 132, 133, 135, 136, 142, 144, 146, 147, 153, 155, 157, 158, 161, 197, 198, 205
Lorenzen, 109, 112
Lukasiewicz, 109, 111
Marion, 108, 109, 110
McCall, 110
McConaughey, 108, 109, 110, 131, 144, 145, 149, 158, 205
Mehdi, 80, 220
Miller, 112
Morewedge, 100
Mousavian, 95, 98, 225
Movahed, 96, 108, 119, 123, 147, 153, 155, 156, 158, 160
présence, 25, 27, 28, 29, 30, 34, 35, 50, 78, 79, 80, 81, 86, 88, 89, 91, 92, 93, 94, 96, 97, 98, 99, 107, 108, 109, 113, 116, 117, 122, 125, 126, 127, 128, 129, 130, 134, 135, 138, 140, 147, 148, 156, 158, 160, 161, 197, 198
Rahman, 29, 57, 78, 100, 108, 109, 121, 123, 145, 203, 220, 224, 225
Rückert, 109, 110
Seck, 78, 85, 98
Smiley, 109
Stern, 113
Street, 34, 96, 106, 108, 111, 118, 122, 143, 153, 198, 200, 224
Strobino, 112, 126, 132
SUHRAWARDI, 91
Suhrawardī, 24, 25, 26, 27, 28, 29, 30, 34, 35, 39, 40, 41, 44, 45, 46, 47, 48, 49, 50, 51, 52, 53, 54, 55, 56, 57, 58, 59, 60, 62, 63, 64, 65, 66, 67, 68, 70, 71, 73, 74, 75, 76, 79, 80, 81, 85, 87, 88, 89, 91, 92, 93, 94, 95, 96, 97, 98, 100, 102, 103, 104, 106, 107, 108, 109, 112, 113, 116, 117, 118, 119, 120, 122, 123, 124, 126, 132, 133, 134, 135, 136, 138, 142, 143, 144, 146, 147, 148, 149, 151, 152, 154, 156, 157, 158, 159, 160, 161, 186, 197, 198, 201, 205, 214, 215, 216, 217, 219, 220, 224, 225, 226
Sundholm, 133
temps, 30, 34, 42, 48, 49, 50, 53, 62, 64, 85, 86, 87, 89, 93, 94, 95, 97, 99, 101, 111, 117, 121, 136, 156, 160, 161, 186, 197, 201, 212
Thom, 109, 111, 118
Tony Street, 23, 91, 92, 98
Walbridge, 23, 29, 36, 39, 43, 46, 50, 51, 60, 80, 81, 91, 95, 96, 118, 121, 124, 201, 209, 218, 222, 223
Wisnovsky, 95, 98
Young, 112, 213, 220, 222, 223
Zarepour, 96, 121, 220
Zhang, 26, 92, 95, 97, 98, 99, 100, 123, 197
Ziai, 29, 42, 49, 50, 51, 66, 95, 96, 97, 108, 118, 124, 200, 201, 215, 223

Bibliographie

Sources

Suhrawardī, S. D. (1955).
Manṭiq al-talwīḥāt, ed. A.A. Fayyāḍ, Tehran.
Suhrawardī, S. D. (1999).
The Philosophy of Illumination: A New Critical Edition of the Text of Ḥikmat al-ishrāq with English Translation, Notes, Commentary, and Introduction. Ed. par John Walbridge and Hossein Ziai. Provo: Brigham young University Press.
Suhrawardī, S. D. (2001).
Ḥikmat al-Ishrāq. Dans: Corbin édition.
Corbin, H. ed. (2001).
Œuvres s Philosophiques et Mystiques (Tome II). Téhéran: Institut d'Études et des Recherches Culturelles.

Literature

Adamson, P. and Taylor, R. C. eds. (2005).
The Cambridge companion to Arabic philosophy. Cambridge: Cambridge University Press.
Adamson, P. ed. (2011).
In the Age of Averroes: arabic philosophy in the Sixth/Twelfth Century. London: Warburg.
Adamson, P. ed. (2013).
Interpeting Avicenna. Critical Essays. Cambridge: Cambridge University Press.
Al- Bustān al- jāmi' li- jamī' tawārīkh ahl al- zamān. Ed. par 'U. 'A. Tadmurī. Sidon, Lebanon: al- Maktaba al- 'Aṣriyya, 2002.
Aminrazavi,M. (2013).
Suhrawardī and the School of Illumination. New York: Routledge.
Andrade, E. Lotero, and Dutilh, C. N. (2012).
"Validity, the Squeezing Argument and Alternative Semantic Systems: the Case of Aristotelian Syllogistic." Dans *Journal of Philosophical Logic* 41, pp. 387-418.
Ardeshir, M. (2008).
"Brouwer's notion of intuition and theory of knowledge par presence." Dans *One Hundred Years of Intuitionism, 1907-2007*. Ed. par M. van Atten, P. Boldini, M. Bourdeau and Gerhard Heinzmann. Basel/Boston/Berlin : Birkhauser, 2008, pp. 115-130.
Aristote (2014).
Premiers Analytiques. Organon III. Traduction et présentation par Michel Crubellier. Paris: Flammarion.
Aristotle (1966).
The Works of Aristotle Translated into English. Ed. par W.D. Ross. Oxford: Clarendon Press.
Baltag, A, Moss, L. S. and Solecki , S. (1998).
"The logic of public announcements, common knowledge, and private suspicions." Dans *Proceedings of the 7th Conference on Theoretical Aspects of Rationality and Knowledge. Ed. par I.* Gilboa, *(TARK VII)*,

Evanston, Illinois, USA, pp. 43–56. [Baltag, Moss, and Solecki 1998 available online (pdf)].
Barakāt, A. Baghdādī. (1988).
Risāla fī Mujādalāt al- ḥakīmayn al- kimiyā'ī wa- n- naẓarī = Franz Allemann. "Das Streitgesprach zwischen dem Alchemisten und dem theoretischen Philosophen. Eine textkritische Bearbeitung der Handschrift Bursa, Huseyin Celebi 823, fol. 100– 123 mitUbersetzung und Kommentar. " PhD dissertation, Universitat Bern.
Barakāt A. Baghdādī. (1357 A.H).
Kitāb al-mu'tabar. Hyderabad.
Benevich, F. 2019).
"God's Knowledge of Particulars: Avicenna, *kalām*, and the Post-Avicennian Synthesis." *Recherches de Théologie et Philosophie médiévales* 86, pp. 1– 47.
Bertolacci, A. (2012).
"The Distinction of Essence and Existence in Ibn Sīnā's Metaphysics: The Text and Its Context. " Dans *Opwis and Reisman*. pp. 257–288.
Bilal, I. (2013).
"Faḫr al- Dīn ar- Rāzī, Ibn al- Hayṯam and Aristotelian Science: Essentialism versus Phenomenalism in Post- Classical Islamic Thought. " *Oriens* 41, pp. 379– 431.
Blackburn, P. (1993).
"Nominal Tense Logic." Notre Dame Journal of Formal Logic 14, pp. 56–83.
Blois, F. D. (1990).
Burzōy's Voyage to India and the Origin of the Book of Kalīlah wa Dimnah. London : Royal Asiatic Society.
Bobzien, S. (1993).
"Chrysippus' Modal Logic and its Relation to Philo and Diodorus". Dans *Dialektiker und Stoiker*. Ed. par Döring K. and Ebert, Th. Suttgart: Fr. Steiner, pp. 63-84.
Bonadeo, C. M. (2013).
'Abd al- Laṭīf al- Baghdādī's Philosophical Journey: From Aristotle's Metaphysics to the "Metaphysical Science. Leiden: Brill.
Brandis, C. A. (1833).
Über die Reihenfolge der Bücher des aristotelischen Organons. Berlin: Abhandlungen der Berliner Akademie.
Brandom, R. (2000).
Articulating Reasons. An Introduction to Inferentialism. Cambridge-Mass: Harvard U. Press.
Brunschwig, J. (1967).
Aristote, Topiques. *Tome I : Livres I–IV. Texte, traduction, introduction et notes*. Paris : Belles Lettres.
Chatti, S. (2019).
"Logical Consequence in Avicenna's Theory". *Logica Universalis* 13, pp. 101–133.
Chellas, B. F. (1974).
"Conditional obligation. " Dans *Logical theory and semantic analysis: Essays dedicated to Stig Kanger on his fiftieth birthday*. Ed. par S. Stenlünd. Dordrecht: Reidel, pp. 23–33.
Clerbout, N. (2014a).
"First-Order Dialogical Games and Tableaux." *Journal of Philosophical Logic* 43(4), pp. 785–801. doi:10.1007/s10992-013-9289-z.

Clerbout, N. (2014b).
"Finiteness of plays and the dialogical problem of decidability." *If CoLog Journal of Logics and their Applications* 1, pp. 115–130.
Clerbout, N. and McConaughey, Z.(2022).
"Dialogical Logic." *The Stanford Encyclopedia of Philosophy*. https://plato.stanford.edu/entries/logic-dialogical/.
Corbin, H. (1971).
En Islam iranien. Four Volumes. Paris: Gallimard.
Corbin, H. (1971).
Sohravardi et les platoniciens de Perse 2, Paris : Gallimard.
Corbin, H. (1971-2).
En Islam iranien 4, Paris : Gallimard.
Corbin, H. (1976).
Archange empourpré, Quinze traités et récits mystiques traduits du persan et de l'arabe. Présentés et annotés par Henry Corbin Paris : Fayard.
Corbin, H. (1999).
Histoire de la philosophie islamique. Paris : Gallimard : folio essais.
Corbin, H. ed. (1952).
Œuvres s Philosophiques et Mystiques Tome I. Tehran : Institut d'Etudes et des Recherches Culturelles.
Corbin, H. ed. (2001).
Œuvres s Philosophiques et Mystiques Tome II. Tehran : Institut d'Etudes et des Recherches Culturelles.
Corbin, H.(1971).
En islam iranien : Aspects spirituels et philosophiques 4, Paris : Gallimard.
Corbin, H.(1986).
Le Livre de la Sagesse Orientale, Kitāb al Hikmat al-Ishrāq. Traduction et notes par Henry Corbin, établies et introduit par Christian Jambet. Paris : Verdier.
Corcilius, K, Crubellier, M, Falcon, A. andRoreitner, R. (2022).
"Actuality (first and second)/Dreistufenlehre." Dans *Aristotle on Human Thinking*. 2022.
Corcoran, J. (1974).
"Aristotle's Natural Deduction System." Dans *Ancient Logic and its Modern Interprétations*. Ed. par J. Corcoran. Dordrecht, pp. Reidel, pp. 85–131.
Crubellier, M. (2011).
"Du *sullogismos* au syllogisme. *Revue philosophique*. N° 1, pp. 17-36.
Crubellier, M. (2014).
Aristote, Premiers analytiques. Traduction, introduction, notes, commentaire et bibliographie par Michel Crubellier. Paris: Flammarion.
Crubellier, M. (2017).
"The programme of Aristotelian analytics." Dans Revista *de Humanidades de Valparaiso* 10, pp. 29–59.
Crubellier, M. (2022).
"Actuality (first and second)/Dreistufenlehre." Dans *Aristotle on Human Thinking*. Ed. K. Corcilius, M. Crubellier, A. Falcon and R. Roreitner. 2022, En préparation.
Crubellier, M., McConaughey, Z., Marion, M. and Rahman, S. (2019).
"Dialectic, The Dictum de Omni and Ecthesis." *History and Philosophy of Logic* 40, No. 3, pp. 207-233.

Daşdemir, Y. (2019).
"The Problem of Existential Import in Metathetic Propositions: Qutb al-Din al-Tahtani contra Fakhr al-Din al-Razi". *Nazariyat* 5/2, pp. 81- 118.
Dhahabī, M. A. (1981).
Siyar aʿlām al- nubalāʾ. Ed. par Shuʿayb al- Arnaʾūt 25, Beirut: Muʾassasat al- Risāla, 88.
Dhahabī, M. A. (1987).
Taʾrīkh al- Islām wa- wafayāt al- mashāhīr wa- la ʿlām. Ed. par ʿU. ʿA. Tadmurī. Beirut: Dār al- Kitāb al- ʿArabi, 1407– /.
Diakhaté, K. (2009).
« La doctrine soufie de cheikh Ahmadou Bamba, fondateur de la confrérie Al-Muridiyya : influences et expériences ». *Annales de la faculté des lettres et sciences humaines de l'UCAD*, numéro 39/B.
Diakhaté, K. (2012).
Le soufisme aux premiers temps de l'Islam. France : Alburaq.
Diakhaté, K. (2014).
Qu'est-ce que le soufisme ? Aperçu sur la théologie des premiers soufis. France : Alburaq.
Ditmarsh, V. et alii (2007).
Dynamic Epistemic Logic 37 of Synthese Library. Netherlands: Springer. doi:10.1007/978-1-4020-5839-4.
Ebbinghaus, K. (1964).
formales Modell der Syllogistik des Aristoteles. Göttingen: Vandenhoeck and Ruprecht.
Eddé A. M. (1999).
La principauté Ayyoubide d'Alep (579/ 1183– 658/ 1260). Stuttgart : Franz Steiner.
Faḍlallāh al- ʿUmarī, I. Y. (2001).
Masālik al- absār fī mamālik al- amṣār. Abu Dhabi: al- Majmaʿ al-Thaqāfī 27. Ed. par ʿA. Ibn Y. al- Sarīḥī et al. 2001– 4.
Fakhry, M.(1989).
Histoire de la philosophie islamique. Traduit de l'anglais par Marwan Nasr, France, les éditions du cerf.
Fall, C. T. (1986).
El hadji Malick SY de 1902 à 1922. Mémoire master 2, Université Cheikh Anta Diop de Dakar.
Fine, K. (2011).
"Aristotle's Megarian Manœuvres s". *Mind* 120, pp. 993–1034.
Fitting, M. and Mendelsohn, R. L. (1998).
First-Order Modal Logic. Dordrecht: Kluwer.
Frege, G. (1884).
Die Grundlagen der Arithmetik : Eine logisch mathematische Untersuchung. Über den Begriff der Zahl. Breslau: W. Koebner.
Ghazālī, A. (1969).
Al- Munqidh min al- dalāl / Erreur et délivrance. Edition and French translation par Farid Jabre. 3rd edition. Beirut: Commission libanaise pour la traduction des chefs d'œuvre.
Ghazālī, A. (1986).
Mishkāt al- anwār. Ed. Par al- ʿAfīfī 1964 / ed. al- Sayrawān.
Ghazālī, A. (2000).
Tahāfut al- falāsifa. = The Incoherence of the Philosophers / Tahāfut al-falāsifa. A parallel English- Arabic text. Ed. and translated par M. E. Marmura. 2nd edition. Provo, UT: Brigham Young University Press.

Ghazālī, A. (2006).
Al- Arbaʿīn fī uṣūl al- dīn. Dans *Jawāhir al- Qurʾān wa- duraruhū*. Ed. Makrī (Dār al- Minhāj). Ed. par Muḥammad Kāmil 2011.
Ghazālī, A. (2011).
Iḥyāʾ ʿulūm al- dīn. *Lajna*- Ed. 1937– 38 Jedda, Dār al- Minhāj.
Gimaret, D. (1969).
Journal Asiatique. 253, pp. 3-4.
Griffel, F. (2011).
"Between al-Ghazali and Abu l-Barakat al-Baghdadi: The Dialectical Turn in the Philosophy of Iraq and Iran During the Sixth/Twelfth Century". Dans *In the Age of Averroes: arabic philosophy in the Sixth/Twelfth Century*. Ed. par P. Adamson. London: Warburg, pp. 45-75.
Griffel, F. (2009).
Al- Ghazālī's Philosophical Theology. New York: Oxford University Press.
Griffel, F. (2021).
The Formation of Post- Classical Philosophy in Islam. Oxford University Press.
Gutas, D. (1994).
Pre-Plotinian Philosophy in Arabic (other than Platonism and Aristotelianism) A Review of the Sources. Ed. par W. Haase and H. Temporini. Dans *Aufstieg und Niedergang der Rémischen Welt* II 36.7, Berlin–New York: de Gruyter, pp. 4939–4973.
Gutas, D.(2003).
"Essay- Review: Suhrawardī and Greek Philosophy." *ASAP* 13, pp. 303–9.
Gutas, D. (2014).
Avicenna and the Aristotelian Tradition : Introduction to Reading Avicenna's Philosophical Works. 2nd revised and enlarged edition, including an inventory of Avicenna's authentic works. Leiden : Brill.
Hasnawi, A and Hodges, W. (2016).
"Arabic logic up to Ibn Sīnā ". *The Cambridge companion to medieval logic.* Ed. Par C. Dutilh Novaes and S. Read. Cambrigde: Cambridge University Press, pp. 45-66.
Hasnawi, A. (2009).
"Topique et syllogistique : la tradition arabe (Al-Fārābī et Averroes)". *Studia Artistarum* 32, pp. 191–226.
Hasnawi, A. (2013).
"*L'objet du De interpretatione selon al-Fārāb*ī . *Studia Artistarum* 37, pp. 259-284.
Hasnawi, A. and Hodges W. (2016).
Arabic logic up to Avicenna. Dans The Cambridge companion to medieval logic. Ed. Par C. Duthil Novaes and S. Read, 44–66. Cambridge:Cambridge University Press.
Hazm, I. (1926–1930).
Iḥkām fī uṣūl al-Aḥkām 8. Dans la seconde édition de Ah. mad Muh.ammad Shākir. Cairo: Mat.ba at al-Sa āda.
Hazm, I. (1959).
Kitāb al-Taqriib li-H. add al-Man.tiq wa-l-Mudkhal ilayhi bi-l-alfāz. al-āmmiyya wal- Amthila al-Fiqhiyya. Ed. par Ih. sāan Abbās. Beirut: Dar Maktabat al-H. ayāat.
Heidrun, E.

"Knowledge par Presence,' Apperception and the Mind- Body Relationship : Fakhr al- Dīn al- Rāzī and al- Suhrawardī as Representatives and Precursors of a Thirteenth- Century Discussion. " Dans *In the Age of Averroes*. pp. 117– 140.

Herbert A. (1992).
Alfarabi, Avicenna, and Averroes, on Intellect : Their Cosmologies, Theories of the Active Intellect, and Theories of Human Intellect. New York : Oxford University Press.

Hibri A. A. (1978).
Deontic logic. A comprehensive appraisal and a new proposal. Washington, DC: University Press of America.

Hilpinen, R, and McNamara, P. (2013).
Deontic logic: A historical survey and introduction. Dans *Handbook of deontic logic and normative systems*. Ed. par D. Gabbay, J. Horty, X. Parent, R. van der Meyden, and L. van der Torre. London: College Publications.

Hilpinen, R. (1981).
Deontic logic: Introductory and systematic readings. New York: Humanities Press.

Hintikka, J. (1981).
Some main problems of deontic logic. Dans *Hilpinen*. pp. 59–104.

Hodges, W. (2016).
A Mathematical Background to the Logic of ibn Sīnā. Typoscript-online: http://wilfridhodges.co.uk/arabic44.pdf.

Hourani G.F. (1985).
Reason and tradition in Islamic ethics. Cambridge : Cambridge University Press.
Ibn Sīnā (1972).
Pointers and Reminders (henceforth *Pointers*): *al-Isharat wal-tanbihat* (Cairo 1972). Ed. par S. Dunya.

Ibn Sīnā (1983).
Al-Išārāt wa-l-tanbīhāt bi-Šarḥ al-Ṭūsī, al-Manṭiq [= Remarks and Admonitions: With Commentary par Tusi]. Ed. Par S. Dunyā, 3rd ed. Cairo: Dār al-maʿārif.

Jackson, P. (2017).
The Mongols and the Islamic World: From Conquest to Conversion. New Haven, CT: Yale University Press.

Jadaane, F. L. (1968).
L'Influence du stoïcisme sur la pensée musulmane. Beirut: al-Machreq.

Kammuna, I. (2003).
Al-Tanqihat fi Sharh al-Talwihat (Raffinement et commentaire sur les intimations de Suhrawardī. Un texte du XIIIe siècle sur la philosophie et la psychologie naturelles), rédacteur critique, intro. et analyse H. Ziai et A. Alwishah, Costa Mesa (Californie) : Mazda.

Kant, E. (1990).
Critique of Pure Reason. Trans. Norman Kemp Smith. London : Macmillan Education Ltd.

Kapp, E. (1975).

"Syllogistic". Dans *Articles on Aristotle*. Ed. par J. Barnes, M. Schofield, and R. Sorabji 1, London : Duckworth, pp. 35–49.

Kapp, E. (1942).
Greek Foundations of Traditional Logic. New York: Columbia University Press.

Kaukua, J. (2015).
Self-awareness in Islamic Philosophy. Cambridge: Cambridge University Press.

Kaukua, J. (2020).
"Iʿtibārī Concepts in Suhrawardī. The Case of Substance". Oriens 48, pp. 40-66.

Kaukua, J. (2013).
"Suhrawardī's knowledge as presence in context". *Studia Orientalia* 114, pp. 329-324.

Khaldūn, I. M. (1967).
Bayt al- Funūn wa- l- ʿUlūm wa- l- Ādāb. Dans Muqaddimah: *An Introduction to History* 3. Ed. par ʿAbd al- Salām al- Shaddādī. Casablanca, 2005. English translation *The* Translated par Franz Rosenthal. 2nd edition 3, Princeton, NJ: Princeton University Press.

Khalil, A. (2018).
"The Merits of the Bāṭiniyya: Al- Ghazālī's Appropriation of Ismaʿili Cosmology." *Journal of Islamic Studies* 29, pp. 181– 229.

Khallikān, I. A. M. (1968).
Wafayāt al- aʿyān wa- anbāʾ abnāʾ al- zamān. Ed. par Iḥsān ʿAbbās 8, Beirut: Dār Ṣādir, 1968– 72.

Knuuttila, S. (1981).
The emergence of deontic logic in the fourteenth century. Dans *Hilpinen* (1981), pp. 225–248.

Knuuttila, S. (1993).
Modalities in medieval philosophy. 1993. London/New York: Routledge.

Krabbe E. C. W. (1985).
"Formal Systems of Dialogue Rules", *Synthese,* 63(3): pp. 295–328.

Kremer, A. V. (1961).
Geschichte der herrschenden Ideen des Islams: Der Gottesbergriff, die Prophetie und Staatsidee. Leipzig: F. A. Brockhaus, 1868. Reprint, Hildesheim: Olms.

Kripke, S. (1980).
Meaning and Necessity. United States, Harvard University Press, Blackwell.

Lameer, J. (1994).
Al-Farabı and Aristotelian syllogistics: Greek theory and Islamic practice. Leiden: Brill.

Lameer, J. (2013).
Ibn H. azm's logical pedigree. In Adang, Fierro, Schmidtke, eds. (2013, 417–428).

Landolt, H. (1978).

"Two Types of Mystical Thought in Muslim Iran: An Essay on Suhrawardī Shaykh al- Ishrāq and ʿAynulquẓāt- i Hamadānī". *Muslim World* 68, pp. 187– 204.

Langermann, T. Y. (2005).
"Ibn Kammūna and the 'New Wisdom' of the Thirteenth Century." *ASAP* 15, pp. 277– 327.

Langermann, Y. T. (1986– 87).
"Ketaʿ mispar 'al- Muʿtabar' shel Abū al- Barakāt al- Baghdādī (A Fragment of Abū al- Barakāt al- Baghdādī's Kitāb al- Muʿtabar)." *Kiryat Sefer* 61, pp. 361– 362. ; voir le passage traduit à la page 368.

Lazarus- Yefeh, H. (1975).
Studies in al- Ghazzali. Jerusalem: Magnes Press.

Leibniz, G. W. (1930).
Elementa juris naturalis. Dans *Sàmtliche Schriften und Briefe*. Sechste Reihe: Philosophische Schriften. Bd. 1, Otto ReichlVerlag, Darmstadt, 1930. First pub. date: 1671, pp. 43-485.

Leibniz, G.W. (1968).
De Incerti Aestimatione. Memorandum dated September 1678, ed. K.-R. Biermann and M. Faak 1957.

Lion, C. and Rahman, S. (2018).
"Aristote et la question de la complétude". *Philosophie antique* 18, pp. 219–243.

Lit, V. L. W. C (2017).
The World of Image in Islamic Philosophy: Ibn Sīnā, Suhrawardī, Shahrazūrī, and Beyond. Edinburgh: Edinburgh University Press.

Lorenzen, P. (1958).
« Logik und Agon », dans *Atti del XII Congresso Internazionale di Filosofia* 4, Florence : Sansoni Editore, pp. 187-194.

Lorenzen, P. (1955).
Einführung in die operative Logik und Mathematik. Berlin: Springer.

Lukasiewicz, J. (1953).
"A System of Modal Logic". Dans *Journal of Computer Systems* 1, pp. 111-149.

Lukasiewicz, J. (1957).
Aristotle's Syllogistic from the Standpoint of Modern Formal Logic. 2nd ed. Oxford : Clarendon Press.

Malink, M. (2006).
"A Reconstruction of Aristotle's Modal Syllogistic." Dans *History and Philosophy of Logic* 27, pp. 95–141.

Malink, M. (2013).
Aristotle's Modal Syllogistic. Cambridge Mass.: Harvard University Press.

Malink, M. and Rosen, J. (2012).
"Proof par Assumption of the Possible in Prior Analytics 1.15." *Mind* 122, 488, pp. 953–986.

Marcotte, P. (2001).
"Suhrawardī. al-Maqtul, le martyr d'Alep.» *Al-Qantara* 22.2, pp. 395-419.

Marcotte, R. (2004).
"Irjaʿ ilā nafsi- ka: Suhrawardī's Perception of the Self in Light of Avicenna." *Transcendent Philosophy* 5, pp.1– 22.
Marcotte, R. (2005).
"Reason (ʿaql) and Direct Intuition (mushāhada) in the Works of Shihāb al- Dīn al- Suhrawardī (d. 587/ 1191)." Dans *Reason and Inspiration in Islam*. Ed. par Todd Lawson. London: I. B. Tauris, pp. 221– 234.
Marcotte, R. (2019).
" Suhrawardī ." *The Stanford Encyclopedia of Philosophy*. First published Wed Dec 26, 2007; substantive revision Fri Mar 29, 2019. Suhrawardi (Stanford Encyclopedia of Philosophy)
Marion, M. and Rückert, H. (2016).
"Aristotle on universal quantification: a study from the perspective of game semantics". *History and Philosophy of Logic* 37, pp 201–29.
Martin-Löf, P. (1984).
Intuitionistic type theory. Notes par Giovanni Sambin of a series of lectures given in Padua, June 1980. Naples: Bibliopolis.
Martin-Löf, P. (2017).
Assertion and request This is a transcript of a lecture given by Per Martin-L¨of at the meeting Criticial Views of Logic at the University of Oslo on 29 August 2017. Thetranscript was prepared by Ansten Klev.
McCall, S. (1963).
Aristotle's Modal Syllogisms. Amsterdam: North-Holland.
McConaughey, Z. (2021).
Aristotle, Science and the Dialectician's Activity. A Dialogical Approach to Aristotle's Logic. PhD-Université de Lille.
McGinnis, J. (2001).
"Review of *Leaven of the Ancients*." *JOAS* 121, pp. 729– 730.
Mehdin H. Y. (1992).
The Principles of Epistemology in Islamic Philosophy : Knowledge par Presence. Albany, NY: SUNY Press.
Michot, Y. (also: Jean R.).
"Ibn Taymiyya's Commentary on Avicenna's Ishārāt, namaṭ X." *Islamic Philosophy from the 12th to the 14th Century*, pp. 119– 210.
Miller, L. B. (2020).
Islamic Disputation Theory : The Uses and Rules of Argument in Medieval Islam. Cham : Springer. Reprint of the PhD-dissertation of 1984 at Princeton U.
Möhring, H. (1980).
Saladin und der dritte Kreuzzug: Aiyubdische Strategie und Diplomatieim Vergleich vornehmlich der arabischen mit den lateinischen Quellen. Wiesbaden: Franz Steiner.
Morewedge, P. (1972).
"Philosophical Analysis and Ibn Sīnā's 'Essence-Existence' Distinction". *Journal of the American Oriental Society* 92, No. 3 (Jul. - Sep.), pp. 425-435.
Morgan, D. (1994).
An Ayyubid Notable and His World: Ibn al- ʿAdīm and Aleppo as Portrayed in His Biographical Dictionary. Leiden: Brill.

Mousavian S. N. (2014b).
"Suhrawardī on Innateness: A Reply to John Walbridge". *Philosophy East and West*, 64(2), pp. 486–501.
Mousavian, S. N. (2014a).
"Did Suhrawardī Believe in Innate Ideas as A Priori Concepts ? A Note". *Philosophy East and West*, 64(2), pp. 473–480.
Movahed, Z. (2010).
"Suhrawardī on Syllogisms". *Sophia Perennis*. Tehran 2, no.4, pp. 5-18.
Movahed, Z. (2012).
"Suhrawardī's Modal Syllogisms". *Sophia Perennis*. Tehran 2, no.4, Serial Number 21.
Nasr, S. H. (1921).
"Three Muslim Sages". Cambridge: CUP, p. 18, l. 6 ss.
Nasr, S. H. (1986).
"Chapter XXXII. Fakhr al- Dīn Rāzī." *A History of Muslim Philosophy* 2, pp. 642– 256.
Naysābūrī, A. M. (1431).
Itmām Tatimmat Ṣiwān al- ḥikma. MS Istanbul, Murad Molla Halk Kutuphanesi 1431, foll. 126b– 157.
Ndiaye, S. (2008).
L'âme dans tassawuf : Analyse de la vie des premiers soufis. Thèse de doctorat 3ème cycle, Université Cheikh Anta DIOP de Dakar.
Nortmann, U. (1996).
Modale Syllogismen, mögliche Welten, Essentialismus: Eine Analyse der aristotelischen Modallogik. Berlin: de Gruyter.
Opwis, F. and Reisman, D. C. eds. (2012).
Islamic Philosophy, Science, Culture, and Religion : Studies in Honor of Dimitri Gutas. Leiden : Brill.
Ormspar, E. (1991).
"The Taste of Truth: The Structure of Experience in al- Ghazālī's *al-Munqidh min al- ḍalāl.*" Dans *Islamic Studies Presented to Charles J. Adams*. Ed. par W. B. Hallaq and D. P. Little. Leiden: Brill, pp. 133– 52.
Paasch, J. T.(2021).
"Notes on Aristotelina Predicables". *Unpublished Draft.*
Patterson, R. (1995).
"Aristotle's Modal Logic: Essence and Entailment in the Organon". Cambridge: University Press.
Prior, A. (1955).
"Diodoran Modalities". *The Philosophical Quarterly (1950-)* 5, No. 20, pp. 205-213.
Prior, A. (1958).
Escapism: The logical basis of ethics. Dans *Essays in moral philosophy.* Ed. par A.I. Melden, Seattle: University of Washington Press, pp. 135–146.
Pseudo- Aristotle (1882).
Uthūlūjiyā = Die sogenannte Theologie des Aristoteles. Ed. par F. Dieterici. Leipzig: J. C. Hinrich.
Pūrjavādī, N. (1998).
"Shaykh- i ishrāq ve ta'līf- i Alwāḥ- i 'Imādī." Dans *Nāmeh- yi Iqbāl: Yādnāmeh- yi Iqbāl Yaghmā'ī, 1295– 1376.* Ed. par 'Alī Āl Dāvud. Tehran: Intishārāt- i Hīrmand 1377, pp. 453– 463.
Qifṭī, I. Y. (1903).

Taʾrīkh al- ḥukamāʾ [= *Ikhbār al- ʿulamāʾ bi- akhbār al- ḥukamāʾ* in the epitome of Muḥammad ibn ʿAlī al- Zawzānī]. Ed. par J. Lippert. Leipzig: Dieterichsche Verlagsbuchhandlung, 1903.
Rahman, S. and Seck, A. (2022).
« Statut ontologique du présent dans l'œuvre de Suhrawardī. » *Annales de la Faculté des Lettres et Sciences Humaines Arts, Cultures, Civilisations (ARCIV)*, Université Cheikh Anta DIOP de Dakar, Nouvelle série no 52/a 2022, pp. 95- 102.
Rahman, S. and Seck, A. (2024).
"Suhrawardī's Stance on Modalities and his Logic of Presence". Dans *Logic, Soul, and World : Essays in Arabic Philosophy in Honor of Tony Street*. Ed. par A. Ahmed, and M. S. Zarepour. Leiden : Brill, in print. Based on the talk under the same title at the Conference on Arabic Logic in honour of Tony Street (U. Cambridge), University of Berkeley, 23-24 April 2022.
Rahman, S. and Young, W. E. (2022).
"Argumentation and Arabic Philosophy of Language: Introduction". *Methodos* 22. https://journals.openedition.org/methodos/8833.
Rahman, S. and Young, W. E., Zidani, F. (2018).
"Ibn Ḥazm on Heteronomous Imperatives. A Landmark in the History of the Logical Analysis of Legal Norms." Dans *Festschrift for Risto Hilpinen*. Ed. par M. Brown, A. Jones, and P. McNamara: Springer, pp.139-174.
Rahman, S. and Zarepour, S. (2021).
"On Descriptional Propositions in Ibn Sīnā: Elements for a Logical Analysis". Dans *Mathematics, Logic and their Philosophies*. Ed. par M. Mojtahedi, S. Rahman, S. Zarepour. Cham: Springer, pp. 411-432.
Rahman, S., Granström, J.G. and Farjami, A. (2019a).
Legal reasoning and some logic after all. The lessons of the elders. Dans Natural *arguments. A tribute to John Woods*. Ed. par D. Gabbay, L. Magnani, W. Park, and A.-V. Pietarinen, London: College Publications, pp. 743–780.
Rahman, S. McConaughey, Z., Klev, A. and Clerbout, N. (2018).
Immanent Reasoning or Equality in Action: A Plaidoyer for the Play Level. Cham: Springer.
Rahman, S. Street, T. and Tahiri, H. eds. (2008).
The Unity of Science in the Arabic Tradition: Science, Logic Epistemology, and their Interactions. Berlin: Springer.
Ranta, A. (1991).
"Constructing Possible Worlds". *Theoria* 57, pp. 77-100.
Ranta, A. (1994).
Type Theoretical Grammar. Oxford: Clarendon Press. University Press.
Rapoport, M. A. (2019).
"Sufi Vocabulary, but Avicennan Philosophy: The Sufi Terminology in Chapters VIII– X of Ibn Sīnā's al- Ishārāt wa-l-tanbīhāt." *Oriens* 47, pp. 145– 196.
Rayyān, A. M. (1959).
Uṣūl al- falsafa al- ishrāqiyya ʿinda Shihāb al- Dīn al- Suhrawardī. Cairo: Maktabat al- Angelo.
Rayyan, M. A. (1969).
Usul al-Falsafa al-Ishraqiyya. Beyrouth: Dar al-Talaba al-'Arab.
Rāzī, A. H. (2011).

A'lām al- nubuwwa = The Proof of Prophecy / A'lām al- nubuwwa. A parallel English- Arabic text. Ed. and translated par Tarif Khalidi. Provo, UT: Brigham Young University Press.

Rāzī, A. M Zakariyā' (1993).
Al- Shukūk 'alā Jālīnūs. Ed. par Mahdī Muḥaqqiq [Mehdi Mohaghegh]. Tehran: Mu'assasah- i Muṭāla'āt- i Islāmī.

Rāzī, F. Dīn. (1963).
Sharḥ al-Ishārāt wa-l-tanbīhāt. Ed. par 'Alī Riḍā Najafzādah. Tehran: Anjuman-i Āsār va Mafākhir-i Farhangī.

Recanati, F. (2007).
"It Is Raining (Somewhere)". Dans *Linguistics and Philosophy* 30, pp. 123–146.

Rescher, N. and Yander Nat, A . (1974).
"The theory ofmodal syllogistic in medieval arabic philosophy". Dans *Rescher, Studies in modality*. Oxford: Oxford University Press, pp. 17-56.

Rescher, N. (1967).
"Ibn al- Ṣalāḥ on Aristotle on Causation." Dans *Studies in Arabic Philosophy*. Pittsburgh, PA: University of Pittsburgh Press, pp. 54– 68.

Rescher, N. (1966).
Galen and the Syllogism. Pittsburgh, PA: University of Pittsburgh Press.

Rouayheb, K. E. (2016).
"Arabic Logic after Avicenna." Dans *The Cambridge Companion to Medieval Logic*. Ed. par C. Duthil Novaes and S. Read, eds. Cambridge: CUP, pp. 67-93.

Rudiger, A. (2011).
Platonische Ideen in der arabischen Philosophie: Texte und Materialien zur Begriffsgeschichte von ṣuwar aflāṭūniyya und muthūl aflāṭūniyya. Berlin: De Gruyter.

Rūmī, Y. H. (1993).
Mu'jam al- udabā': Irshād al- arīb ilā ma'rifat al- adīb. Ed. par I. 'Abbās 7, Beirut: Dār al- Gharb al- Islāmī.

Rūmī, Y. H. (1886).
Mu'jam al- buldān = Jacut's Geographisches Wörterbuch. Ed. par Ferdinand Wustenfeld. 6 Leipzig: F. A. Brockhaus, 1866-1873.

Rushd, I. M. A (1959).
Faṣl al- maqāl wa- taqrīr mā bayna l- sharī'a wa- l- ḥikma min al- ittiṣāl. Ed. par G. F. Hourani. Leiden: Brill, 1959. German translation Massgebliche Abhandlung: Faṣl al- Maqāl. Translated par F. Griffel. Berlin: Verlag der Weltreigionen, 2010.

Sahlan, A. S. (1958). N
Tabṣira va du Risāla-yi digar dar Manṭiq. [The Beacon on Two Other Logical Treatises]. Ed. par M.T. M.T.Dānesh-Pājouh. Tehran: Tehran University Press.

Schmidtke, S. (2003).
"Review of Leaven of the Ancients." *Welt des Islams* 43, pp. 119– 126.

Schöck, C. (2016).
"The Criterion of Completeness in Avicenna's reorganization of the predicables into a System of notions resulting in concept formation author(s)." *Oriens* 44, pp. 386-416.

Seck, A. (2018).
La place de la prophétie dans la pensée philosophique d'Al-Kindi et d'al-Fârâbî. Mémoire master 2, Université Cheikh Anta Diop de Dakar.

Shaddād, I. Yūsuf ibn Rāfi' (1964).
Al- Nawādir al- sulṭāniyya wa- l- maḥāsin al- Yusūfiyya aw sīrat Ṣalāh al- Dīn. Ed. par J. al- Shayyāl. Cairo: al- Dār al- Miṣriyya.
Shahrazūrī, A. (1976/1993).
Nuzhat al- arwāḥ. Ed. par Hyderabad 1976 / ed. Alexandria, 1993.
Sinai, N. (2003).
Menschliche oder göttliche Weisheit: Zum Gegensatz von philosophischem und religiösem Lebensideal bei al- Ghazali und Yehuda ha- Levi. Wurzburg: Ergon Verlag.
Smiley, T. (1973).
"What is a syllogism?". *Journal of Philosophical Logic* 2, pp. 136-154.
Spies, O. (1934).
al- Muqāwamāt: al- Ilāhiyyāt, Stuttgart: W. Kohlhammer. Œuvres philosophiques et mystiques Tome I, pp. 125– 192.
Spies, O. et Khatak, S. K. (1935).
Trois traités sur le mysticisme par Shihabuddin Suhrawerdi Maqtul avec un compte rendu de sa vie et de sa poésie. Ed. et trans. par O. Spies et SK Khatak, Stuttgart: Kohlhammer.
Stern, J. (2016).
Toward Predicat Approaches to Modality. Cham: Springer.
Street, T. (2002).
"*An outline of Ibn Sīnā's syllogistic*". *Archiv für Geschichte der philosophie* 84(2), pp. 129–160.
Street, T. (2008).
"Suhrawardī s on Modal syllogism." Dans *Islamic thought in the Middle Ages studies in text, transmission and translation, in honour of Hans Daiber*. Ed. par Anna Akasoy and Wim Raven, eidenandBoston: Brill, pp. 163-178.
Street, T. (2013).
"Avicenna on syllogism." Dans *Interpreting Avicenna, Critical Essary*. Ed. par P. Adamson Cambridge: Cambridge University Press, pp. 48-70.
Strobino, R. (2015).
"Time and Necessity in Avicenna's Theory of Demonstration." *Oriens* 43, pp. 338–367.
Strobino, R. (2016).
"*Per se, Inseparability, Containment and Implication: Bridging the Gap between Avicenna's Theory of Demonstration and Logic of the Predicables*". *Oriens* 44 (3/4), pp. 181–266.
Suhrawardī, S. D. (1993b).
Opera Metaphysica et mystica II. Ed. et intro. Par H. Corbin, Téhéran : Mu'assasah-yi Mutali'at va Tahqiqat-i Farhangi [réimpression de l'édition de 1952].
Suhrawardī, S. D. (1388/2009).
Al- Talwīḥāt al- lawḥiyya wa- l- 'arshiyya. Ed. par Najafqulī Ḥabībī. Tehran: Mu'assasat- i Pazhūhshī- yi Ḥikmet ve- Falsafeh- yi Irān.
Suhrawardī, S. D. (1955).
Manṭiq al-Talwīḥāt [Logic of the intimations]. Ed. par A.A. Fayyāī. Tehran: Tehran University Press.
Suhrawardī, S. D. (1955).
Al- Talwīḥāt. Manṭiq = Manṭiq al- talwīḥāt. Ed. par 'Alī Akbar Fayyād. Tehran: Jāmi'at Tihrān.
Suhrawardī, S. D. (1986).

Le livre de la Sagesse Orientale (m hikmat al-ishraq) commentaires de Qotboddin Shirazi et Molla Sadra Shirazi, trans. et note H. Corbin, avec intro. C. Jambet, Paris: Verdier.
Suhrawardī, S. D. (1993a).
Opera metaphysica et mystica I. Ed. et introduction par H. Corbin, Téhéran : Mu'assasah-yi Mutali'at va Tahqiqat-i Farhangi [réimpression de l'édition de 1945].
Suhrawardī, S. D. (1993c).
Opera Metaphysica et mystica III. Ed. et intro en anglais par SH Nasr, intro française. H. Corbin, Téhéran : Mu'assasah-yi Mutali'at va Tahqiqat-i Farhangi [réimpression de 1970 ed].
Suhrawardī, S. D. (1996).
Temples de lumières. trans. Bilal Kuspinar, Kuala Lumpur : ISTAC.
Suhrawardī, S. D. (1999).
The Philosophy of Illumination. A New Critical Edition of the Text of Hikmat al-Ishrāq. with English trans., notes, commentary and intro. John Walbridge and Hossein Ziai. Provo, UT: Brigham Young University Press.
Suhrawardī, S. D. (2011).
Seh risālah az Shaykh- i Ishrāq Shihāb al- Dīn Yaḥyā Suhravardī: al- Alwāḥ al- 'Imādiyya, Kalimat al- taṣawwuf, al- Lamaḥāt. Ed. par Najafqolī Ḥabībī. Tehran: Anjumani Shāhanshāhī- i Falsafah- yi Irān, 1977. Reprinted as 4 of *Œuvres s philosophiques et mystiques*. Tehran: Pizhūhishgāh- yi ʿUlūm- i Insānī ve Muṭālaʿāt- i Farhangī, 1380/ 2001. Reprinted as *Muʾallafāt falsafiyya wa- ṣūfiyya*: *Al- Alwāḥ al- ʿImādiyya, Kalimāt al- taṣawwuf, al- Lamaḥāt*. Ed. par Najafqolī Ḥabībī. Beirut: Manshūrāt al- Jamal, al- Kamel Verlag.
Suhrawardī, S. D. (2014).
Al- Mashāriʿ wa- l- muṭāriḥāt: al- Ṭabīʿiyyāt. Ed. par Najafqulī Ḥabībī. Tehran: Kitābkhāneh- yi Mūzeh ve Markaz- i Asnād- i Majlis- i Shūrā- yi Islāmī, 1393/2014.
Suhrawardī, S. D.
Al- Mashāriʿ wa- l- muṭāriḥāt: al- Ilāhiyyāt. Dan *Œuvres s et mystiques Tome I,* pp. 196– 506.
Suhrawardī, S. D.(1976).
L'archange empourpré : traités quinze et récits mystisques. Trans, Intro. et note H. Corbin, Paris : Fayard.
Suhrawardī, S. D.(1999).
The Philosophical Allegories and Mystical Treatises: A Parallel Persian-English Text. Ed. and translated par W. M. Thackston. Costa Mesa, CA: Mazda, 1999. Includes thePersian texts and the English translations of *Risālat al- Ṭayr, Āvāz- i parr- i Jibrāʾīl, ʿAql- I sorkh, Rōzī bā jamāʿat- i sūfiyān, Risāla fī ḥālat al- ṭufūliyya, Risāla fī ḥaqīqat al- ʿishq, Risālah yi lughat- i mūrān, Risālah- yi ṣafīr- i Sīmurugh*, and *Qiṣṣat al- ghurba al- gharība*. All these Persian texts, except for the last, are also in *Œuvres s philosophiques et mystiques Tome III*. 197– 332.
Suhrawardī, S. D.(1999a).
La philosophie de l'illumination. Une nouvelle édition critique du texte de Hikmat al-Ishraq, avec traduction en anglais, notes, commentaires et intro. J. Walbridge et H. Ziai, Provo (UT): Brigham Young University Press.
Suhrawardī, S. D.(1999b).

Les allégories philosophiques et les traités mystiques. Un texte parallèle persan-anglais, éd., Trad. et intro. WM Thackston, Costa Mesa (Californie): Mazda.
Suhrawardī, S. D.
Al- Talwīḥāt. al- Ilāhiyyāt. Dans *Œuvres philosophiques et mystiques Tome I*. 4– 121.
Sundholm, G (2013).
"Containment and variation. Two strands in the development of analyticity from Aristotle to Martin-Löf." Dans *Judgement and epistemic foundation of logic*. Ed. par M. van der Schaar. Dordrecht, The Netherlands: Springer, pp. 23–35.
Sundholm, G. (1989).
"Constructive generalized quantifiers". *Synthese* 79, pp. 1-12.
Sundholm, G. (1997).
"Implicit epistemic aspects of constructive logic." *Journal of Logic, Language and Information* 6(2), pp. 191–212.
Sy, C. A. T. Capitaine (2022).
Aller-retour : un cycle éternel. Dakar : Les éditions Ndaxnam.
Tabrīzī, S. M. (1377/ 1998).
Maqālāt- i Shams- i Tabrīzī. Ed. par M. ʿA. Muvaḥḥid. 2nd edition. Tehran: Intishārāt- i Khvārazmī.
Thom, P. (1981).
The Syllogism. München: Philosophia Verlag.
Thom, P. (2008).
"Logic and Metaphysics in Avicenna's Modal Syllogistic." Dans *The Unity of Science in the Arabic Tradition: Science, Logic, Epistemology, and their Interactions*. Ed. par S. Rahman, T. Street and H. Tahiri. Berlin: Springer, 2008, pp. 361–376.
Thom, P.(2012).
"Necessity- and Possibility-Syllogisms in Avicenna and Tusī." Dans *Insolubles and Consequences: Essays in Honour of S. Read*. Ed. par C. Dutilh Novaes and O. Thomassen Hjortland and M. Keynes. London: College Publications, pp. 239–248.
Toorawa, S. M. (2004).
"Travel in the Medieval Islamic World: The Importance of Patronage as Illustrated par 'Abd al- Latif al- Baghdadi (and Other Litterateurs). " Dans *Eastward Bound: Travel and Travellers, 1050– 1550*. Ed. par Rosamund Allen. Manchester: Manchester University Press, pp. 53– 70.
Treiger, A. (2012).
Inspired Knowledge in Islamic Thought: Ghazālī's Theory of Mystical Cognition and Its Avicennan Foundation. London: Routledge.
Ṭūsī, N. A. (1983).
Ḥall mushkilāt al- Ishārāt = al- Ishārāt wa- l- tanbīhāt li- Abī ʿAlī ibn Sīnā maʿa sharḥ Naṣīr al- Dīn al- Ṭūsī. Text at the bottom half of each page. Ed. par Sulayman Dunyā 4. 3rd edition. Cairo: Dār al- Maʿārif. p. 94.
Uṣaybiʿa, I. A. (1882).
ʿUyūn al- anbāʾ fī ṭabaqāt al- aṭibbāʾ. Ed. par August Muller. 2. Cairo: al- Maṭbaʿa al- Wahbiyya.
Van den Bergh, S. (1954).
Averroes' Tahafut Al-Tahafut. Reprinted 1987 (translator). Cambridge, EJW Gibb Memorial Trust, reprinted par Cambridge: CUP.
Van Ess, J. (1966).

Die Erkenntnislehre des Adudaddin al-Icı. Wiesbaden: Steiner Verlag.

Von Wright, G.H. (1951).
An Essay in Modal Logic. Amsterdam: North-Holland.

Von Wright, G.H. (1963).
Norm and action. London: Routledge/Kegan Paul.

Von Wright, G.H. (1981).
On the logic of norms and actions. Dans *R. Hilpinen.* Ed. 1981b, pp. 3–34.

Von Wright, G.H., and Henrik, G. (1951a).
"Deontic Logic." *Mind* 60 (237), pp. 1–15. doi:10.1093/mind/LX.237.1.

Von, Fritz .(1984).
"Versuch einer Richtigstellung neuerer Thesen über Ursprung und Entwicklung von Aristoteles' Logik". Dans K. *Fritz Beiträge zu Aristoteles*. Berlin: de Gruyter, pp. 56–68.

Walbridge, J. (1999).
The Leaven of the Ancients: Suhrawardī and the heritage of the Greeks. Albany: SUNY Press.

Walbridge, J. (2000).
The Leaven of the Ancients: Suhrawardī and the Heritage of the Greeks. Albany, NY: SUNY Press.

Walbridge, J. (2001).
The Wisdom of the Mystic East: Suhrawardī and Platonic Orientalism. Albany: SUNY Press.

Walbridge, J. (2014).
"A Response to Seyed N. Mousavian, "Did Suhrawardī Believe in Innate Ideas as A Priori Concepts? A Note." *Philosophy East and West* 64(2), pp. 481–486.

Walbridge, J. (2017).
"Suhrawardī's Intimations of the Tablet and the Throne: The Relationship of Illuminationism and the Peripatetic Philosophy." Dans *The Oxford Handbook of Islamic Philosophy*. Ed. par El-Rouayhed, Khaled and Schmidtke, Sabine. Oxford: University Press, pp. 255–277.

Walbridge, J. (2001).
The Wisdom of the Mystic East: Suhrawardī and Platonic Orientalism. Albany, NY: SUNY Press.

Wisnovsky, R. (2011).
"Essence and Existence in the Eleventh- and Twelfth-Century Islamic East (Mašriq): A Sketch." Dans *The Arabic, Hebrew and Latin Reception of Ibn Sīnā's Metaphysics*. Ed. par Hasse, Dag Nikolaus and Bertolacci, Amos. Berlin: Walter de Gruyter GmbH, pp. 27–50.

Wisnovsky, R. (2005).
"Ibn Sīnā and the Avicennian Tradition". Dans *The Cambridge companion to Arabic philosophy*. Ed. par P. Adamson and R. C. Taylor. Cambridge: Cambridge U. Press, pp. 92–136.

Young, W. E. (2017).
The dialectical forge : Juridical disputation and the evolution of Islamic law, 2017. Dordrecht: Springer.

Young, W. E. (2019).
"Concomitance to Causation: Arguing *Dawarān* in the Proto-*Ādāb al-Bahth*." Dans *Philosophy and Jurisprudence in the Islamic World*. Ed. par Peter Adamson. Berlin, Boston: De Gruyter, pp. 205-281.

Young, W. E. (2021a).
"The Formal Evolution of Islamic Juridical Dialectic: A Brief Glimpse." Dans *New Developments in Legal Reasoning and Logic: From Ancient Law to Modern Legal Systems*. Ed. par Shahid Rahman, Matthias Armgardt, Hans Christian Nordtveit Kvernenes. Logic, Argumentation and Reasoning 23. Dordrecht : New York; Cham: Springer.
Young, W. E. (2021b).
On the Protocols for Dialectical Inquiry (Ādāb al-Baḥth): A Critical Edition and Parallel Translation of the Sharḥ al-Risāla al-Samarqandiyya par Quṭb al-Dīn al-Kīlānī (fl. ca. 830/1427). Prefaced par a Critical Edition and Parallel Translation of its Grundtext: The Risāla fī Ādāb al-Baḥth par Shams al-Dīn al-Samarqandī (d.722/1322).Online
Young, W. E.(2021c).
"On the Logical Machinery of Post-Classical Dialectic: The Kitāb ʿAyn al-Naẓar of Shams al-Dīn al-Samarqandī (d. 722/1322)". *Methodos* online
Yūsuf Āmirī, M. I. (1988).
Al- Amad ʿalā l- abad = Everett K. Rawson. *A Muslim Philosopher on the Soul and Its Fate: Al- ʿĀmirī's Kitāb al- Amad ʿalā l- abad.* New Haven, CT: American Oriental Society.
Zarepour, M. S. (2020).
Avicenna's Notion of Fit.rīyāt: A Comment on Dimitri Gutas' Interpretation. Dans *Philosophy East and West* 70(3), pp. 819–833.
Zhang, T. (2018).
Light in the Cave. A Philosophical Enquiry into the Nature of Suhrawardī's Illuminationist Philosophy. PhD, Cambridge: Trinity College, U. Cambridge.
Ziai, H. (2003).
"The Illuminationist Tradition." Dans *History of Islamic Philosophy*. Ed. par SH Nasr and O. Leaman, Londres: Routledge, pp. 465-496.
Ziai, H. (1990).
Knowledge and Illumination: A Study of Suhrawardī's Ḥikmat al-Ishrāq. Atlanta: Scholars Press.

Ziai, H. (1992).
"The Source and Nature of Authority: A Study of al- Suhrawardī's Illuminationist Political Doctrine." Dans *The Political Aspects of Islamic Philosophy: Essays in Honor of Muhsin S. Mahdi.* Ed. par C. E. Butterworth. Cambridge, MA: Harvard University Press, pp. 294– 334.
Ziai, H. (2007).
"Shihāb al-Dīn Suhrawardī: Founder of the Illuminationist School." Dans *Islamic Philosophy and Theology: Critical Concepts in Islamic Thought* 4 Ed. par Netton, Ian Richard, London and New York: Routledge, pp. 36–64.

Table des matières

PRÉFACES....V

DEDICACES....XIX

REMERCIEMENTS....XXI

AVANT-PROPOS....1

A PREMIÈRE PARTIE....13

A BIOGRAPHIE SCIENTIFIQUE DE SUHRAWARDĪ ET LE CONTEXTE HISTORIQUE DE LA CONNAISSANCE COMME PRÉSENCE....13

Tableau de transcription de l'alphabet arabe....14

Tableau de transcription de l'alphabet persan....16

A I Biographie 17
A I.1 La vie de Suhrawardī 17
A I.2 Le désaccord sur le motif de l'exécution de Suhrawardī. 25
A II La production philosophique de Suhrawardī 39
A II. 1 Remarque sur le livre de la sagesse orientale 42
A II. 2 La logique dans la *sagesse orientale* 43
A II. 3 Suhrawardī et l'origine de sa nouvelle philosophie de l'*illumination* : influence entre al- Ghazālī et Ibn Sīnā. 44
A II. 3. 1 l'origine de sa nouvelle philosophie de l'*illumination* 44
A II. 3. 2 Influence entre al- Ghazālī et Ibn Sīnā ? 51
A AII. 3. 3 Le contexte historique de son épistémologie de la connaissance comme présence 55
A AII. 3. 4 Suhrawardī et le défi de sa notion de Temps : les sources 59
A II. 3. 4. 1 Le temps chez Aristote 59
AII. 3. 4.2 Notes sur la notion de Temps dans *Ḥikmat al-Ishrāq* 62
A II. 3. 4.3 Le défi : Temps et Logique Temporelle dans *Ḥikmat al-Ishrāq* 65
B DEUXIÈME PARTIE : LES MODALITÉS CHEZ SUHRAWARDĪ ET SA LOGIQUE DE LA PRÉSENCE 67
Objectives Principales 68
B I Une note de Suhrawardī sur la définition 74
B II Questions méthodologiques préliminaires 76
B III Vers une logique de la présence 85
B III. 1Brèves remarques générales sur les analyses formelles du syllogisme 85
B III.2 Les modalités ontologiques de la relation entre le prédicat et son sujet 88
B III.2.1. Les relations modales de Suhrawardī 89
B III.2.2 Sur l'itération 94
B III. 3. Modalités et explication dialectique de la signification 96
B III.3.1 Explications de la signification de Suhrawardī 96

B III.3.2. Explications dialectiques de la signification des universaux et existentiels non modaux 100
B III. 3.3 L'explication dialectique de la signification des relations modales chez Suhrawardī 108
B III.3.3.1 L'explication dialectique de la signification de la relation nécessairement nécessaire 109
B III. 3.3.2 L'explication dialectique de la signification de la relation nécessairement contingente 112
B III.3.3.2.1 La temporalisation du nécessairement contingent 112
B III. 3.3.2.2 Plénitude 115
B III. 3.4 La conversion simple 118
B IV Syllogisme : Les explications dialectiques de la signification en œuvre 119
B IV.1 Première figure 119
B IV.2 Deuxième figure 128
B IV.3 Troisième figure 130
B V Temps, intuition et construction dialectique : Remarques très brèves 136
C TROISIÈME PARTIE : SUHRAWARDĪ EN DEHORS DE SUHRAWARDĪ 139
LA LOGIQUE DE LA PRÉSENCE ET LES MODALITÉS DÉONTIQUES DANS ET AU-DELÀ DE LA PENSÉE ISLAMIQUE 139
C 1. 1 Brèves remarques sur les modalités déontiques contemporaines et anciennes 141
C 1.2 Ibn Ḥazm de Cordoue sur la nécessité déontique et naturelle 144
C 1.3 Les impératifs hétéronomes d'Ibn Ḥazm 147
C 1.4 Contingence déontique : Liberté et hétéronomie : Le *devoir* présuppose le *pouvoir* 149
C 1.5 Les impératifs déontiques et l'analyse des hypothèses 151
C 2 La Signification dialectique locale des impératifs déontiques 152
C 3 Dialogues sur modalités déontiques 155
C 3.1 Dialogues sur quelques types d'actions A_3 155
C 3.2 Dialogues sur d'autres types d'actions 157

C 3. 2. 1 Obligatoire/ Wâjib 157

C 3.2. 2 Interdit/ Ḥarâm 159

C 3. 2. 3 Répréhensible/ Mubâh makrūh. 160

C 3.2. 4 Neutre/ Mubâh mustawin 161

C 4 Temporalité et modalités déontiques : actions temporelles 162

C 4. Quelques Dialogues temporels 166

C 5 Remarques sur la plénitude et le libre-arbitre 169

C Conclusion partielle 170

Les modalités déontiques au-delà de la jurisprudence islamique 170

CONCLUSION GÉNÉRALE 173

L'EXPLICATION DIALOGIQUE DE LA **SIGNIFICATION** 179

Index 1 : Mots clés 182

Index 2 : Noms 183

Bibliographie 185

Table des matières 202

www.ingramcontent.com/pod-product-compliance
Lightning Source LLC
Chambersburg PA
CBHW071621170426
43195CB00038B/1674